U0944335

21世纪高等教育建筑环境与设备工程系列规划教材

自动控制原理与CAI教程

主　编　李玉云　李绍勇　王秋庭
参　编　郭　凯
主　审　吴怀宇

机 械 工 业 出 版 社

本书是根据1999年“全国高等学校建筑环境与设备工程专业本科教育培养目标和培养方案及主干课程教学基本要求”编写的。

本书以建筑环境与设备工程、热工为对象，重点介绍了自动控制的基本概念、基本理论和基本分析方法等经典控制理论。全书共分8章，主要内容有控制系统的数学模型、控制系统的时域分析法、根轨迹分析法、频率特性分析法、自动控制系统的设计、离散系统的分析、MATLAB语言及其在HVAC控制系统仿真中的应用等。本书对基本理论的叙述深入浅出，实用性强，文字简练流畅。每章内容均有小结，除有一般性例题外，还附有一定数量的综合性例题分析，以及MATLAB在控制系统分析和计算方面的应用。

本书可作为建筑环境与设备工程、热工类，以及相关专业的“自动控制原理”课程的教材，也可作为从事自动化工作的科技人员的参考用书。

本书配有电子课件，免费提供给选用本书的授课教师，需要者请根据书末的“信息反馈表”索取。

图书在版编目（CIP）数据

自动控制原理与CAI教程/李玉云，李绍勇，王秋庭主编. —北京：机械工业出版社，2010.5（2012.1重印）

（21世纪高等教育建筑环境与设备工程系列规划教材）

ISBN 978-7-111-30452-4

Ⅰ.①自… Ⅱ.①李…②李…③王… Ⅲ.①自动控制理论－高等学校－教材②多媒体－计算机辅助教学－软件工具－高等学校－教材 Ⅳ.①TP13②G434

中国版本图书馆CIP数据核字（2010）第070884号

机械工业出版社（北京市百万庄大街22号 邮政编码100037）

策划编辑：刘 涛 责任编辑：刘 涛 常建丽

版式设计：张世琴 责任校对：申春香

封面设计：王伟光 责任印制：乔 宇

北京汇林印务有限公司印刷

2012年1月第1版第2次印刷

169mm×239mm · 17.75印张 · 341千字

标准书号：ISBN 978-7-111-30452-4

定价：31.00元

凡购本书，如有缺页、倒页、脱页、由本社发行部调换

电话服务 网络服务

社服务中心 ：（010）88361066 门户网：http://www.cmpbook.com

销 售 一 部 ：（010）68326294 教材网：http://www.cmpedu.com

销 售 二 部 ：（010）88379649

读者购书热线：（010）88379203 封面无防伪标均为盗版

序

建筑环境与设备工程专业是1998年教育部新颁布的全国普通高等学校本科专业目录中的专业，它是将原来的供热通风与空调工程专业和城市燃气供应专业进行调整、拓宽而组建的新专业。专业的调整不是简单的名称的变化，而是学科科研与技术发展，以及随着经济的发展和人民生活水平的提高，赋予了这个专业新的内涵和新的元素。创造健康、舒适、安全、方便的人居环境是21世纪本专业的重要任务。同时，节约能源、保护环境是这个专业及相关产业可持续发展的基本条件，因而它们和建筑环境与设备工程专业的学科科研与技术发展总是密切相关、不可忽视的。

一个新专业的组建及其内涵的定位，首先是由社会需求所决定的，也是和社会经济状况及科学技术的发展水平相关的。我国经济的持续高速发展和大规模建设需要大批高素质的专业人才，专业的发展和重新定位必然导致培养目标的调整和整个课程体系的改革。培养“厚基础、宽口径、富有创新能力”、符合注册公用设备工程师执业资格、并能与国际接轨的多规格的专业人才，以满足需要，是本专业教学改革的目的。

机械工业出版社本着为教学服务、为国家建设事业培养专业技术人才、特别是为培养工程应用型和技术管理型人才作贡献的愿望，积极探索本专业调整和过渡期的教材建设，组织有关院校具有丰富教学经验的教授、副教授主编了这套建筑环境与设备工程专业系列教材。

这套系列教材的编写以“概念准确、基础扎实、突出应用、淡化过程”为基本原则，突出特点是既照顾学科体系的完整，保证学生有坚实的数理科学基础，又重视工程教育，加强工程实践的训练环节，培养学生正确判断和解决工程实际问题的能力，同时注重加强学生综合能力和素质的培养，以满足21世纪我国建设事业对专业人才的要求。

我深信，这套系列教材的出版将对我国建筑环境与设备工程专业人才的培养产生积极的作用，会为我国建设事业作出一定的贡献。

陈在康

前　言

本书是为了满足高等院校建筑环境与设备工程专业、热工类专业的教学需要而编写的。

1998 年教育部颁布的新专业“建筑环境与设备工程”，是在“供热通风与空调工程”和“城市燃气供应”专业的基础上调整的专业，其内涵有了新的意义，教学体系、课程设置与其前身相比，已有很多变化。其特征之一是：建筑环境与设备和信息与自动化技术有了紧密结合，信息与自动化技术课程在本专业培养方案中已经成为一个重要的教学模块。因此，自动控制原理课程是“建筑环境与设备工程”专业的重要理论基础之一。

本书作为一门技术基础课，从工程应用角度重点阐述了自动控制的基本概念、基本原理和基本方法，以负反馈为主线，让学生深刻理解反馈的概念，并认识到优化思想是控制科学的灵魂和核心。

经典控制理论以单输入单输出系统为研究对象，现代控制理论以多输入多输出为研究对象，经典控制理论是现代控制理论的基础，其理论与现代控制理论相通。考虑到本专业的特点和现代科学技术的发展，本书的内容以经典控制理论为主，但也适量地介绍了 PID 控制和智能控制的概念。如果学生对现代控制理论感兴趣，可参阅相关书籍。

本书的主要特点是：结合本专业的特点，尽可能地给出与“建筑环境与设备工程”相结合的实例——以传热学、工程热力学、流体传输、热工等为对象，使学生感受到这门课程与本专业的贴近程度，体现出一定的适用性和实用性，对提高本专业及相关专业学习者的兴趣和学习效果大有裨益。充分利用 MATLAB 工具分析、设计、仿真、解读许多理论、习题和工程实际问题，便于学生与教师摆脱繁琐的手工计算。同时，本书通过大量的仿真，使学生对基本原理和方法有了更深刻的认识和更深入的理解。

本书的第1、3章由武汉科技大学李玉云教授编写，第2章由武汉科技大学李玉云教授和王秋庭教授共同编写，第4、5、7章由兰州理工大学李绍勇副教授编写，第6、8章由兰州理工大学李绍勇副教授和武汉大学郭凯共同编写。最后，本书由李玉云和王秋庭统稿，由武汉科技大学吴怀宇教授主审，他们为本书提出了许多宝贵意见，使本书增色不少。在本书的编写过程中，我们还得到了武汉科技大学朱文斌同学的协助，在此一并表示衷心感谢。

由于作者水平有限，书中难免有不妥之处，敬请读者提出宝贵意见。

作 者

目　　录

第1章 绪论

随着科学技术的飞速发展，自动控制起着越来越重要的作用，无论是在人造卫星、宇宙飞船、导弹制导的尖端技术领域，还是在机械、电子、轻工等工业过程控制及建筑业，它所取得的成就都是非常惊人的。自动控制技术把人类的许多希望和梦想由神话变成了现实，自动控制理论和技术已经运用到电气、机械、航空、化工、建筑、生物工程等许多学科和工程领域。自动控制理论与实践的不断发展，为人们提供了设计最佳系统的方法，大大提高了生产率，节省了生产和生活的能源，同时促进了技术的进步。目前，越来越多的大学将控制论作为国内外许多学科普遍开设的课程，工程技术人员和科学工作者都十分重视自动控制理论的学习。

自动控制系统源于两千年前古埃及的水钟控制和我国汉代的指南针控制。自动控制原理主要讲述自动控制的基本理论和控制系统的分析与设计的基本方法。控制原理包括经典控制理论、现代控制理论和智能控制。经典控制理论主要以传递函数为工具和基础，以频域法和根轨迹法为核心，研究单变量控制系统的分析和设计。经典控制理论在20世纪50年代就已经发展成熟，至今在工程实践中仍得到广泛的应用。经典控制理论是本教材重点讨论的内容。现代控制理论从1960年开始得到迅速发展，它以状态空间方法作为标志和基础，研究多变量控制系统和复杂系统的分析和设计，以满足军事、空间技术和复杂的工业领域、建筑领域对精度、速度、重量、加速度、成本、节能等的严格要求。智能控制是控制理论发展的高级阶段，它主要用来解决那些用传统控制方法难以解决的复杂系统的控制问题。智能控制是一门交叉学科，著名美籍华人傅京逊教授1971年首先提出智能控制是人工智能与自动控制的交叉，即二元论。美国学者 G. N. Saridis 1977年在此基础上引入运筹学，提出了三元论的智能控制概念。

1.1 自动控制系统的初步概念

1.1.1 人工控制

图 1-1 所示是一个简单的水箱液面人工控制系统。因生产和生活的需要，希望液面高度 h 维持恒定（在允许的偏差范围内）。当水位偏离期望值（设定值）时，人通过眼睛对液面高度的观测，及时做出决定，操作进水阀门，对进水量进行相应的修正，使液面恢复到期望的高度。这种人为强制性地改变进水量而使液面高度维持恒定的过程，即人工控制过程。人工控制在复杂、快速、精确的系统中是不能满足要求的，也不利于减轻劳动强度。于是，没有人直接参与的自动控制随着控制工程的发展而逐步发展起来了。

1.1.2 自动控制的定义及基本职能元件

1. 自动控制的定义

自动控制就是在无人直接参与的情况下，利用控制器使被控对象（或过程）的某些物理量（或状态）自动地按给定的规律去运行。

对于液面的自动控制，可用图 1-2 所示的方式实现。液面的期望高度由自动控制设定。当出水与进水的平衡被破坏时，水箱水位下降（或上升），出现偏差。这个偏差由浮子检测出来，自动控制器在偏差的作用下控制气动阀门使阀门开大（或减小），对偏差进行修正，从而保持液面高度不变。

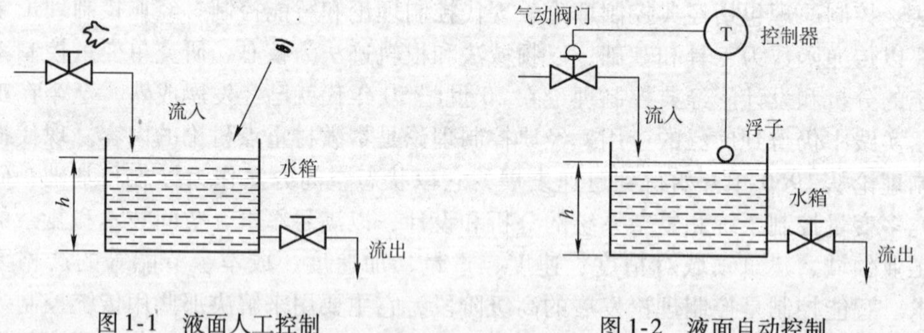

图 1-1 液面人工控制　　图 1-2 液面自动控制

2. 自动控制的基本职能元件

从人工控制与自动控制的例子比较可以看出，自动控制的实现实际上是由自动控制装置来代替人的基本功能，从而实现自动控制。将人工控制框图 1-3a 与自动控制框图 1-3b 进行比较，如图 1-3 所示。从图中可看出，自动控制实现人工控制的功能，存在必不可少的 3 种代替人的职能的基本元件：①测量元件

（或测量元件和变送器）代替人的眼睛→检测水位；②自动控制器代替人的大脑→检测偏差，发出指令；③执行器代替人的肌肉和手→操作阀门。

这些基本元件与被控对象相连接，一起构成一个自动控制系统。典型的自动控制系统框图如图 1-4 所示。

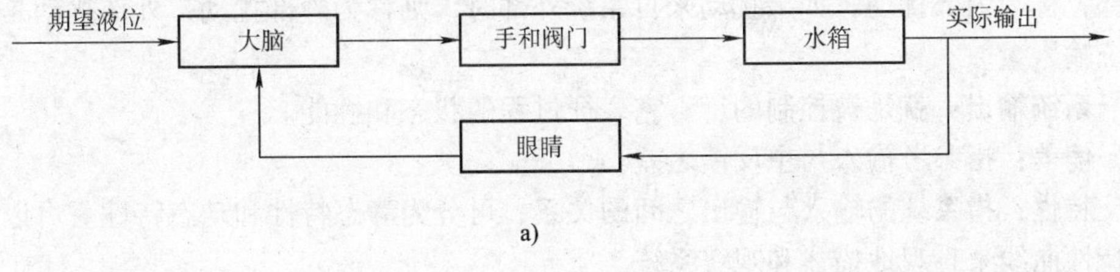

a)

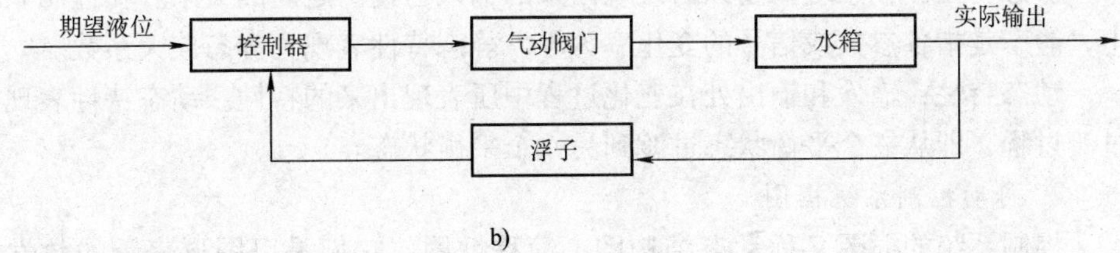

b)

图 1-3 控制功能框图

a）人工控制 b）自动控制

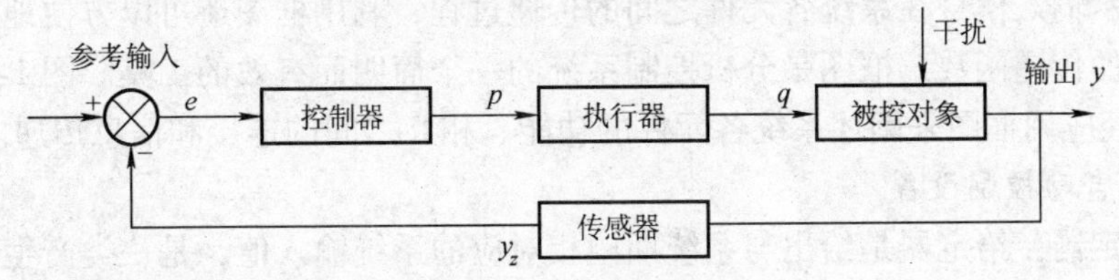

图 1-4 典型的自动控制系统框图

1.1.3 自动控制中的一些术语和组成

1. 常用术语

控制对象：与被控量相关的被控设备、物体或者工艺系统。

控制器：使被控对象具有所要求的性能或状态的控制设备。它接受输入信号或偏差信号，按控制规律给出调节量（或控制量），送到执行器。

自动控制系统：自动控制系统是指被控对象和控制装置的总体。自动控制系统作为一个整体，是一些部件的组合。这些部件组合在一起，完成一定的任务。

操作量：执行器输出的量值或状态。

输入信号：由外部加入到系统中的变量称为输入信号，它不受系统中其他变量的影响和控制。

参考输入：是人为给定的，使系统具有预定性能或预定输出的激发信号，它代表输出的希望值，也称之为期望值、设定值、给定值，是系统输入信号之一。

扰动：干扰和破坏系统具有预定性能和预定输出的干扰信号。如果扰动来自内部，称为内部扰动；如果扰动来自系统外部时，则称为外部扰动，外部扰动是系统输入量。

系统输出：就是被控制的量。它表征过程的状态和性能。

偏差：指参考输入与主反馈之差。

特性：指系统的输入与输出之间的关系，可分为静态特性和动态特性。可以用特性曲线来直观地描述和观察系统。

静态特性：在系统稳定以后表现出来的输入与输出之间的关系。在控制系统中，静态是指各参数或信号的变化率为零。静态特性表现为静态放大系数。

动态特性：输入和输出处在变化过程中所表现出来的特性。动态特性表现为过渡过程，即从一个平衡状态过渡到另一个平衡状态。

2. 自动控制系统框图

控制系统的框图又称动态结构图，简称框图，它们是以图形表示的数学模型。框图是系统各部分用方框表示并注上文字或代号，根据各方框之间的信号传递关系，用有向线段把它们依次连接起来，并标明相应的信息。框图能够非常清楚地表示输入信号在系统各元件之间的传递过程，利用框图还可以方便地求出复杂系统的传递函数。框图是分析控制系统的一个简明而有效的工具。图 1-3 和图 1-4 已经应用框图来阐述系统各元件的功能、相互之间的连接和信息传递。

3. 自动控制设备

给定器：给定器是给出与系统期望相对应的系统输入值，是一类产生输入指令的装置。

比较器：比较器把测量元件检测到的实际输出值与期望值比较，求出它们之间的偏差。常用的电量比较器有差动放大器和电桥电路等，如图 1-5 所示。

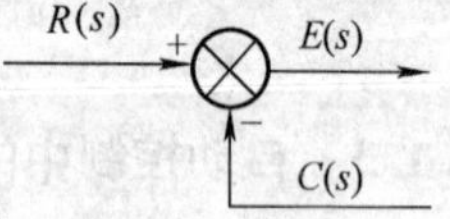

图 1-5 比较器

执行器：执行器是直接推动被控对象，使其被控量发生变化。例如，阀门和伺服电动机等。

传感器和变送器：传感器是将一种物理量检测出来，并且按着某种规律转换成容易处理和使用的另一种物理量输出。变送器是将传感器的输出信号放大和转换成标准信号。

控制器：由上述 3 大类元件与控制对象组成的系统往往不能满足技术要求。为了保证系统能正常工作（稳定）并提高系统的性能，控制系统中还另外补充一些元件，这些元件统称为补偿元件，又称为校正元件，工程上统称为控制器。

1.2 自动控制系统的分类

自动控制系统的形式是多种多样的，对于某一个具体的系统，采取什么样的控制手段，要视具体的用途和目的而定。

1.2.1 按控制系统的结构分类

1. 开环控制

开环控制是最简单的一种控制方式，按照控制信息传递的路径，它具有的特点是，控制量与被控制量之间只有前向通路而没有反向通路。也就是说，控制作用的传递路径不是闭合的，故称为开环。

（1）按给定控制　控制作用直接由系统的输入量（设定值）产生。给定一个输入量，就有一个输出量与之相应。控制精度完全取决于信息传递过程中所用元件性能的优劣及校准的精度。图 1-6 所示为直流电动机转速开闭环控制（按给定控制）框图。图中的电动机是电枢控制的直流电动机，要求它带动负载以一定的转速转动。其电枢电压通常由功率放大器提供，但调节电位器滑臂位置时，可以改变功率放大器的输入电压，从而改变电动机的电枢电压，最终改变电动机的转速。

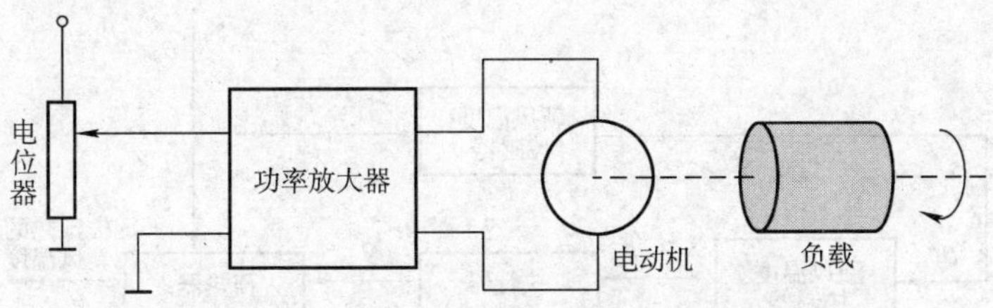

图 1-6　直流电动机转速开闭环控制框图

以上控制过程可用图 1-7 所示的框图简单直观地表示控制系统。从框图可明显地看出控制信息的传递过程是由输入端沿箭头方向逐级传向输出端。控制作用直接由系统的输入产生，给定一个输入量，就有一个输出量与之相应，控制精度完全取决于信息传递过程中所用元件性能的优劣及校准的精度。这种控制方式的特点是控制作用的传递具有单向性，作用路径不是闭合的，属于典型的开环控制方式。开环控制的特点是，系统简单，调试容易，成本低，在国民经济各部门均有采用。例如，自动售货机、自动洗衣机，以及交通指挥红绿灯。但是，当工作环境和系统本身的元件性能参数发生变化时，例如，电动机的负载变大，若电位器的位置按控制指令不变，输出转速就要跟着下降。这说明开环系统的被控变量准确性较差，即抗干扰能力差，控制的准确性低。

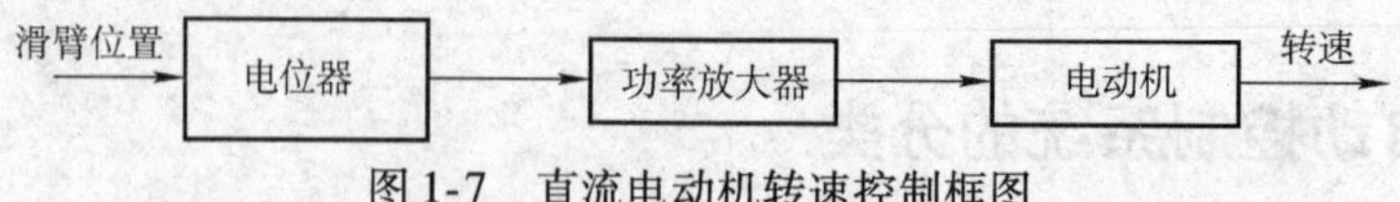

图 1-7　直流电动机转速控制框图

（2）按扰动控制　为了克服开环控制的缺点，提高控制精度，在一些扰动可以预计的场合，可根据测得扰动量的大小，对系统产生一种补偿和修正，从而减少或抵消扰动对输出量的影响。这种控制方式是把外界扰动看作系统的一种输入，针对它将对系统输出产生的影响，及时地施加一种相应的控制，在干扰刚刚出现之初，就立即给以相应的调节，其作用是抵消扰动对输出的影响。图 1-8 所示为新风温度自动控制系统。新风温度自动控制系统是根据室外新风温度调节预热器的加热量，控制预热器后的新风温度。图 1-9 所示为新风温度开环控制系统框图，从图中可看出，控制量与被控制量之间只有前向通路而没有反向通路，而且，输出量对输入量产生的控制作用没有影响。

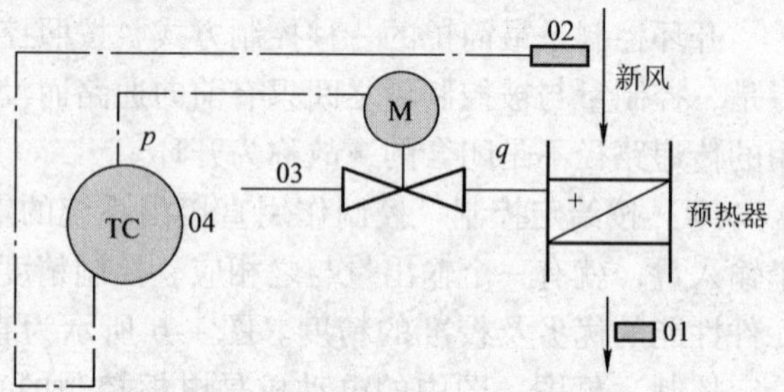

图 1-8　新风温度开环控制系统

01—预热新风温度传感器　02—新风温度传感器

03—执行器　04—温度控制器

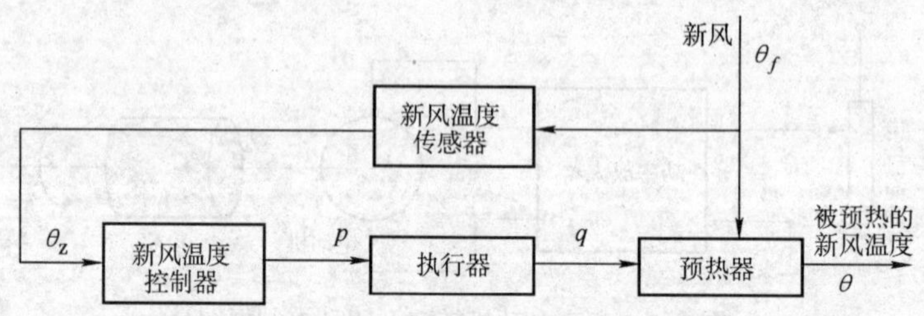

图 1-9　新风温度开环控制系统框图

2. 闭环控制

如果在控制器和被控对象之间不仅存在正向作用，而且存在反向作用，即系统的输出量对控制量具有直接的影响，那么这类控制称为闭环控制。将检测出来的输出量送回到系统的输入端，并与输入信号比较，称为反馈。因此，闭环控制又称为反馈控制。图 1-10 所示是直流电动机转速闭环控制系统。该系统在原来开环控制的基础上增加了一个由测速发电机构成的反馈回路，用来检测输出的转速，并给出电动机转速成正比的反馈电压。将这个代表实际输出转速的反馈电压与代表希望输出转速的给定电压进行比较，所得出的偏差信号作为产生控制作用的基础。通过功率放大器（控制器）来控制电动机的转速，也称为按偏差控制。

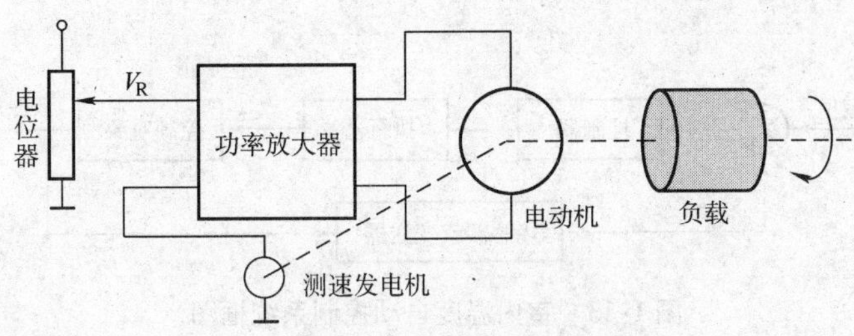

图 1-10 直流电动机转速闭环控制系统

可以看出，在控制过程中只要偏差存在，控制作用总是存在的。控制的最终目的是减小偏差，提高控制精度。

图 1-11 所示是直流电动机转速闭环控制系统框图。当系统受到扰动影响时，例如负载增大，则电动机的转速降低，测速电动机的端电压减小。在给定电压不变时，偏差电压则会增大，功率放大器输入电压增加，电动机的电枢电压上升，使得电动机转速增加。如果负载减小，则电动机转速的过程与上述过程变化相反。闭环控制抑制了负载扰动对电动机转速的影响，如果其他扰动因素只要影响到输出转速的变化，上述控制过程就会自动进行，从而保证了系统的控制精度，提高了抗干扰能力。但闭环系统结构复杂，设计和调试技术也复杂，闭环系统还会产生一种失控现象——不稳定。

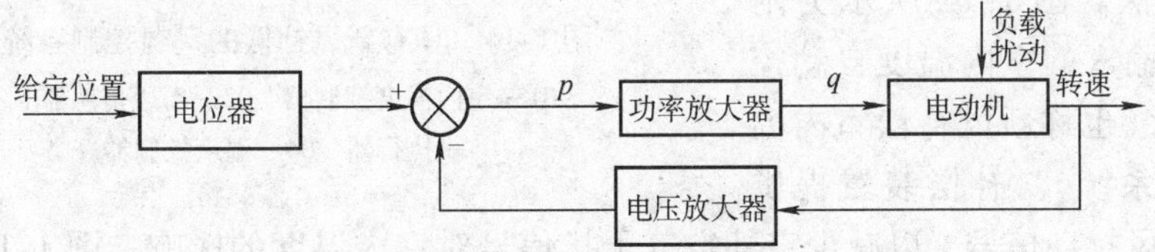

图 1-11 直流电动机转速闭环控制系统框图

通过以上讨论，反馈控制实质上是把被控量反送到系统的输入量与给定值进行比较，利用偏差引起控制器产生控制量，以减小或消除偏差。

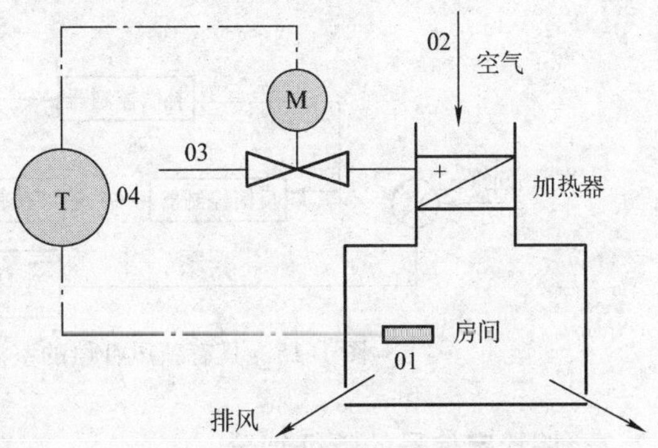

图 1-12 室内温度自动控制系统

01—室内温度传感器 02—加热器

03—执行器 04—温度控制器

图 1-12 所示是室内温度自动控制系统。图 1-13 所示是室内温度自动控制系统框图。控制系统的作用是保持室内温度达到期望值。当室内温度降低时，室内温度传感器将检测的温度信号送到

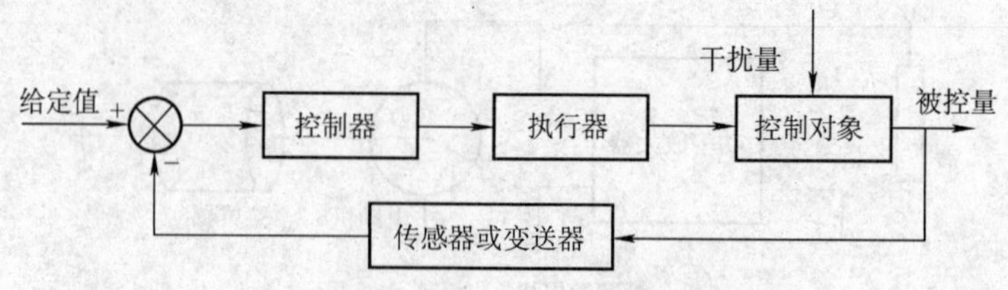

图 1-13 室内温度自动控制系统框图

控制器，控制器 T 发出控制指令操作，执行器 M 改变阀门开度，即改变操作量使室内温度逼近期望值。

3. 复合控制

通过上面的讨论，开环控制依据的是扰动（或给定值）控制，不能检查控制效果。闭环控制利用了反馈原理，依据偏差控制，系统的准确性高，适应面广，能克服各种干扰，但系统的灵敏度低。工程上常把两者结合起来，即采用复合控制方法。图 1-14 所示为附加扰动输入的室内温度自动控制系统（也称新风补偿室内温度控制系统）。补偿装置提供一个新风扰动信号，以减少室外空气干扰信号对室内温度的影响。图 1-15 所示为具有新风补偿的室温控制系统框图。

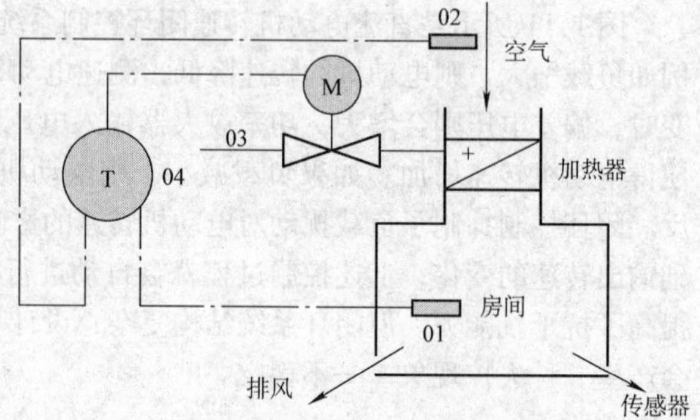

图 1-14 具有新风补偿的室温控制系统

01—室内温度控制器 02—新风传感器

03—执行器 04—温度控制器

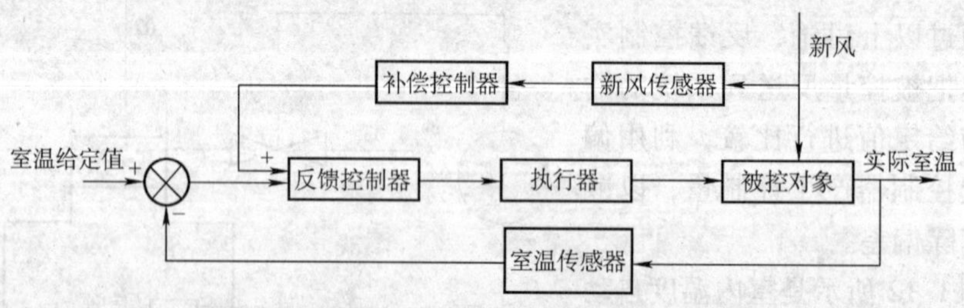

图 1-15 具有新风补偿的室温控制系统框图

1.2.2 按给定信号的特征划分

给定信号是系统的指令信息，它代表了系统希望的输出值，反映了控制系统要完成的基本任务和职能。

（1）恒值控制系统 恒值控制系统的参考输入为常量，要求它的被控制量在任何扰动的作用下能尽快地恢复（或接近）到原有的稳态值。系统设计的好坏，直接影响到恢复的精度。如果由于结构的原因不能完全恢复到期望值时，则误差不超过规定的允许范围。前面提到的液位控制系统、直流电动机调速系统，以及恒定流量、恒定压力、恒定温度系统等都属于这一类系统。显然，要想使系统输出维持恒定，克服扰动的影响是系统设计中要解决的主要矛盾。

（2）随动控制系统 随动控制系统的主要特点是给定信号的变化规律是不能确定的随机信号。这类系统的任务是使输出快速、准确地随给定值的变化而变化，故称为随动控制系统。显然，由于输入给定在不断地变化，设计这类系统要解决的主要矛盾是跟随性，要求被控量能迅速、准确地跟踪参考输入。

（3）程序控制系统 给定值按事先预定的规律变化。这类系统往往适用于特定的生产工艺或工业过程，按所需要的控制规律给定输入。设计这类系统要针对已知的变化规律选择控制方案，保证控制性能和精度。

1.2.3 按系统的数学描述划分

任何系统都是由各种元部件组成的。从控制理论的角度，这些元部件的性能可用其输入输出特性来进行分析。按照元件特性方程式的不同，可将系统分成线性系统和非线性系统两大类。

（1）线性系统 如果系统各元件输入与输出特性是线性特性，系统的状态和性能可以用线性微分（或差分）方程来描述时，则称之为线性系统。线性系统的一个突出特点就是满足叠加原理，可运用叠加原理的两个性质作为鉴别系统是否为线性系统的依据。叠加原理指出，当几个输入信号同时作用在系统上时，产生的总输出就等于各个输入单独作用时系统的输出之和。线性系统理论比较成熟，对于线性控制系统，可以用经典控制理论和现代控制理论分析系统特性。

（2）非线性系统 系统中只要存在一个非线性特性的元件，系统就由非线性方程来描述，这种系统称为非线性系统。由于非线性特征的多样性，其求解一般较为困难，叠加原理也不成立，研究起来不方便，至今尚没有通用的分析方法。但在一些特定条件下，在允许的误差范围内可以将一些非线性系统简化为线性系统处理。但对于复杂的非线性系统，可以采用智能控制。

1.2.4 按信号传递的连续性划分

按信号传递的连续性划分，可将系统分成连续系统和离散系统两大类。

（1）连续系统 连续系统的特点是系统中各元件的输入信号和输出信号都是时间的连续函数。这类系统的运动状态用微分方程来描述。连续系统中各元件传输的信号在工程上称为模拟量，多数实际物理系统都属于这一类，其输入输出

一般用 $r(t)$ 与 $c(t)$ 表示，如图 1-16 所示。

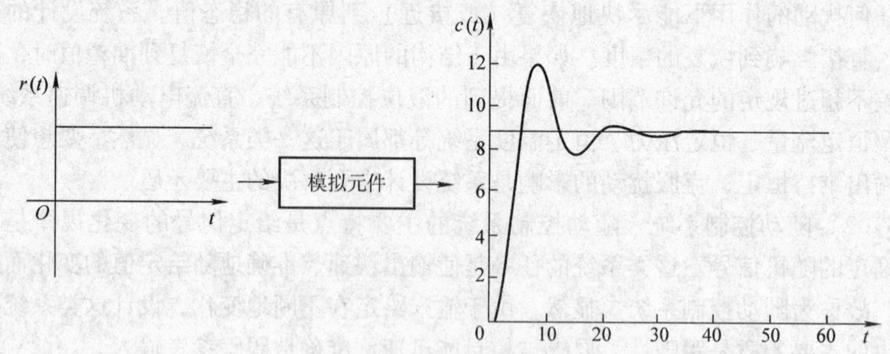

图 1-16 模拟量输入输出

（2）离散系统 控制系统中只要有一处信号是脉冲序列或数码时，该系统就为离散系统。这种系统的状态和性能一般用差分方程来描述。实际的物理系统中，信息的表现形式为离散信号的并不多见，一般是控制上的需要，人为地将连续信号离散化，称之为采样。采样过程如图 1-17 所示。采样过程是通过采样开关把连续的模拟量变为脉冲序列，具有这类信号的系统一般称为脉冲控制系统。

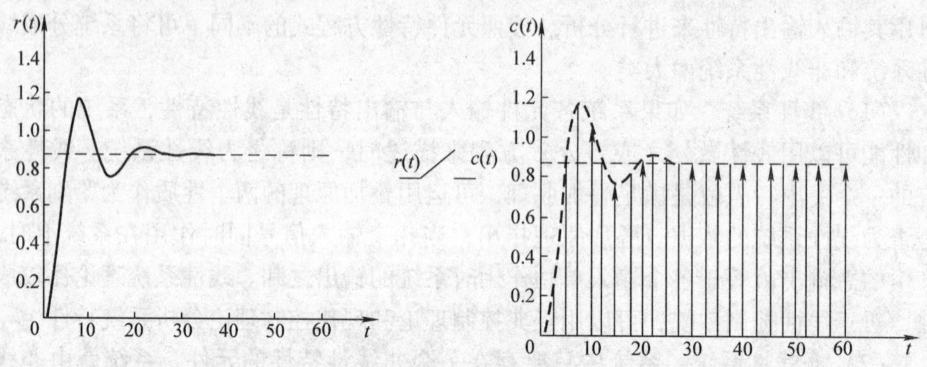

图 1-17 采样过程

当今时代，计算机作为控制器用于系统控制越来越普遍，计算机控制系统进行采样的过程是通过采样模/数转换器（A/D）把采样信号转换成数码信号来进行运算处理。计算机控制系统如图 1-18 所示。

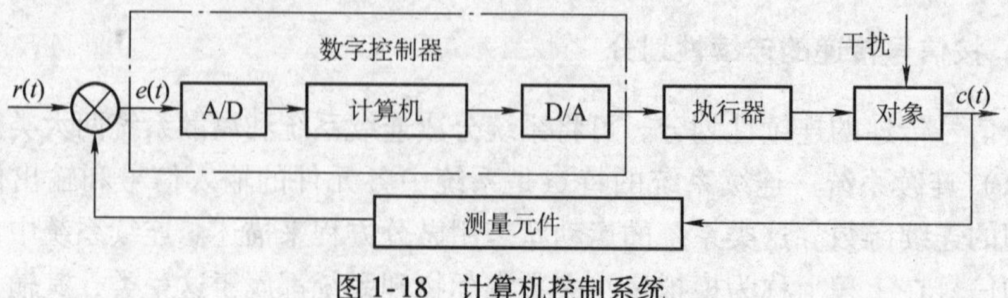

图 1-18 计算机控制系统

1.2.5 按系统的输入与输出信号的数量划分

按系统的输入与输出信号的数量划分，可将系统分成单变量系统和多变量系统两大类。

(1) 单变量系统 单变量系统（SISO）只有一个输入量和一个输出量。所谓的单变量是从系统外部变量的描述来分类，不考虑系统内部的通路与结构。也就是说，给定输入是单一的，响应也是单一的，但系统内部的结构回路可以是多回路的，内部变量显然也是多种形式的，如图1-19所示。内部变量称为中间变量，输入输出变量称为外部变量。分析系统的性能仅需研究外部变量之间的关系。单变量系统是经典控制理论的主要研究对象，它以传递函数作为基本数学工具，讨论线性定常系统的分析和设计问题，也是本书讲述的主要内容。

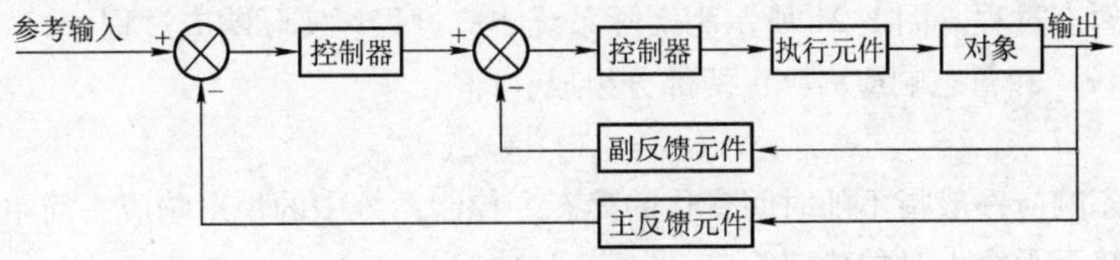

图1-19 单变量系统

(2) 多变量系统 多变量系统（MIMO）有多个输入量和多个输出量。一般地，当系统输入与输出信号多于一个时，就称为多变量系统。多变量系统的特点是变量多、回路多，而且相互之间呈现多路耦合，研究起来比单变量系统复杂，如图1-20所示。

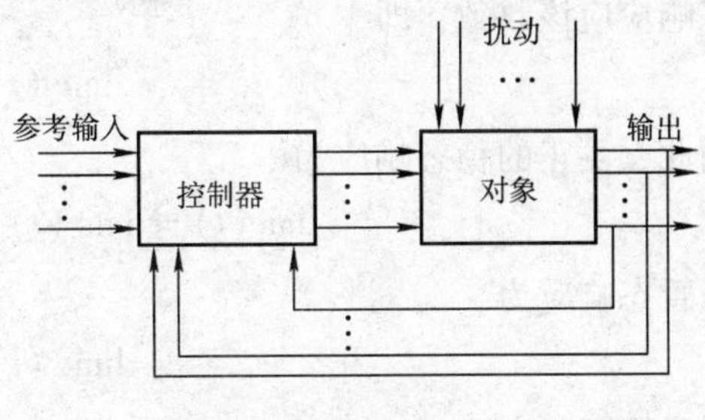

图1-20 多变量系统

多变量系统是现代控制理论研究的主要对象。它在数学上以状态空间法为基础，讨论多变量、变参数、非线性、高精度、高效能等控制系统的分析和设计。

随着科技的进步，控制系统设备越来越复杂，数字计算机的参与，使复杂系统的精确控制成为可能，现代控制理论也越来越向纵深发展。20世纪60年代，不论是确定性系统的最佳控制，还是随机系统的最佳控制，乃至复杂系统的自适应和自学控制，都处在研究之中。从20世纪80年代至今，现代控制理论集中于鲁棒控制、H_∞控制及其相关课题的研究。除此以外，现代控制理论的应用已扩充到非工程系统，例如，生物系统、生物医学系统、经济系统和社会经济系统。

1.3 对控制系统的要求和分析设计

1.3.1 对系统的要求

为了实现自动控制，必须对控制系统提出一定的要求。对于一个闭环控制系统而言，当输入量不变时，系统输出量也恒定不变，这种状态称为平衡状态或静态、稳态。系统稳态时的输出量是我们关心的。当输入量或扰动量发生变化，反馈量将与输入量之间产生新的偏差，通过控制器的作用，从而使输出量最终稳定，即达到一个新的平衡。但由于系统中的各环节存在惯性，系统从一个平衡状态点到另一个平衡状态点无法瞬间完成，即存在一个过渡过程，该过程称为动态过程或暂态过程。图 1-21 所示为实际系统响应过程。实际响应过程 $c(t)$ 由稳态响应 $c_{ss}(t)$ 和暂态响应 $c_t(t)$ 两部分组成，即

$$c(t)=c_t(t)+c_{ss}(t) \tag{1-1}$$

稳态响应一般指不随时间变化的静态。控制系统中的稳态响应，简单来说是指时间趋于无穷大时的确定响应。

暂态响应是指随时间增长而趋于零的那部分响应。因此，在响应分量中，暂态响应应该收敛，即

$$\lim_{t\to\infty}c_t(t)=0$$

因此，真正的稳态响应为

$$\lim_{t\to\infty}c(t)=\lim_{t\to\infty}c_t(t)+c_{ss}(t)=c_{ss}(t)$$

当暂态响应为

$$\lim_{t\to\infty}c_t(t)\neq 0$$

则系统不稳定。

过渡过程的形式不仅与系统的结构和参数有关，也与参考输入和外加扰动有关，一般有单调过程、衰减震荡过程、等幅震荡过程，以及发散震荡过程形式。此外，我们还关心系统是否稳定，如果稳定，系统达到新的平衡状态需要多少时间。

通过上面的分析可知，对于一个自动控制系统，需要从如下 3 方面进行讨论。

（1）稳定性　要求系统稳定且有一定的稳定裕量，裕量可防止系统参数变化产生的干扰对稳定性的破坏。

（2）准确性　控制系统的稳态精度可用它的稳态误差来表示。它指系统从暂态进入稳态后期望输出与实际输出之间的偏差。根据输入点的不同，一般可将

误差分为参考输入稳态误差和扰动误差。对于随动系统或其他有控制轨迹要求的系统，还应考虑动态误差。误差越小，控制精度或准确性就越高。

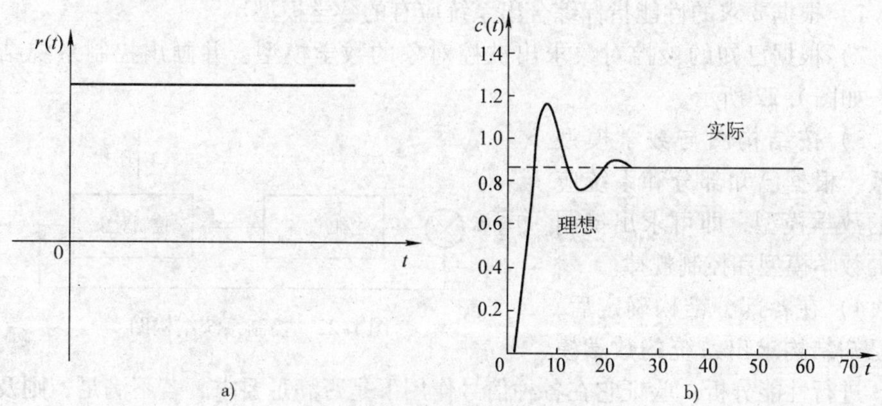

图1-21 实际系统响应过程

a）输入信号 b）输出信号

（3）快速性 控制系统不仅要稳定并有较高的精度，而且还要求系统的响应具有一定的快速性。对于某些系统来说，这是一个十分重要的性能指标。描述系统响应速度的定量性能指标，一般用上升时间、调整时间和峰值时间等来表示。

从理想角度出发，当然希望控制系统能平稳、快速、高精度地运行，但实际上对于同一系统，这些要求往往是相互制约的。对于实际控制系统，对上述3方面的性能要求可能也各有侧重，这就要求在设计时须针对具体的系统进行分析，均衡考虑各指标。

1.3.2 控制系统的分析与设计

控制系统的分析和设计分别是两个互逆的研究，前者是从已知确定系统出发，分析计算系统所具有的性能指标，而后者则是根据要求的性能指标来确定系统应具备的结构模式。

1. 系统分析

系统分析是在描述系统数学模型的基础上，用数学的方法来进行研究讨论的。因此，必须在规定的工作条件下，对已知系统进行以下步骤的工作。

1）建立系统的数学模型。

2）分析系统的性能，计算3大性能指标是否满足要求。

3）分析参数变化对上述性能指标的影响，决定如何合理地选取。

系统的分析方法会随数学模型的类型不同而不同。

2. 系统设计

系统设计的目的是要寻找一个能够实现所要求性能的自动控制系统。因此，在系统应完成的任务和具备的性能已知的条件下，根据被控对象的特点构造出适当的控制系统是设计的主要任务。具体应进行如下步骤。

1）根据要求的性能指标综合出系统应有的数学模型。

2）根据已知的被控对象求出被控对象的数学模型，并画出控制系统结构图，如图 1-22 所示。

3）按结构图与数学模型关系，根据已知部分和系统应有的数学模型，即可求出控制器的数学模型和控制规律。

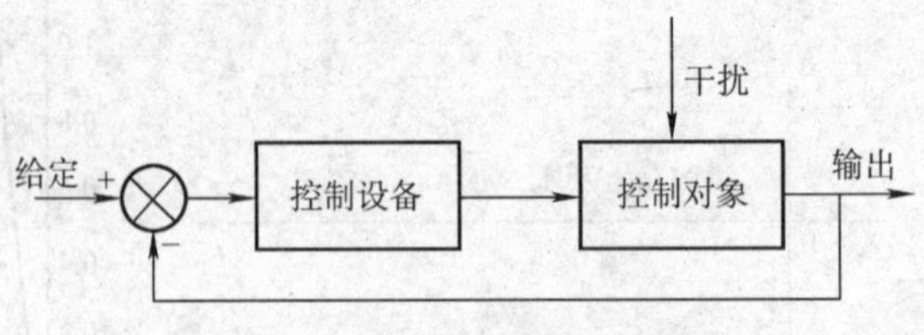

图 1-22　控制系统结构图

4）在各部分结构确定后，按已知结构求出系统的数学模型，进行性能分析，验证它在各种信号作用下是否满足要求，若不满足，则及时修正。

5）在结构参数确定后，可进行实验仿真，若效果理想，即可制作样机。

1.4 智能控制理论

1.4.1 智能控制的发展过程

1. 智能控制的提出

传统控制方法包括经典控制和现代控制。经典控制和现代控制是基于被控对象精确模型的控制方法，缺乏灵活性和应变能力，适于解决线性、时不变性等控制问题。但由于实际系统的复杂性、非线性、时变性、不确定性和不完全性等无法获得精确的数学模型；有的系统无法解决建模问题。对于一些复杂的控制任务，如智能机械人控制、CIMS、智能建筑的楼宇集成控制等采用传统控制方法显得无能为力。

在生产实践中，复杂控制问题可通过操作人员的经验和控制理论相结合的方法去解决，由此产生了智能控制。智能控制是将控制理论的方法和人工智能技术灵活地结合起来，以适应对象的复杂性和不确定性的控制方法。智能控制适合于不确定性对象的控制，即适应模型未知或知之甚少或者是模型的结构、参数可能在很大范围内变化；适应高度的非线性、复杂的任务要求。例如，智能机械人要求控制系统对一个复杂的任务具有自行规划和决策的能力，有自动躲避障碍运动到期望目标位置的能力。又如，在复杂的过程控制系统中，除了要求对各被控物理量实现定值调节外，还要求能实现整个系统的自动起停、故障诊断、智能控制及紧急情况下的自动处理等功能。

2. 智能控制的概念

智能控制是一门交叉学科，著名美籍华人傅京逊1971年首先提出智能控制是人工智能与自动控制的交叉，即二元论。美国学者G. N. Saridis于1977年在此基础上引入运筹学，提出了三元论的智能控制概念，即

$$\mathbf{IC} = \mathbf{AC} \cap \mathbf{AI} \cap \mathbf{OR}$$

式中各子集的含义为：IC为智能控制（Intelligent Control）；AI为人工智能（Artificial Intelligence）；AC为自动控制（Automatic Control）；OR为运筹学（Operational Research）。基于三元论的智能控制如图1-23所示。

人工智能（AI）是一个用来模拟人思维的知识处理，具有记忆、学习、信息处理、形式语言和启发推理等功能。

自动控制（AC）描述系统的动力学特性，是一种动态反馈。

运筹学（OR）是一种定量优化方法，如线性规划、网络规划、调度、管理、优化决策和多目标优化方法等。

三元论除了“智能”与“控制”外，还强调了更高层次控制中调度、规划和管理的作用，为递解智能控制提供了理论依据。

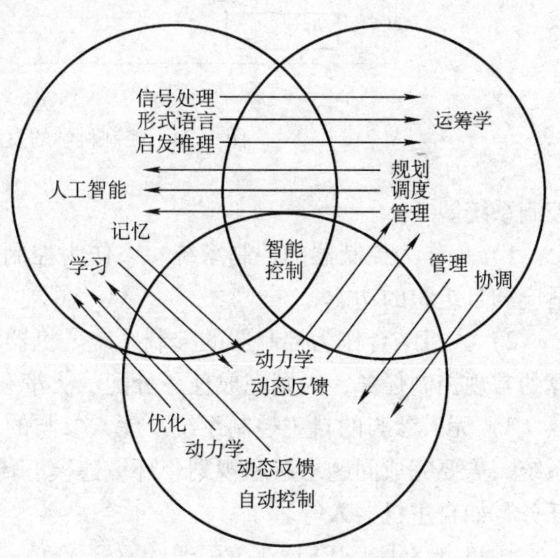

图1-23 基于三元论的智能控制

所谓智能控制，就是设计一个控制器（或系统）具有学习、抽象、推理、决策等功能，并能根据环境（包括被控对象或被控过程）信息的变化做出适应性反应，从而实现由人来完成的任务。

3. 智能控制的发展

智能控制是自动控制发展的最新阶段，主要用于解决传统控制难以解决的复杂系统的控制问题。控制科学的发展过程如图1-24所示。

从20世纪60年代起，由于空间技术、计算机技术及人工技术的发展，控制领域的学者在研究自组织、自学习控制的基础上，为了提高控制系统的自学习能力，开始注意将人工智能技术与方法应用于控制中。

1966年，J. M. Mendal首先提出将人工智能技术应用于飞船控制系统的设计；1971年，傅京逊首次提出智能控制的概念，并归纳为以下3种类型的智能

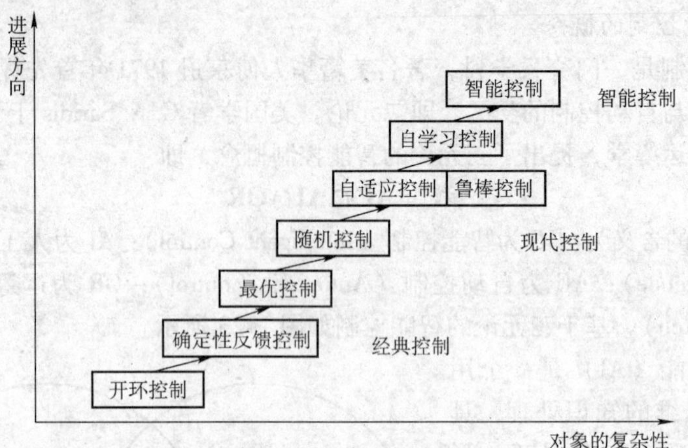

图 1-24　控制科学的发展过程

控制系统。

1）人作为控制器的控制系统。人作为控制器的控制系统，具有自学习、自适应和自组织的功能。

2）人机结合作为控制器的控制系统。机器完成需要连续进行的并需快速计算的常规控制任务，人则完成任务分配、决策和监控等任务。

3）无人参与的自主控制系统。无人参与的自主控制系统为多层的智能控制系统，需要完成问题求解和规划、环境建模、传感器信息分析和底层的反馈控制任务，如自主机器人等。

1985 年 8 月，IEEE 在美国纽约召开了第一届智能控制学术讨论会，随后成立了 IEEE 智能控制专业委员会；1987 年 1 月，IEEE 在美国举行第一次国际智能控制大会，这标志着智能控制领域的形成。

近年来，神经网络、模糊数学、专家系统、进化论等各门学科的发展给智能控制注入了巨大的活力，由此产生了专家控制、模糊控制、神经网络控制和遗传算法的智能控制。

1.4.2　专家控制概述

1. 专家系统

专家系统是一类包含知识和推理的智能计算机程序，其内部包含某领域专家水平的知识和经验，具有解决专门问题的能力。专家系统可以解决的问题一般包括解释、预测、设计、规划、监视、修理、指导和控制等，目前已经广泛地应用于医疗诊断、语音识别、图像处理、金融决策、地质勘探、石油化工、教学、军事和计算机设计等领域。专家系统的结构如图 1-25 所示。

(1) 知识库 知识库包含3类知识:

1) 基于专家经验的判断性规则。

2) 用于推理、问题求解的控制性规则。

3) 用于说明问题的状态、事实和概念及当前的条件和常识等的数据。

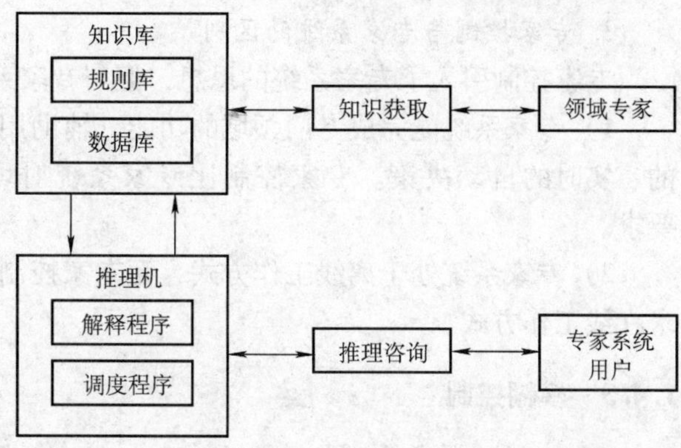

图1-25 专家系统的结构

知识库包含多种功能模块，主要有知识查询、检索、增删、修改和扩充等。知识库通过人机接口与领域专家相沟通，从而实现知识的获取。

(2) 推理机 推理机是用于对知识库中的知识进行推理来得到结论的“思维”机构。推理机包括3种推理方式:

1) 正向推理: 从原始数据和已知条件得到结论。

2) 反向推理: 先提出假设的结论，然后寻找支持的证据，若证据存在，则假设成立。

3) 双向推理: 运用正向推理提出假设的结论，运用反向推理来证实假设。

2. 专家控制

专家控制是将专家系统的理论和技术同控制理论、方法与技术相结合，在未知环境下，仿效专家的经验实现对系统控制。专家控制试图在传统控制的基础上“加入”一个富有经验的控制工程师，实现控制的功能，它由知识库和推理机构构成主体框架，通过对控制领域知识（如先验经验、动态信息、目标等）的获取与组织，按某种策略及时地选用恰当的规则进行推理输出，实现对实际对象的控制。专家控制的基本结构如图1-26所示。

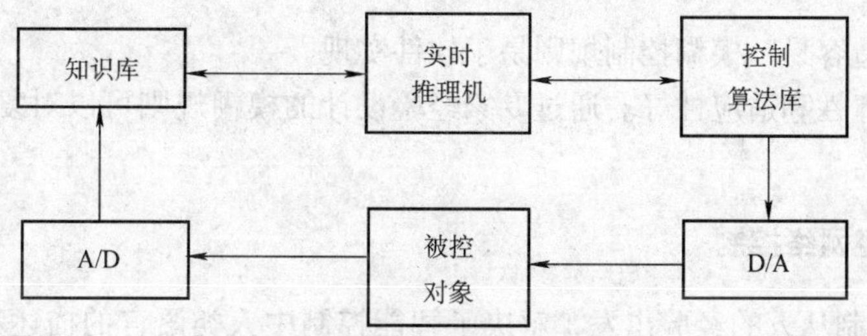

图1-26 专家控制的基本结构

3. 专家控制与专家系统的区别

专家控制引入了专家系统的思想，但与专家系统存在以下区别。

1）专家系统能完成专门领域的功能，辅助用户决策；专家控制能进行独立的、实时的自动决策。专家控制比专家系统对可靠性和抗干扰性有着更高的要求。

2）专家系统处于离线工作方式，而专家控制要求在线获取反馈信息，即要求在线工作方式。

1.4.3 模糊控制

模糊控制是建立在人工经验基础之上的。对于一个熟练的操作人员，他往往凭借丰富的实践经验，采取适当的对策来巧妙地控制一个复杂过程。若能将这些熟练操作员的实践经验加以总结和描述，并用语言表达出来，就会得到一种定性的、不精确的控制规则。如果用模糊数学将其定量化，就可转化为模糊控制算法，从而形成模糊控制理论。

模糊控制可定义为："以模糊集合理论、模糊语言变量及模糊推理为基础的一类控制算法"，或定义为"采用模糊集合理论和模糊逻辑，并与传统的控制理论相结合，模拟人的思维方式，对难以建立精确数学模型的对象实施的一种控制方法"。

模糊控制具有如下特点：

1）模糊控制不需要被控对象的数学模型。模糊控制是以人对被控对象的控制经验为依据而设计的控制器，故无需知道被控对象的数学模型。

2）模糊控制是一种反映人类智慧的智能控制方法。模糊控制采用人类思维中的模糊量，如"高"、"中"、"低"、"大"、"小"等，控制量由模糊推理导出。这些模糊量和模糊推理是人类智能活动的体现。

3）模糊控制易于被人们接受。模糊控制的核心是模糊规则，模糊规则是用语言来表示的，例如，"今天气温高，则今天天气暖和"等，易于被一般人接受。

4）构造容易。模糊控制规则易于软件实现。

5）鲁棒性和适应性好。通过专家经验设计的模糊规则可以对复杂对象进行有效的控制。

1.4.4 神经网络控制

模糊控制从人的经验出发，解决了智能控制中人类语言的描述和推理问题，尤其是一些不确定性语言的描述和推理问题，从而在机器模拟人脑的感知、推理等智能行为方面迈出了重大的一步。然而，模糊控制在处理数值数据、自学习能力等方面还远没有达到人脑的境界。人工神经网络从另一个角度出发，即从人脑的生理学和心理学着手，通过人工模拟人脑的工作机理来实现机器的部分智能行为。

人工神经网络（Artifical Neural Network），简称神经网络，是模拟人脑思维方式的数学模型。神经网络是在现代生物学研究人脑组织成果的基础上提出的，用来模拟人类大脑神经网络的结构和行为，它从微观结构和功能上对人脑进行抽象和简化，是模拟人类智能的一条重要途径，反映了人脑功能的若干基本特征，如并行信息处理、学习、联想、模式分类和记忆等。

20 世纪 80 年代以来，人工神经网络的研究取得了突破性进展。神经网络控制是将神经网络与控制理论相结合而发展起来的智能控制方法。它已经成为智能控制的一个新的分支，为解决复杂的非线性、不确定、不确知系统的控制问题开辟了新途径。

1.4.5 遗传算法

1. 遗传算法的特点

遗传算法起源于对生物系统所进行的计算机模拟研究。早在 20 世纪 40 年代，就有学者开始研究如何利用计算机进行生物模拟技术，他们从生物学的角度进行了生物的进化过程模拟、遗传过程模拟等研究工作。进入 20 世纪 60 年代，美国密执安大学的 Holland 教授及其学生们受到这种生物模拟技术的启发，创造出一种基于生物遗传和进化机制的、适合于复杂系统优化计算的自适应概率优化技术——遗传算法。遗传算法具有以下特点。

1）遗传算法是对参数的编码进行操作，而非对参数本身，这就是使得我们在优化计算过程中可以借鉴生物学中染色体和基因等概念，模仿自然界中生物的遗传和进化等机理。

2）遗传算法同时使用多个搜索点的搜索信息。传统的优化方法往往是从解空间的一个初始点开始最优解的迭代搜索过程，单个搜索点所提供的信息不多，搜索效率不高，有时甚至使搜索过程局限于局部最优解而停滞不前。遗传算法从由很多个体组成的一个初始群体开始最优解的搜索过程，而不是从一个单一的个体开始搜索，这是遗传算法所特有的一种隐含并行性，因此遗传算法的搜索效率较高。

3）遗传算法直接以目标函数作为搜索信息。传统的优化算法不仅需要利用目标函数值，而且需要目标函数的导数值等辅助信息才能确定搜索方向。而遗传算法仅使用由目标函数值变换来的适应度函数值，就可以确定进一步的搜索方向和搜索范围，无需目标函数的导数值等其他一些辅助信息。因此，遗传算法可应用于目标函数无法求导数或导数不存在的函数的优化问题及组合优化问题等。而且直接利用目标函数值或个体适应度，也可将搜索范围集中到适应度较高的部分搜索空间中，从而提高搜索效率。

4）遗传算法使用概率搜索技术。许多传统的优化算法使用的是确定性搜索算法，一个搜索点到另一个搜索点的转移有确定的转移方法和转移关系，这种确定性的搜索方法有可能使得搜索无法达到最优点，因而限制了算法的使用范围。遗传算法的选择、交叉、变异等运算都是以一种概率的方式来进行的，因而遗传算法的搜索过程具有很好的灵活性。随着进化过程的进行，遗传算法新的群体会更多地产生出许多新的优良的个体。理论已经证明，遗传算法在一定条件下以概率 1 收敛于问题的最优解。

5）遗传算法在解空间进行高效启发式搜索，而非盲目地穷举或完全随机搜索。

6）遗传算法对于待寻优的函数基本无限制，它既不要求函数连续，也不要求函数可微，既可以是数学解析式所表示的显函数，又可以是映射矩阵甚至是神经网络的隐函数，因而应用范围较广。

7）遗传算法具有并行计算的特点，因而可通过大规模并行计算来提高计算速度，适合大规模复杂问题的优化。

2. 遗传算法的应用

非线性、多模型、多目标的函数优化问题，采用其他优化方法较难求解，而采用遗传算法却可以得到较好的结果。

（1）组合优化　随着问题的增大，组合优化问题的搜索空间也急剧扩大，采用传统的优化方法很难得到最优解。遗传算法是寻求这种满意解的最佳工具。例如，遗传算法已经在求解旅行商问题、背包问题、装箱问题、图形划分问题等方面得到成功的应用。

（2）生产调度问题　很多情况下，采用建立数学模型的方法难以对生产调度问题进行精确求解。在现实生产中，多采用一些经验进行调度。遗传算法是解决复杂调度问题的有效工具，在单件生产车间调度、流水线生产车间调度、生产规划、任务分配等方面，遗传算法都得到了有效的应用。

（3）自动控制　在自动控制领域中有很多与优化相关的问题需要求解，遗传算法已经在其中得到了初步的应用。例如，利用遗传算法进行控制器参数的优化，基于遗传算法的模糊控制规则的学习，基于遗传算法的参数辨识，基于遗传算法的神经网络结构的优化和权值学习等。

（4）机器人　例如，遗传算法已经在移动机器人路径规划、关节机器人运动轨迹规划、机器人结构优化和行为协调等方面得到研究和应用。

（5）图像处理　遗传算法可用于图像处理过程中的扫描、特征提取、图像分割等的优化计算。目前，遗传算法已经在模式识别、图像恢复、图像边缘特征提取等方面得到了应用。

（6）人工生命　人工生命是用计算机、机械等人工媒体模拟或构造出的具有生物系统特有行为的人造系统。人工生命与遗传算法有着密切的联系，基于遗传算法的进化模型是研究人工生命现象的重要基础理论。遗传算法为人工生命的研究提供了一个有效的工具。

（7）遗传编程　遗传算法已成功地应用于人工智能、机器学习等领域的编程。

（8）机器学习　基于遗传算法的机器学习在很多领域都得到了应用。例如，采用遗传算法实现模糊控制规则的优化，可以改进模糊系统的性能；遗传算法可用于神经网络连接权的调整和结构的优化；采用遗传算法设计的分类器系统可用于学习式多机器人路径规划。

小　结

1. 自动控制系统的基本知识

（1）自动控制系统的基本概念，包括人工控制与自动控制的比较，控制系统的构成、分类以及自动控制系统术语。

（2）自动控制系统的基本要求——稳定性、快速性、准确性。

（3）自动控制系统框图的绘制。

2. 经典控制理论、智能控制理论的发展与分支

（1）专家控制的基本概念。

（2）模糊控制的基本概念。

（3）神经网络控制的基本概念。

（4）遗传算法的基本概念。

复习思考题

1-1　图1-27所示是一个自动热水器的示意图。水箱中的水位由浮球阀控制，温度由加热器维持。试分析水位和温度控制系统的工作原理。

1-2　图1-28所示是一个液压伺服装置的示意图。输入信号x使动力活塞产生位移y。试描述该系统的工作原理，并以x为参考输入、y为输出绘制该系统的框图。

1-3　图1-29所示表示电动机转速控制系统。U_0是一个固定的电压。电动机带动负载以速度ω旋转。试分析转速控制系统的工作原理，并画出框图。

1-4　图1-30所示是一个精馏塔液位控制系统示意图。LC代表液位控制器，FC代表流量控制器。箭头代表液体的流向。P为排液泵，V为控制阀。液位控制器接收塔液位信号，流量控制器接收流量信号，并以液位控制器的输出作为它的参考输入。试描述该系统的工作原理，并画出框图。

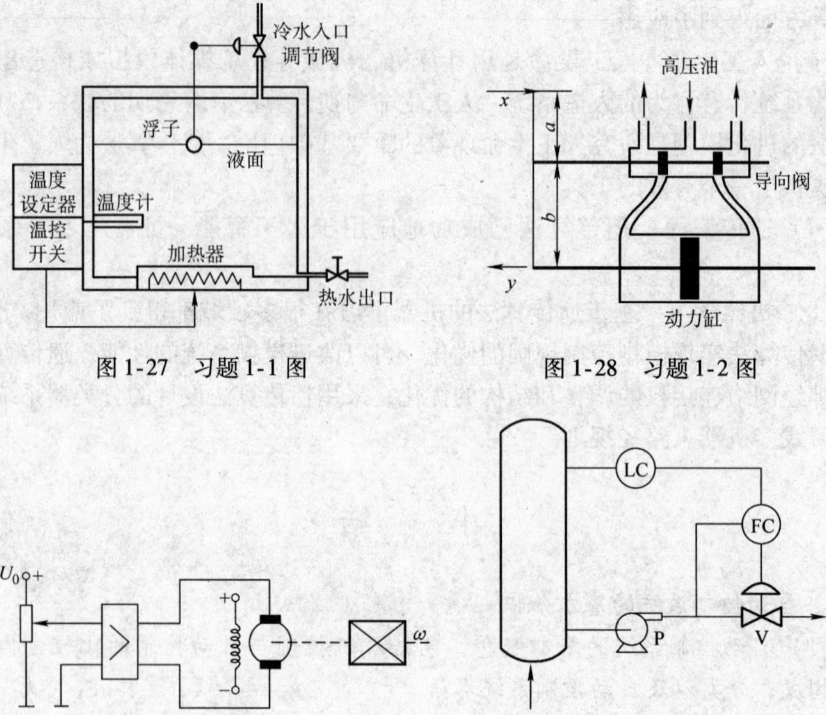

图 1-27　习题 1-1 图

图 1-28　习题 1-2 图

图 1-29　习题 1-3 图

图 1-30　习题 1-4 图

2

第 2 章 控制系统的数学模型

控制理论研究的是控制系统的分析方法与设计方法。为了设计好一个优良的控制系统，必须充分地了解受控对象、执行器及系统内一切元件的运动规律。所谓运动规律，是指它们在一定的内外条件下所必然产生的相应运动。内外条件与运动之间存在着固定的因果关系，这种关系可以用系统的数学模型描述。数学模型可描述系统的输入与输出之间的因果关系。数学模型可以有许多不同的形式，比较常见的有 3 种：一种是把系统的输出量与输入量之间的关系用数学方式表达，称为输入-输出描述，或外部描述。例如，微分方程式、传递函数和差分方程；第二种不仅可以描述系统的输入与输出之间的关系，而且还可以描述系统的内部特性，称为状态变量描述或内部描述，它特别适用于多输入、多输出系统，也适用于时变系统、非线性系统和随机系统；第三种方式是用比较直观的方框图模型进行描述。

2.1 拉普拉斯变换

拉普拉斯变换（简称拉氏变换）是一种函数之间的积分变换。拉氏变换是研究控制系统的一个重要数学工具，它可以把时域中的微分方程变换成复域中的代数方程，从而使微分方程的求解大为简化。

2.1.1 拉普拉斯变换的定义和存在定理

1. 定义

设函数 $c(t)$ 在 $t\geqslant 0$ 时有定义，而且积分

$$\int_0^{\infty} c(t)\mathrm{e}^{-st}\mathrm{d}t$$

在复平面 s 的某个域内收敛，则由此积分所确定的函数可写为

$$C(s) = \int_0^{\infty} c(t)\mathrm{e}^{-st}\mathrm{d}t \tag{2-1}$$

式（2-1）称为函数 $c(t)$ 的拉普拉斯变换式，简称拉氏变换式，并记作

$$C(s) = L[c(t)]$$

式中，$C(s)$ 称为 $c(t)$ 的象函数；$c(t)$ 称为 $C(s)$ 的原函数。由象函数求原函数的运算称为拉氏反变换，记作

$$c(t) = L^{-1}[C(s)] \tag{2-2}$$

2. 拉普拉斯变换的存在定理

若函数 $\boldsymbol{c(t)}$ 满足下列条件：

1）在 $\boldsymbol{t} \geqslant 0$ 的任一有限区间上分段连续。

2）在 t 充分大后满足不等式 $\boldsymbol{c(t) \leqslant Me^{kt}}$，其中，$\boldsymbol{M}$、$k$ 都是实常数，则 $c(t)$ 的拉氏变换为

$$C(s) = \int_0^{\infty} c(t)\mathrm{e}^{-st}\mathrm{d}t$$

在半平面 $Re(\boldsymbol{s}) > \boldsymbol{c}$ 上一定存在，此时右端的积分绝对收敛，而且在这个半平面内 $\boldsymbol{C(s)}$ 为解析函数。

为了简单起见，今后一律不再注明 $C(s)$ 的收敛范围，并假定 $c(t) = 0(t < 0)$。

2.1.2 几种典型函数的拉氏变换

在分析、设计控制系统时，常用下述几种典型函数信号，它们分别是脉冲函数、单位阶跃函数、单位斜坡函数、单位加速度函数、正弦函数和指数函数等。

1. 单位阶跃函数

单位阶跃函数的表达式为

$$c(t) = 1(t) = \begin{cases} 1 & \text{当 } t \geqslant 0 \\ 0 & \text{当 } t < 0 \end{cases} \tag{2-3}$$

其拉氏变换为

$$\begin{aligned} C(s) &= L[1(t)] \\ &= \int_0^{\infty} 1(t)\mathrm{e}^{-st}\mathrm{d}t \\ &= -\frac{1}{s}\mathrm{e}^{-st}\Big|_0^{+\infty} \\ &= \frac{1}{s} \end{aligned} \tag{2-4}$$

2. 单位脉冲函数

单位脉冲函数的表达式为

$$\delta(t)=\begin{cases}0 & 当\ t\neq 0\\ \infty & 当\ t=0\end{cases},且\int_{-\infty}^{+\infty}\delta(t)\mathrm{d}t=1 \tag{2-5}$$

它是脉冲强度为1、在 $t=0$ 瞬时出现无穷大跳跃的特殊函数，称为 δ 函数，其拉氏变换为

$$C(s)=L[\delta(t)]=\int_0^{+\infty}\delta(t)\mathrm{e}^{-st}\mathrm{d}t=1 \tag{2-6}$$

3. 单位斜坡函数

单位斜坡函数的表达式为

$$c(t)=t\cdot 1(t)=\begin{cases}t & 当\ t\geqslant 0\\ 0 & 当\ t<0\end{cases} \tag{2-7}$$

其拉氏变换为

$$\begin{aligned}C(s)&=L[t\cdot 1(t)]\\&=\int_0^{\infty}t\mathrm{e}^{st}\mathrm{d}t\\&=-\frac{1}{s}\mathrm{e}^{-st}\Big|_0^{+\infty}+\int_0^{\infty}\frac{1}{s}\mathrm{e}^{-st}\\&=\frac{1}{s^2}\end{aligned}$$

4. 单位加速度函数

单位加速度函数的表达式为

$$c(t)=\begin{cases}\frac{1}{2}t^2 & 当\ t\geqslant 0\\ 0 & 当\ t<0\end{cases} \tag{2-9}$$

其拉氏变换为

$$\begin{aligned}C(s)&=L\left[\frac{1}{2}t^2\cdot 1(t)\right]\\&=\int_0^{\infty}\frac{1}{2}t^2\mathrm{e}^{st}\mathrm{d}t\\&=-\frac{1}{s}\left[\frac{1}{2}t^2\mathrm{e}^{-st}\Big|_0^{+\infty}-\int_0^{\infty}\frac{1}{s}t\mathrm{e}^{-st}\mathrm{d}t\right]\\&=\frac{1}{s^3}\end{aligned} \tag{2-10}$$

5. 正弦函数

正弦函数的表达式为

$$c(t)=\begin{cases}\sin\omega t & 当\ t\geqslant 0\\ 0 & 当\ t<0\end{cases} \tag{2-11}$$

其拉氏变换为

$$C(s)=L[\sin\omega t\cdot 1(t)]=\int_0^{+\infty}\sin\omega t\mathrm{e}^{-st}\mathrm{d}t$$

应用分部积分法可得其拉氏变换式为

$$C(s)=\int_0^{+\infty}\sin\omega t\mathrm{e}^{-st}\mathrm{d}t$$

$$=-\frac{1}{\omega}\int_0^{\infty}\mathrm{e}^{-st}\mathrm{d}\cos\omega t$$

$$s\int^{\infty}\cos\omega t\mathrm{e}^{-st}\mathrm{d}t]$$

$$s\int_0^{\infty}\sin\omega t\mathrm{e}^{-st}\mathrm{d}t]]\}$$

(2-8)

dt

$$C(s)=\frac{\omega}{s^2+\omega^2} \tag{2-12}$$

同理可以得到余弦函数的拉氏变换。

6. 指数函数

指数函数的表达式为

$$c(t)=\begin{cases}\mathrm{e}^{-\alpha t} & 当\ t\geqslant 0\\ 0 & 当\ t<0\end{cases}\quad \alpha\ 为实数 \tag{2-13}$$

其拉氏变换为

$$\begin{aligned}C(s)&=L[\mathrm{e}^{-\alpha t}\cdot 1(t)]=\int_0^{+\infty}\mathrm{e}^{-\alpha t}\mathrm{e}^{-st}\mathrm{d}t\\&=\int_0^{\infty}\mathrm{e}^{-(\alpha+s)t}\mathrm{d}t=\frac{1}{s+\alpha}\end{aligned} \tag{2-14}$$

任何 $c(t)$ 函数的拉普拉斯变换都可以通过用 e^{-st} 乘以 $c(t)$，再对其乘积从 $t=0$ 到 $t=\infty$ 求积分得到。表 2-1 给出了一些时间函数的拉普拉斯变换，这些时间函数经常出现在线性控制系统分析中。

表2-1 拉普拉斯变换对照表

序号	$f(t)$	$F(s)$
1	单位脉冲 $\delta(t)$	1
2	单位阶跃 $1(t)$	$\frac{1}{s}$
3	t	$\frac{1}{s^2}$
4	$\frac{t^{n-1}}{(n-1)!}\quad(n=1,2,3,\cdots)$	$\frac{1}{s^n}$
5	$t^n(n=1,2,3,\cdots)$	$\frac{n!}{s^{n+1}}$
6	e^{-at}	$\frac{1}{s+a}$
7	te^{-at}	$\frac{1}{(s+a)^2}$
8	$\frac{t^{n-1}}{(n-1)!}e^{-at}\quad(n=1,2,3,\cdots)$	$\frac{1}{(s+a)^n}$
9	$t^n e^{-at}\quad(n=1,2,3,\cdots)$	$\frac{n!}{(s+a)^{n+1}}$
10	$\sin\omega t$	$\frac{\omega}{s^2+\omega^2}$
11	$\cos\omega t$	$\frac{s}{s^2+\omega^2}$
12	$\frac{1}{a}(1-e^{-at})$	$\frac{1}{s(s+a)}$
13	$\frac{1}{b-a}(e^{-at}-e^{-bt})$	$\frac{1}{(s+a)(s+b)}$
14	$\frac{1}{b-a}(be^{-bt}-ae^{-at})$	$\frac{s}{(s+a)(s+b)}$
15	$\frac{1}{ab}\left[1+\frac{1}{a-b}\ (be^{-at}-ae^{-bt})\right]$	$\frac{1}{s(s+a)(s+b)}$
16	$\frac{1}{a^2}(1-e^{-at}-ate^{-at})$	$\frac{1}{s(s+a)^2}$
17	$\frac{1}{a^2}(at-1+e^{-at})$	$\frac{1}{s^2\ (s+a)}$
18	$e^{-at}\sin\omega t$	$\frac{\omega}{(s+a)^2+\omega^2}$
19	$e^{-at}\cos\omega t$	$\frac{s+a}{(s+a)^2+\omega^2}$
20	$\frac{\omega_n}{\sqrt{1-\xi^2}}e^{-\xi\omega_n t}\sin(\omega_n\sqrt{1-\xi^2}t)$	$\frac{\omega_n^2}{s^2+2\xi\omega_n s+\omega_n^2}$
21	$-\frac{1}{\sqrt{1-\xi^2}}e^{-\xi\omega_n t}\sin$ $(\omega_n\sqrt{1-\xi^2}t-\phi)$ $\phi=\tan^{-1}\frac{\sqrt{1-\xi^2}}{\xi}$	$\frac{s}{s^2+2\xi\omega_n s+\omega_n^2}$
22	$1-\frac{1}{\sqrt{1-\xi^2}}e^{-\xi\omega_n t}$ $\times\sin(\omega_n\sqrt{1-\xi^2}\ t+\phi)$ $\phi=\tan^{-1}\frac{\sqrt{1-\xi^2}}{\xi}$	$\frac{\omega_n^2}{s(s^2+2\xi\omega_n s)}$
23	$1-\cos\omega t$	$\frac{\omega^2}{s(s^2+\omega^2)}$
24	$\omega t-\sin\omega t$	$\frac{\omega^3}{s^2(s^2+\omega^2)}$
25	$\sin\omega t-\omega t\cos\omega t$	$\frac{2\omega^3}{(s^2+\omega^2)^2}$
26	$\frac{1}{2\omega}t\sin\omega t$	$\frac{s}{(s^2+\omega^2)^2}$
27	$t\cos\omega t$	$\frac{s^2-\omega^2}{(s^2+\omega^2)^2}$
28	$\frac{1}{\omega_2^2-\omega_1^2}\ (\cos\omega_1 t-\cos\omega_2 t)$ $(\omega_1^2\neq\omega_2^2)$	$\frac{s}{(s^2+\omega_1^2)(s^2+\omega_2^2)}$
29	$\frac{1}{2\omega}\ (\sin\omega+\omega t\cos\omega t)$	$\frac{s^2}{(s^2+\omega^2)^2}$

2.1.3 拉普拉斯变换的性质

1. 线性性质

拉氏变换遵循线性函数的齐次性和叠加性。若 α、β 是任意实数，并且 $L[c_1(t)]=C_1(s)$，$L[c_2(t)]=C_2(s)$，则有

$$L[\alpha c_1(t) \pm \beta c_2(t)] = \alpha L[c_1(t) \pm \beta L[c_2(t)] = \alpha C_1(s) \pm \beta C_2(s)$$

$$L^{-1}[\alpha C_1(s) \pm \beta C_2(s)] = \alpha L^{-1}[C_1(s)] \pm \beta L^{-1}[C_2(s)] = \alpha c_1(t) \pm \beta c_2(t)$$

2. 微分性质

若 $L[c(t)] = C(s)$，则原函数导数的拉氏变换为

$$L[c'(t)] = sC(s) - c(0)$$

式中 $c(0)$—— $c(t)$ 在 $t=0$ 时的值。

同理，可得到 $c^{(n)}(t)$ 各阶导数的拉氏变换为

$$L[c^n(t)] = s^n C(s) - s^{n-1}c(0) - s^{n-2}c'(0) - \cdots - c^{n-1}(0) \tag{2-15}$$

式中 $c(0)$、$c'(0)$、$\cdots$、$c^{n-1}(0)$——$c(t)$ 在各阶导数 $t=0$ 处的值。

3. 积分性质

若 $L[c(t)] = C(s)$，则原函数 $c(t)$ 积分的拉氏变换为

$$L\left[\int c(t)\mathrm{d}t\right] = \frac{1}{s}C(s) + \frac{1}{s}c^{-1}(0)$$

式中 $c^{-1}(0)$—— $c(t)$ 的单重积分在 $t=0$ 处的值，即 $c^{-1}(0) = \int c(t)\mathrm{d}t\Big|_{t=0}$。

同理，对于 $c(t)$ 的多重积分的拉氏变换为

$$L\left[\int \cdots \int c(t)\mathrm{d}t^n\right] = \frac{1}{s^n}C(s) + \frac{1}{s^n}c^{(-1)}(0) + \frac{1}{s^{n-1}}c^{(-2)}(0) + \cdots + \frac{1}{s}c^{(-n)}(0) \tag{2-16}$$

式中 $c^{(-1)}(0)$、$c^{(-2)}(0)$、$\cdots$、$c^{(-n)}(0)$—— $c(t)$ 的各重积分在 $t=0$ 处的值。

4. 位移性质

若 $L[c(t)] = C(s)$，则有

$$L[\mathrm{e}^{at}c(t)] = C(s-a) \tag{2-17}$$

该性质表明，一个象函数的原函数乘以指数函数 e^{at} 后，其象函数的变量 s 将作位移 a。

5. 延迟性质

若 $L[c(t)] = C(s)$，且 $t<0$ 时，$c(t)=0$，则对于任一实数 $\tau>0$，有

$$L[c(t-\tau) \cdot 1(t-\tau)] = \mathrm{e}^{-\tau s}C(s) \tag{2-18}$$

$$L^{-1}[\mathrm{e}^{-\tau s}C(s)] = c(t-\tau) \cdot 1(t-\tau)$$

该性质表明，若时间函数延迟 τ，相应于它的象函数就会乘以指数因子 $\mathrm{e}^{-\tau s}$。

6. 初值定理

若 $L[c(t)] = C(s)$，且 $\lim\limits_{s\to\infty} sC(s)$ 存在，则有

$$\lim_{t\to 0}[c(t)] = \lim_{s\to\infty} sC(s) \tag{2-19}$$

7. 终值定理

若 $L[c(t)]=C(s)$，且 $\lim\limits_{t\to\infty}c(t)$、$\lim\limits_{s\to\infty}sC(s)$ 存在，则有

$$\lim_{t\to\infty}[c(t)]=\lim_{s\to 0}sC(s) \tag{2-20}$$

8. 卷积定理

假设 $c_1(t)$、$c_2(t)$ 满足拉氏变换存在定理中的条件，且 $L[c_1(t)]=C_1(s)$，$L[c_2(t)]=C_2(s)$，则下列定义的 $c_1(t)$ 与 $c_2(t)$ 的卷积 $c_1(t)\cdot c_2(t)$ 的拉氏变换一定存在，即

$$L[c_1(t)\cdot c_2(t)]=C_1(s)\cdot C_2(s) \tag{2-21}$$

$$L^{-1}[C_1(s)\cdot C_2(s)]=c_1(t)\cdot c_2(t)$$

其中，

$$\begin{aligned} c_1(t)\cdot c_2(t) &= \int_0^t c_1(\tau)c_2(t-\tau)\mathrm{d}\tau \\ &= \int_0^t c_1(t-\tau)c_2(\tau)\mathrm{d}\tau \end{aligned}$$

2.2　系统数学模型的描述

2.2.1　系统数学模型的特点

实际系统的数学模型是复杂多样的，具体建模时，要结合研究的目的和条件合理地进行建模，才能有效地达到研究系统的目的。系统的数学模型具有以下几个共同的特点。

（1）相似性　实际的工程控制系统，不管它们是机械的、电气的、热力的、液压的、建筑的，还是经济学的、生物学的等，它们的数学模型可能是相同的，这就是说它们具有相同的运动规律。同样，人们也不再考虑各系数的物理意义，只是把它们看成抽象的参数，即只要数学模型相同，不管变量用什么符号，其运动性质都是相同的。

（2）简化性和准确性　同一个物理系统，数学模型不是唯一的。由于精度要求和应用条件不同，可以用复杂程度不同的数学模型来表达。这是因为具体的物理系统，各物理量之间的关系是非常复杂的，一般都有非线性存在，而且参数不可能是集中参数。因此，实际系统的数学模型是非线性的偏微分方程。由于求解非线性方程和偏微分方程的难度很大，有时甚至是不可能的，而且建立某些精确的微分方程也是毫无意义的。因此，常在误差允许的条件下忽略一些特性影响较小的物理因素，用简化的数学模型来表达实际系统。

（3）动态模型　描述变量各阶导数之间关系的微分方程称为动态数学模型。

对于系统性能的全面分析，一般以动态模型为对象，详细研究各变量的运动特性。

（4）静态模型　在静态条件下（即变量的各阶导数为零），描述变量之间关系的代数方程称为静态数学模型。静态模型描述各变量之间的关系不随时间变化，在量值上有确定的对应关系。

2.2.2　系统数学模型的建模方法与步骤

建立控制系统的数学模型有两种基本方法。第一种是分析法，即对系统各部分的运动机理进行分析，根据它们所依据的物理规律或化学规律分别列写相应的运动方程，合在一起便成为描述整个系统的方程。第二种方法是实验法，即人为地给系统施加某种测试信号，记录其输出响应，并用适当的数学模型逼近，这种方法称为系统辨识，主要用于系统运动机理复杂而不便分析或不可能分析的情况。

传递函数是对物理系统的输入-输出描述，故有时称为外部描述。线性定常系统的传递函数，可定义为初始条件为零时，输出量的拉普拉斯变换与输入量的拉普拉斯变换之比。

设有一线性定常系统，它的微分方程是

$$a_0y^n+a_1y^{n-1}+\cdots+a_{n-1}y'+a_ny=b_0x^m+b_1x^{m-1}+\cdots+b_{m-1}x'+b_mx \tag{2-22}$$

式中，y 是系统的输出量；x 是系统的输入量。初始条件为零时，对式（2-22）的两端进行拉普拉斯变换，就可以得到系统的传递函数

$$G(s)=\frac{Y(s)}{X(s)}=\frac{b_0s^m+b_1s^{m-1}+\cdots+b_{m-1}s+b_m}{a_0s^n+a_1s^{n-1}+\cdots+a_{n-1}s+a_n}\qquad n\geqslant m \tag{2-23}$$

传递函数分母中 s 的最高阶数，就是输出量最高阶导数的阶数。如果 s 的最高阶导数等于 n，这种系统就叫 n 阶系统。实际系统中，一般 $n\geqslant m$，因为实际系统（或元件）总有惯性存在以及所具有能源的功率有限。

传递函数是一种以系统参数表示的线性定常系统的输入量与输出量之间的关系，它表达了系统本身的特性，而与输入量无关。传递函数包含联系输入量与输出量所必需的单位，但它不表明系统的物理结构。

在着手编写传递函数之前，对元件或系统的固有作用原理应有足够的了解。下面介绍控制理论中关于处理线性传递函数式应注意的一些问题，以及列写传递函数应遵循的一般原则。

列写传递函数的一般步骤如下：

1）分析系统运动的因果，确定系统的输入量、输出量和内部中间变量，弄清各变量之间的关系。

2）做出合适的假设，以便忽略一些次要因素使问题简化。

3）根据支配系统动态特性的基本规律，列写各部分的原始方程。基本定律一般是牛顿定律、能量守恒定律、克希霍夫定律、物质守恒定律，以及由这些基本定律导出的各专业应用公式。

4）列写各中间变量与其他变量的因果式，即列写辅助方程式。方程的数目应与所设的变量（除输入外）数目相等。

5）联立上述方程，消除中间变量，最终得到只包含系统输入量与输出量的方程式。

6）将方程式化成标准形。所谓标准形，是指与输入量有关的各项放在方程的右边，而与输出量有关的各项放在方程的左边。各项系数可化成有物理意义的形式。

7）假设全部初设条件都等于零，取微分方程的拉普拉斯变换。

8）求出输出量 $C(s)$ 与输入量 $R(s)$ 之比，这个比值就是传递函数。

【例2-1】 图2-1所示为一液位系统，μ 为进水阀的开度，Q_1 为水箱的流入量，Q_2 为水箱的流出量，F 为水箱的均匀截面积，R_2 为出水阀的阻力，控制要求液面的希望高度等于 h。

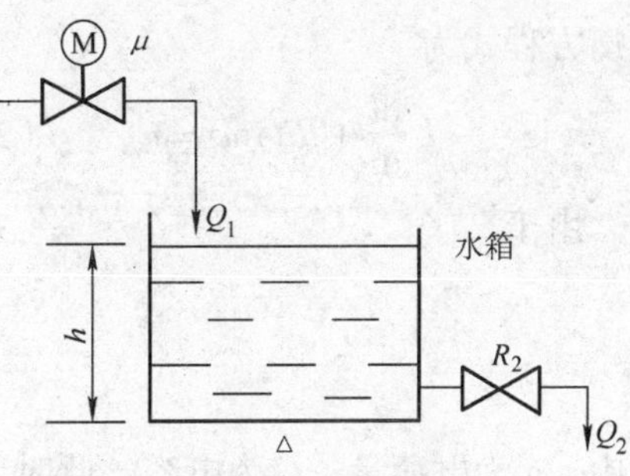

图2-1 液位系统

【解】 物质守恒定律是液位系统中的基本定律，在液位系统中，物质守恒定律可表示为

静态：$Q_{10}=Q_{20}$

动态：

$$\begin{cases} Q_1=k_\mu\mu \\ Q_2=\dfrac{h}{R_2} \\ Q_1-Q_2=F\dfrac{\mathrm{d}h}{\mathrm{d}t} \end{cases} \tag{2-24}$$

通过联立求解式（2-24），可消除中间变量，得

$$FR_2\frac{\mathrm{d}h}{\mathrm{d}t}+h=k_\mu R_2\mu$$

令 $T_1=R_2C_1$，$C_1=F$，T_1 为对象的时间常数，C_1 为容量系数，容量系数的含义是当被控量改变一个单位时，对象需要相应改变的物质量或能量；令 $K_1=k_\mu R_2$，k_μ 为调节阀的放大系数，K_1 为对象的放大系数，则一阶惯性环节的标准方程为

$$T_1\frac{\mathrm{d}h}{\mathrm{d}t}+h=K_1\mu \tag{2-25}$$

对式（2-25）中的每一项取拉普拉斯变换，得出

$$L\left[T_1\frac{\mathrm{d}h}{\mathrm{d}t}\right]=T_1[sH(s)-h(0)]$$

$$L[h(t)]=H(s)$$

设初始条件等于零，即 $h(0)=0$，即可得出式（2-25）的拉氏变换

$$sT_1H(s)+H(s)=K_1\mu(s)$$

取 $H(s)$ 与 $\mu(s)$ 之比，即可得到系统的传递函数为

$$G(s)=\frac{K_1}{T_1s+1}$$

【例 2-2】 图 2-2 所示为一由电感 L、电阻 R 和电容 C 组成的电路。

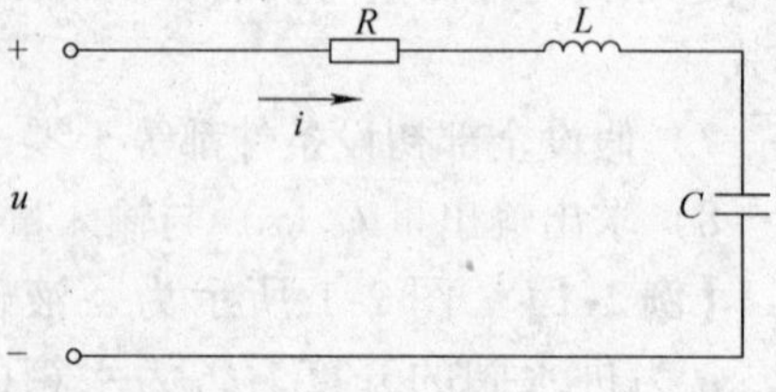

图 2-2　RLC 电路

【解】 在理想条件下，基于克希霍夫电压定律（KVL）可得到此电路的电压平衡方程式为

$$L\frac{\mathrm{d}i}{\mathrm{d}t}+Ri+u_{\mathrm{c}}=u \qquad (2\text{-}26)$$

由于

$$i=\frac{\mathrm{d}q}{\mathrm{d}t}$$

$$q=Cu$$

式中，q 为电荷量；C 为电容。此时，式（2-26）可写为

$$LC\frac{\mathrm{d}^2u_{\mathrm{c}}}{\mathrm{d}t^2}+RC\frac{\mathrm{d}u_{\mathrm{c}}}{\mathrm{d}t}+u_{\mathrm{c}}=u \qquad (2\text{-}27)$$

初始条件为零时，取式（2-27）的拉氏变换，得

$$(LCs^2+RCs+1)U_{\mathrm{c}}(s)=U(s)$$

取 $U(s)$ 与 $U_{\mathrm{c}}(s)$ 之比，即可得到系统的传递函数

$$G(s)=\frac{U_{\mathrm{c}}(s)}{U(s)}=\frac{1}{LCs^2+RCs+1}$$

【例 2-3】 空调房间为一温度对象，如图 2-3 所示。它由热水加热器、恒温房间及室内散热设备组成。由于从送风口进来的空气不能一瞬间布满整个恒温室，因此，室温对象是带有滞后 τ_1 的分布参数的对象，这种滞后称为纯滞后。为了简化研究，我们先不考虑对象的滞后，并认为无区域温差，即按集中参数处理。

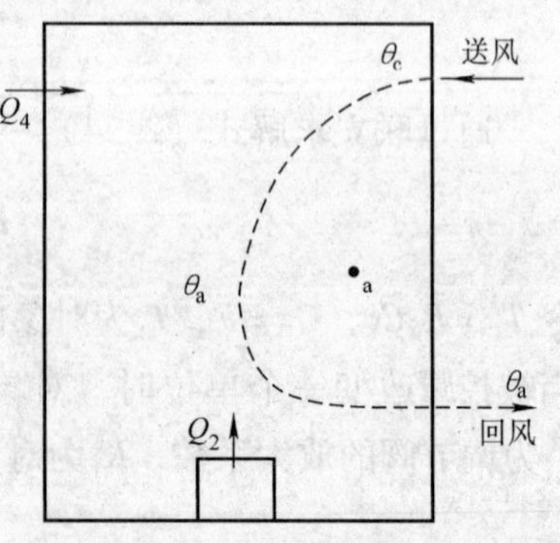

图 2-3　空调房间温度对象

【解】 根据能量守恒定律，单位时间内进入对象的能量减去单位时间内由对象流出的能量等于对象内能量蓄存量的变化率。在空调房间系统中，能量守恒定律可表示为

$$\begin{bmatrix}\text{室内蓄热量}\\\text{的变化率}\end{bmatrix}=\left[\begin{pmatrix}\text{每小时进入室}\\\text{内的空气热量}\end{pmatrix}+\begin{pmatrix}\text{每小时室内设备、照}\\\text{明和人体的散热量}\end{pmatrix}\right]-\left[\begin{pmatrix}\text{每小时从房间排}\\\text{出的空气的热量}\end{pmatrix}+\begin{pmatrix}\text{每小时室内向}\\\text{室外的传热量}\end{pmatrix}\right]$$

上述关系的数学表达式为

$$C\frac{\mathrm{d}\theta_a}{\mathrm{d}t}=(G_s c_1\theta_c+Q_2)-\left(G_s c_1\theta_a+\frac{\theta_b-\theta_a}{R_b}\right) \tag{2-28}$$

式中 C——房间热容（包括室内设备和家具表层的蓄热），单位为 kJ/℃；

θ_a——室内空气的温度，回风温度，单位为℃；

c_1——空气比热容，单位为 kJ/(kg·℃)；

G_s——送风量，单位为 kg/h；

θ_c——送风温度，单位为℃；

θ_b——室外温度，单位为℃；

R_b——围护结构热阻；

Q_2——室内设备、照明和人体的散热量，单位为 kJ/h。

将式（2-28）进行整理，可得标准方程式为

$$T\frac{\mathrm{d}\theta_a}{\mathrm{d}t}+\theta_a=K(\theta_c+\theta_f) \tag{2-29}$$

式中 K——控制对象的放大系数，单位为℃/℃；

$$K=\frac{1}{1+\dfrac{1}{R_b G_s c_1}}$$

R——控制对象的热阻；

$$R=\frac{R_b}{1+R_b G_s c_1}$$

T——控制对象的时间常数，单位为 h；

$$T=RC$$

θ_f——室外干扰量换算成送风温度变化，单位为℃；

$$\theta_f=\frac{Q_2+\dfrac{\theta_b}{R_b}}{G_s c_1}$$

从式（2-29）可知，空调区域温度对象是一个多变量系统。根据传递函数的线性性质，空调区域温度对象的输出为

$$\theta_a(s)=\frac{K_C}{T_c s+1}\theta_c(s)+\frac{K_f}{T_f s+1}\theta_f(s)$$

式中，K_C为控制通道的放大系数传递函数；K_f为干扰通道的放大系数。

控制通道的数学模型为

$$\frac{\theta_a(s)}{\theta_c(s)}=\frac{K_C}{T_c s+1}$$

干扰通道的数学模型为

$$\frac{\theta_a(s)}{\theta_f(s)}=\frac{K_f}{T_f s+1}$$

【例 2-4】 图 2-4 所示是热水加热器。它的传热过程是：热水首先加热散热器的金属片，金属片的温度与周围空气的温度形成温度差之后，才能加热送风，使送风温度随着散热器金属片的温度而上升。因此，热水加热器有两个蓄能元件，它是一个双容对象。蓄能元件的能量传递也存在着滞后，这种滞后称为容量滞后。求温度对象的输出。

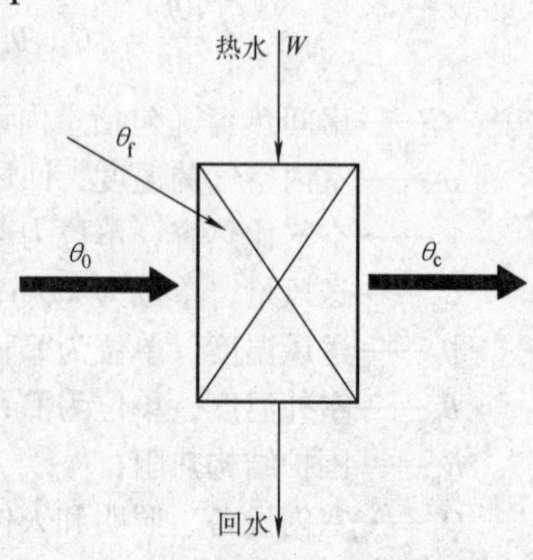

图 2-4 热水加热器

【解】 为了使研究的问题简化，可以把热水加热器看成是一个带容量滞后的单容对象。

$$T\frac{d\theta_c}{dt}+\theta_c=KW+\theta_0+\theta_f$$

式中 θ_c——水加热器后的空气温度，单位为℃；

T——水加热器的时间常数，单位为 h；

W——热水流量，单位为 m^3/h；

θ_f——进入水加热器的热水温度变化引起的散热量变化折合成送风温度的变化，单位为℃；

θ_0——水加热器前的送风温度，单位为℃；

K——水加热器的放大系数，单位为℃ · h/kg。它的物理意义是：热水流量变化一个单位所引起的散热量变化可折合成送风温度变化。热水加热器是非线性对象，其 K 是一个变量，但当 W 变化不大时，可看成是一个常数。

对应的输出为

$$\theta_c(s)=\frac{K}{T_w s+1}W(s)+\frac{1}{T_c s+1}\theta_0(s)+\frac{1}{T_f s+1}\theta_f(s)$$

式中，T_w、T_c、T_f为时间常数。

【例2-5】 冷藏箱空气温度的数学模型如图2-5所示。为了简化问题，假定箱内空气温度是集中参数，且均匀分布，可视为集中参数，箱壁不蓄热。设箱内空气温度为θ，制冷剂蒸发温度为θ_2，箱外环境温度为θ_b，渗入箱内热量为$Q_{入}$，制冷剂带走的热量为$Q_{出}$。

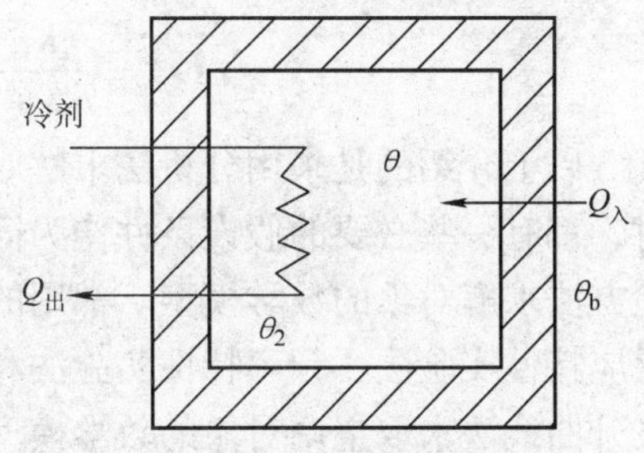

图2-5　冷藏箱空气温度的数学模型

【解】 渗入冷藏箱的热量为

$$Q_{入}=k_1F_1(\theta_b-\theta) \tag{2-30}$$

式中　k_1——箱壁传热系数；

F_1——箱壁传热面积。

$$Q_{出}=k_2F_2(\theta-\theta_2) \tag{2-31}$$

式中　k_2——蒸发器当量传热系数；

F_2——蒸发器传热面积。

静态：$Q_{入}=Q_{出}$

动态：$C\dfrac{\mathrm{d}\theta}{\mathrm{d}t}=Q_{入}-Q_{出}$

将式（2-30）和式（2-31）代入动态式，得

$$C\frac{\mathrm{d}\theta}{\mathrm{d}t}=k_1F_1(\theta_b-\theta)-k_2F_2(\theta-\theta_2) \tag{2-32}$$

将式（2-32）整理成标准式，得

$$C\frac{\mathrm{d}\theta}{\mathrm{d}t}+(k_1F_1+k_2F_2)\theta=k_1F_1\theta_b+k_2F_2\theta_2 \tag{2-33}$$

式（2-33）为冷藏箱空气温度动态方程。箱外环境温度θ_b为干扰作用参数，制冷剂蒸发温度θ_2为控制作用参数。

对应的微分方程为

$$T\frac{\mathrm{d}\theta}{\mathrm{d}t}+\theta=K_1\theta_b+K_2\theta_2$$

式中　T——冷藏箱空气温度动态方程的时间常数，$T=RC$，$R=k_1F_1+k_2F_2$；

K_1——干扰通道的放大系数，$K_1=\dfrac{k_1F_1}{R}$；

K_2——控制通道的放大系数，$K_2=\dfrac{k_2F_2}{R}$。

对应的输出为

$$\theta(s)=\frac{K_1}{T_1 s+1}\theta_b(s)+\frac{K_2}{T_2 s+1}\theta_2(s)$$

以上介绍的是采用分析法求解对象的数学模型，在列写复杂对象的动态方程时，都有一些必要的假设条件作为简化条件。因此，在解决实际问题时也常用实验方法求解对象的数学模型。常用的实验方法大致有 4 种，即反应曲线法、脉冲反应特性实验法、频率特性实验法和随机函数实验法。下面介绍暖通空调常用的飞升曲线法求取空调对象的数学模型。

【例 2-6】 某厂恒温室，容积为 51.4m^2（面积为 16.3m^2，高为 3.15m），要求恒温值为（20±1）℃，由电加热器加热送风。室内由 40W 荧光灯 3 盏和 3 人操作，换气次数为 10 次/h。实验时，先将空调装置稳定运转在额定工况附近，然后突然增加或减少电加热器功率 $\Delta P=0.57\text{kW}$，作为阶跃干扰输入，同时记录送风口、回风口及空调室内温度变化。将记录数据绘成反应曲线，如图 2-6 所示。求解突然增加电加热器功率下的温度对象传递函数。

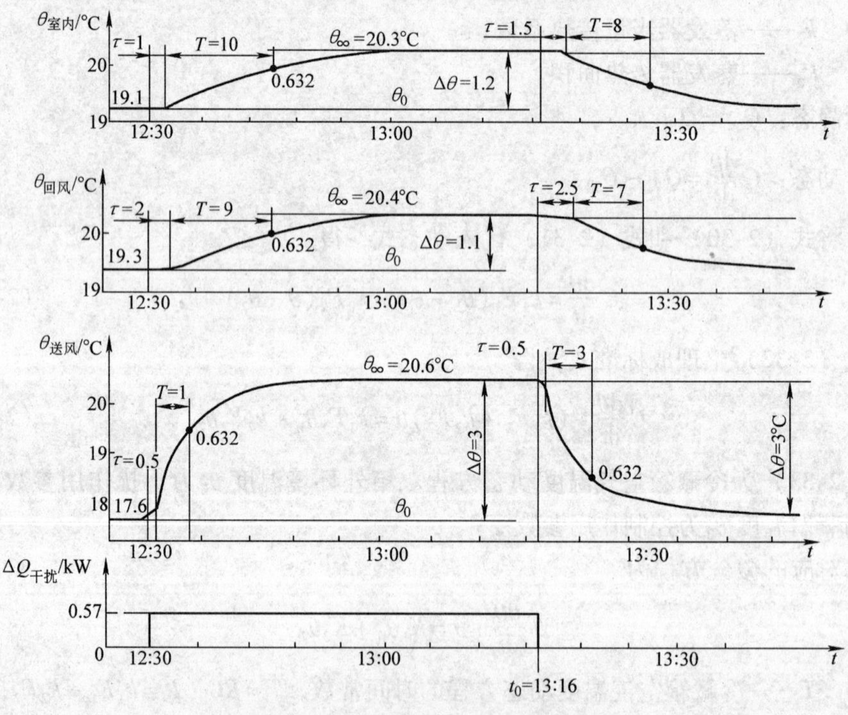

图 2-6 空调室温度实验测定反应曲线

【解】（1）室内温度对象数学模型

从图 2-6 所示中可看出，θ_0 为空调室初始温度，加入干扰后新的平衡值为 θ_∞，温度变化为 $\Delta\theta=\theta_\infty-\theta_0$，故空调室温的放大系数为

$$K = \frac{\Delta\theta}{\Delta Q} = \frac{1.2}{0.57}℃/\text{kW} = 2.1℃/\text{kW}$$

当干扰作用后，经过 $\tau = 1\text{s}$，室温才开始变化，从开始变化到 $\theta = 0.632\theta_\infty$ 所对应的时间间隔为时间常数 T，即 $T = 10\text{s}$。

根据以上分析，室温的传递函数为

$$G_1(s) = \frac{\theta(s)}{\theta_\text{f}} = \frac{K_1}{T_1 s + 1}\text{e}^{-\tau s} = \frac{2.1}{10s + 1}\text{e}^{-s}$$

（2）送风温度对象传递函数为

$$G_2(s) = \frac{\theta(s)}{\theta_\text{f}} = \frac{K_1}{T_1 s + 1}\text{e}^{-\tau s} = \frac{5.26}{s + 1}\text{e}^{-0.5s}$$

（3）回风温度的传递函数为

$$G_3(s) = \frac{\theta(s)}{\theta_\text{f}} = \frac{K_1}{T_1 s + 1}\text{e}^{-\tau s} = \frac{1.93}{9s + 1}\text{e}^{-2s}$$

【例2-7】 淋水室系统如图2-7所示。实验时先将电动三通阀阀芯调整并固定在冷水量和回水量相等的中间位置上，并保持一次混合风温度为恒定。手动调节冷水进水阀6及回水阀4，使露点温度稳定在 θ_0，然后手动迅速关闭回水阀4，打开进水阀6。用秒表记录时间，同时记录仪记录露点温度 θ_ϕ 的变化。根据记录所绘制的飞升曲线如图2-8所示。求淋水室露点温度的飞升曲线。

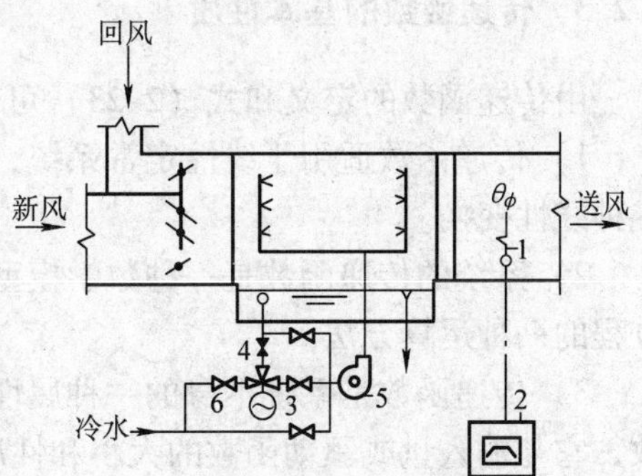

图2-7 淋水室系统图

1、2—铂电阻记录仪 3—电动三通阀 4—回水阀 5—水泵 6—进水阀

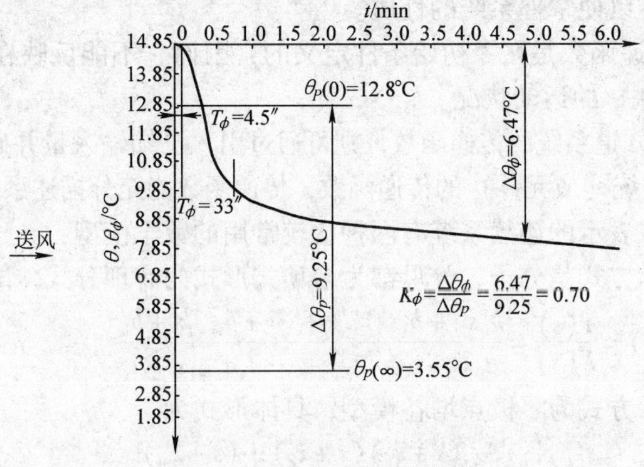

图2-8 实测露点反应曲线

【解】 （1）从图 2-8 所示中可知，淋水室喷水初温为 12.8℃，终温为 3.55℃，温差为 9.25℃；露点温度初温为 14.85℃，终温为 8.38℃，温差为 6.47℃。则淋水室的放大系数为

$$K=\frac{\Delta\theta_{\phi}}{\Delta\theta_{p}}=\frac{6.47}{9.25}=0.70$$

（2）观察飞升曲线可知，淋水室露点温度是二阶惯性环节（参考 2.3.4），二阶惯性环节可简化为带容量滞后的一阶惯性环节。过拐点作切线，与时间轴相交点为容量滞后 $\tau_c=4.5\text{s}$，过与终值 θ_{ϕ}（∞）相交点作时间轴的投影为 t_2，时间常数 $T=t_2-\tau_c=37.5-4.5=33$（s）。

（3）淋水室露点温度对象的传递函数为

$$G(s)=\frac{\theta_{\phi}(s)}{\theta_{p}}=\frac{K_1}{(T_1s+1)(T_2s+1)}=\frac{K_1}{(Ts+1)}\mathrm{e}^{-\tau s}=\frac{0.7}{33s+1}\mathrm{e}^{-4.5s}$$

2.2.3 传递函数的基本性质

由传递函数的定义和式（2-23）可知，传递函数有以下性质：

1）传递函数适用于线性定常系统，因为它由拉氏变换而来，而拉氏变换是一种线性变换。

2）系统的传递函数是一种数学模型，它是对输出变量与输入变量的常微分方程的一种运算方法。

3）传递函数是系统本身的一种属性，只取决于系统（或元件）的结构和参数，它与输入量或驱动函数的大小和性质无关。

4）传递函数包含联系输入量与输出量所必需的单位，但是它不提供有关系统物理结构的信息。

5）如果系统的传递函数已知，则可以针对各种不同形式的输入量研究系统的输出和响应，以便掌握系统的性质。

6）由于传递函数是在零初始条件定义的，因而它不能反映在非零初始条件下系统（或元件）的运动状况。

7）如果不知道系统的传递函数，则可通过引入已知输入量并确定输出量的试验方法，求取系统（或元件）的传递函数，传递函数能充分描述系统的动态特性。

用传递函数表示的连续系统有两种比较常用的数学模型：

第一种表示方式是分子、分母都为多项式形式的有理分式，即

$$G(s)=\frac{Y(s)}{X(s)}=\frac{b_0s^m+b_1s^{(m-1)}+\cdots+b_{m-1}s+b_m}{a_0s^n+a_1s^{(n-1)}+\cdots+a_{n-1}s+a_n}\qquad n\geqslant m \tag{2-34}$$

第二种表示方式为零极点增益模型，具体形式为

$$G(s)=k(s+z_1)\frac{(s+z_1)(s+z_2)\cdots(s+z_m)}{(s+p_1)(s+p_2)\cdots(s+p_n)}\qquad n\geqslant m \tag{2-35}$$

这里，$z_i(i=1, 2, \cdots, m)$ 称为 $G(s)$ 的零点，$p_i(i=1, 2, \cdots, n)$ 称为 $G(s)$ 的极点。

这两种模型各有不同的适用范围，可以相互转换。

对于多输入多输出系统，要用传递函数矩阵去表征系统的输入与输出的关系。例如，对于图 2-9 所示的系统，它的输出与输入间的关系可由下面所求的传递函数矩阵来描述。

$$\boldsymbol{Y}_1(s)=\boldsymbol{G}_{11}(s)\boldsymbol{U}_1(s)+\boldsymbol{G}_{12}(s)\boldsymbol{U}_2(s)$$
$$\boldsymbol{Y}_2(s)=\boldsymbol{G}_{21}(s)\boldsymbol{U}_1(s)+\boldsymbol{G}_{22}(s)\boldsymbol{U}_2(s)$$

把上述方程组改写成矩阵形式，即

$$\begin{bmatrix} Y_1(s) \\ Y_2(s) \end{bmatrix} = \begin{bmatrix} G_{11}(s) & G_{12}(s) \\ G_{21}(s) & G_{22}(s) \end{bmatrix} \begin{bmatrix} U_1(s) \\ U_2(s) \end{bmatrix}$$

即

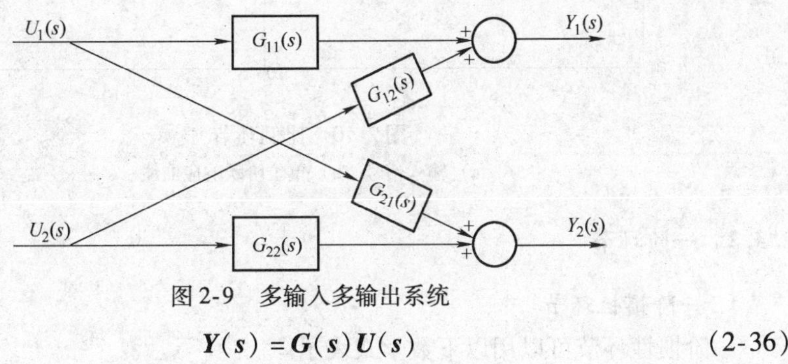

图 2-9　多输入多输出系统

$$\boldsymbol{Y}(s)=\boldsymbol{G}(s)\boldsymbol{U}(s) \tag{2-36}$$

式中，

$$Y(s)=\begin{bmatrix} Y_1(s) \\ Y_2(s) \end{bmatrix},\ U(s)=\begin{bmatrix} U_1(s) \\ U_2(s) \end{bmatrix},\ G(s)=\begin{bmatrix} G_{11}(s) & G_{12}(s) \\ G_{21}(s) & G_{22}(s) \end{bmatrix}$$

$\boldsymbol{G}(s)$ 就是所求的传递函数矩阵。

2.3　典型环节的数学模型

自动控制系统由若干环节组成，各环节不论其结构和功能都有很大的差异。根据 2.2 节的讨论可知，不同物理结构的元件可以有形式上完全相同的微分方程和传递函数。因此，按照各组成环节的动态特性和数学模型分类，可以分成下列 6 种典型环节。

2.3.1　比例环节

比例环节又称放大环节，其数学模型可以用以下数学式表示。

微分方程为

$$c(t)=Kr(t) \tag{2-37}$$

对应的传递函数为

$$G(s)=\frac{C(s)}{R(s)}=K \tag{2-38}$$

对应的单位阶跃响应为

$$c(t)=K\cdot 1(t) \tag{2-39}$$

图 2-10 所示为比例环节的输入信号和单位阶跃响应曲线。

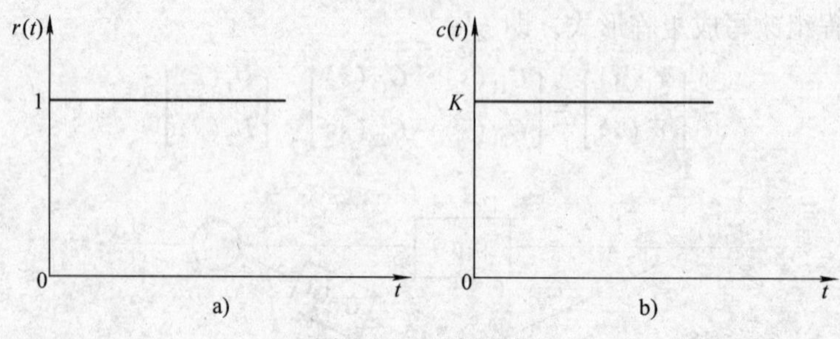

图 2-10 比例环节

a）输入信号 b）单位阶跃响应曲线

2.3.2 一阶环节

1. 一阶惯性环节

一阶惯性环节可以用以下数学式表示。

微分方程为

$$T\frac{\mathrm{d}c(t)}{\mathrm{d}t}+c(t)=Kr(t) \tag{2-40}$$

对应的传递函数为

$$G(s)=\frac{C(s)}{R(s)}=\frac{K}{Ts+1} \tag{2-41}$$

对应的单位阶跃响应为

$$c(t)=K\left(1-\mathrm{e}^{-\frac{t}{T}}\right) \tag{2-42}$$

一阶惯性环节的单位响应曲线如图 2-11所示。曲线的初始斜率由 T 决定，T 越大，响应速度越慢。因此，时间常数 T 是惯性环节的重要参数。当 $t=T$ 时，代入式(2-42)，得

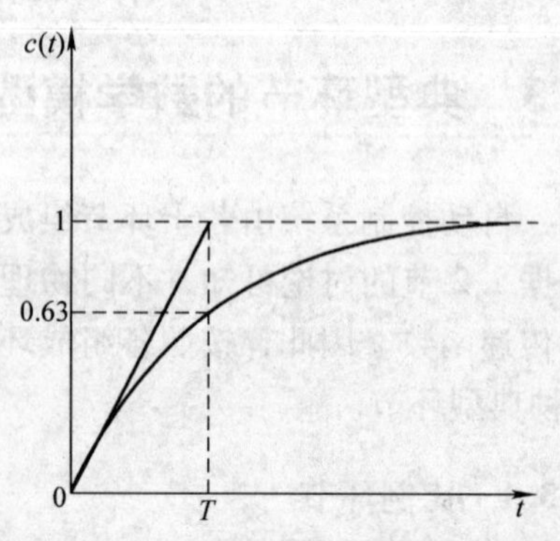

图 2-11 一阶惯性环节的单位响应曲线

$$c(t)=K(1-e^{-1})=K(1-0.368)=0.632K$$

即当阶跃干扰加入后，被调参数达到63.2%新稳态值时所需的时间为时间常数 T。

2. 一阶微分环节

（1）理想的微分环节　理想的微分环节，其输出是输入信号对时间的微分。也就是说，输出量与输入量的变化率成正比。因此，它能预示输入信号的变化趋势，监测动态行为。

微分方程式为

$$c(t)=T_d\frac{\mathrm{d}r(t)}{\mathrm{d}t} \tag{2-43}$$

对应的传递函数为

$$G(s)=T_d s \tag{2-44}$$

对应的单位阶跃响应为

$$c(t)=T_d\delta(t) \tag{2-45}$$

由于阶跃信号 $t=0$ 时刻有一个跃变，其他时刻均不变化，所以微分环节对阶跃信号的响应只有在 $t=0$ 时产生一个响应，如图2-12所示。式（2-45）中的 T_d 为微分时间，T_d 越大，微分作用越强。

（2）实际的微分环节　可实现的微分环节都具有一定的惯性。RC微分电路如图2-13所示。其输出与输入对应的传递函数为

图2-12　理想微分环节的单位阶跃响应曲线

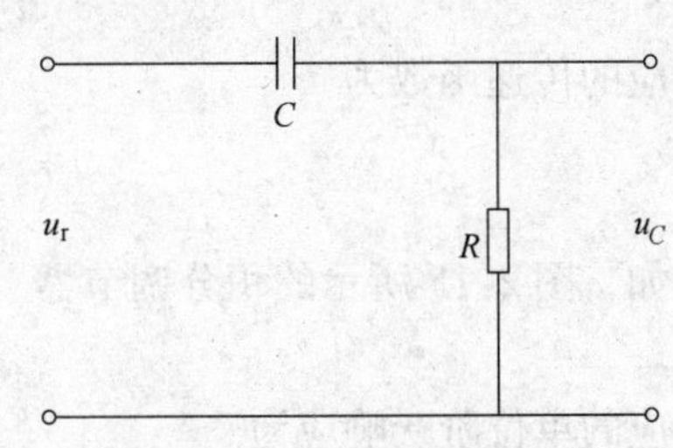

图2-13　RC微分电路

$$G(s)=\frac{U_c(s)}{U_r(s)}=\frac{T_d s}{1+T_d s} \tag{2-46}$$

式中，$T_d=RC$。该电路相当于一个微分环节与一个惯性环节的串联组合。显然，当 $T_d=RC\leqslant 1$ 时，则式（2-46）可近似为

$$G(s)\approx T_d s \tag{2-47}$$

实际微分环节的单位阶跃响应曲线如图2-14所示。

2.3.3　积分环节

积分环节的输出量与其输入量对时间的积分成正比，其积分关系为

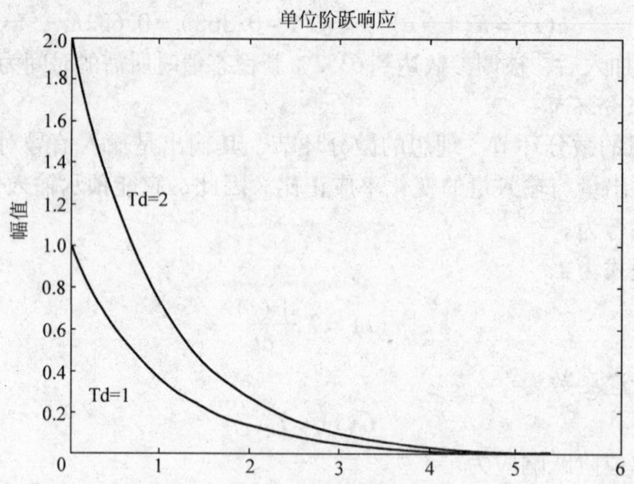

图 2-14 实际微分环节的单位阶跃响应曲线

$$c(t)=\frac{1}{T_i}\int_0^t r(t)\,\mathrm{d}r \tag{2-48}$$

对应的微分方程为

$$T_i\frac{\mathrm{d}c(t)}{\mathrm{d}t}=r(t) \tag{2-49}$$

对应的传递函数为

$$G(s)\approx\frac{1}{T_i s} \tag{2-50}$$

例如，图 2-15 所示的积分调节器，其输出与输入间的关系可近似地视为积分关系。

对应的单位阶跃响应为

$$c(t)=\frac{1}{T_i}t \tag{2-51}$$

积分环节的单位阶跃响应曲线如图 2-16 所示。积分作用的强弱由积分时间常数 T_i所决定。T_i越小，积分作用越强。当输入突然除去，积分停止，输出维持不变，故有记忆功能。利用这一特点，积分环节常用来改善控制系统的稳态性能。

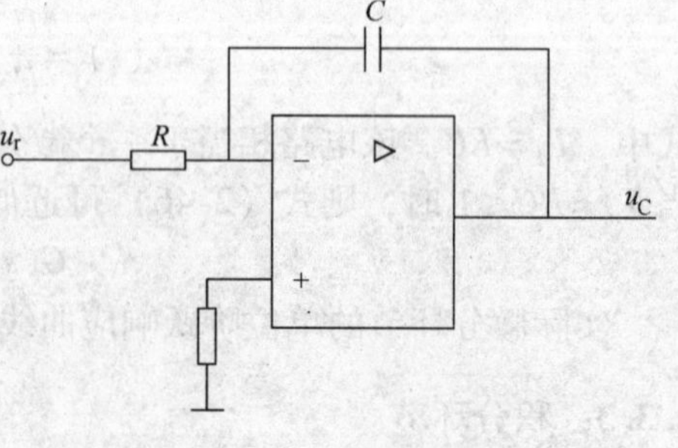

图 2-15 积分调节器

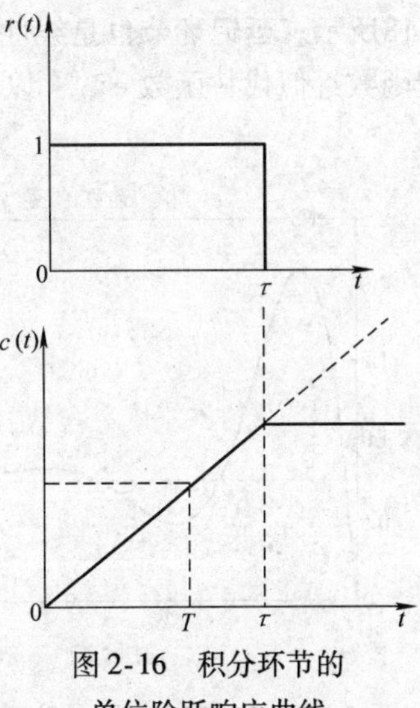

图2-16　积分环节的单位阶跃响应曲线

2.3.4　二阶环节

这种环节是一个二阶系统的特例，它含有两个蓄能元件，在运动的过程中能量发生交换，使环节的输出带有振荡的特性。二阶惯性环节的数学模型如下所示。

微分方程为

$$T^2\frac{\mathrm{d}^2c(t)}{\mathrm{d}t^2}+2\xi T\frac{\mathrm{d}c(t)}{\mathrm{d}t}+c(t)=Kr(t) \tag{2-52}$$

传递函数为

$$G(s)\approx\frac{K}{T^2s^2+2\xi Ts+1} \tag{2-53}$$

或

$$G(s)\approx\frac{1}{s^2+2\xi\omega_n s+\omega_n^2} \tag{2-54}$$

式中，T为时间常数，$\omega_n=\frac{1}{T}$；K为放大系数；ξ为阻力比，其值为$0<\xi<1$。

单位阶跃响应为

$$c(t)=1-\frac{1}{\sqrt{1-\xi^2}}\mathrm{e}^{-\sigma t}\sin(\omega_d t+\varphi) \tag{2-55}$$

式中，$\varphi=\cos^{-1}\xi$。响应曲线是按指数衰减振荡的，故称之为振荡环节。振荡环节的单位阶跃响应曲线如图2-17所示。

2.3.5　延迟环节

延迟是工程上常会遇到的现象。当输入信号加入系统后，其输出端要隔一定时间后才能复现输入信号，这种环节叫延迟环节。

方程的标准形式为

$$c(t)=r(t-\tau) \tag{2-56}$$

对应传递函数为

$$G(s)=\mathrm{e}^{-\tau s} \tag{2-57}$$

式中，τ为延迟环节。

对应的单位阶跃响应为

$$c(t)=1(t-\tau) \tag{2-58}$$

响应信号隔一定时间τ之后才出现阶跃，在$0<t<\tau$内，输出为零，如图

2-18所示。延迟环节也是线性环节，但其传递函数是 s 的无理函数。如果想用有理函数近似代替函数 $e^{-\tau s}$，以便能用常规方法分析，通常采用以下两种方法：

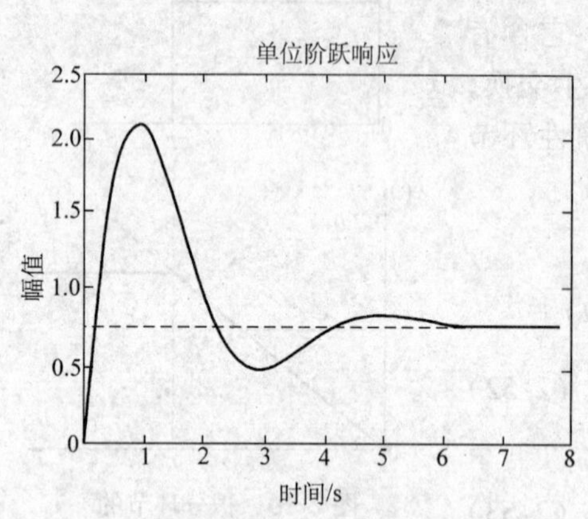

图 2-17　振荡环节的单位阶跃响应曲线

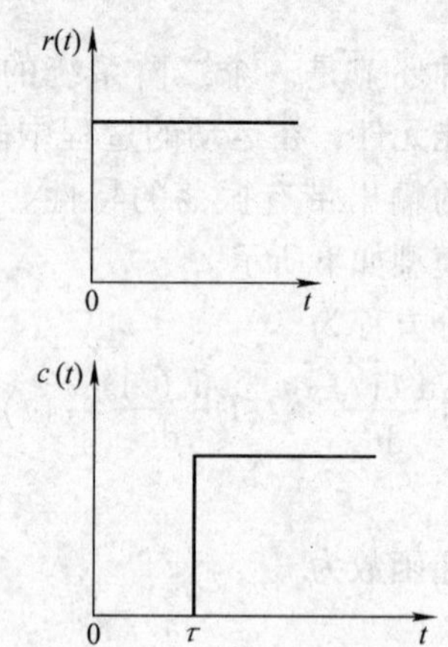

图 2-18　延迟环节的单位阶跃响应曲线

（1）根据指数函数的定义，有

$$e^{-\tau s}=\lim_{n\to\infty}\frac{1}{\left(1+\frac{\tau}{n}s\right)^{n}} \tag{2-59}$$

当 $n>>1$ 时，可近似认为

$$e^{-\tau s}\approx\frac{1}{\left(1+\frac{\tau}{n}s\right)^{n}} \tag{2-60}$$

这相当于若干个时间常数相同的惯性环节的串联组合。这种近似方法精度较高，但分母多项式次数太高，结果较复杂。

（2）把指数函数展开成泰勒级数，有

$$e^{-\tau s}=1-\tau s+\frac{\tau^{2}}{2!}s^{2}-\cdots+(-1)^{n}\frac{(\tau s)^{n}}{n!} \tag{2-61}$$

s 的各次方表示延迟环节的输出量中含有输入量的各阶导数。如果输入量的变化相当慢，各阶变化率很小，就可以略去高阶项，式（2-61）近似为

$$e^{-\tau s}\approx 1-\tau s \tag{2-62}$$

这种结果虽然简单，但不适用于输入量含有突变的成分（如阶跃函数等），否则，它的精度就会很差。

【例 2-8】 图 2-19 所示是一个把两种不同浓度的液体按一定比例进行混合的装置。为了能测得混合后溶液的均匀浓度，要求测量点离开混合点一定的距离。这样，在混合点和测量点之间就存在着传递的延迟。

【解】 延迟时间为

$$\tau = \frac{d}{\nu}$$

式中，d 为阀门与测量点之间的距离；ν 为溶液流速。

设混合点处溶液的浓度为 $r(t)$，并经过时间 τs 之后在测量点复现出来，那么，测量点溶液的浓度 $c(t)$ 为

$$c(t) = r(t - \tau)$$

传递函数为

$$G(s) = \frac{C(s)}{R(s)} = e^{-\tau s}$$

【例 2-9】 电枢控制直流电动机如图 2-20 所示。分析系统由几个环节组成，并求出每个环节的传递函数。

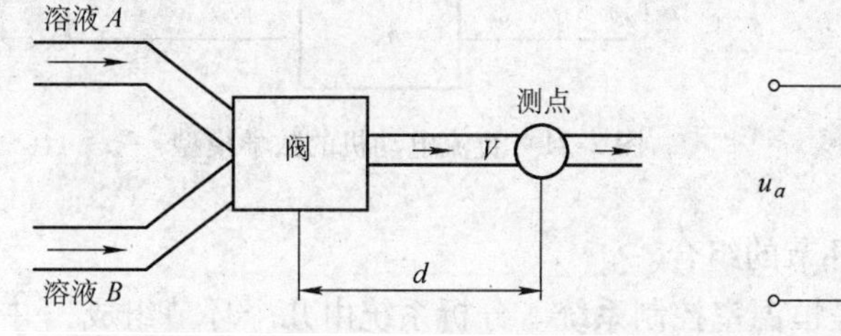

图 2-19　溶液检测延迟

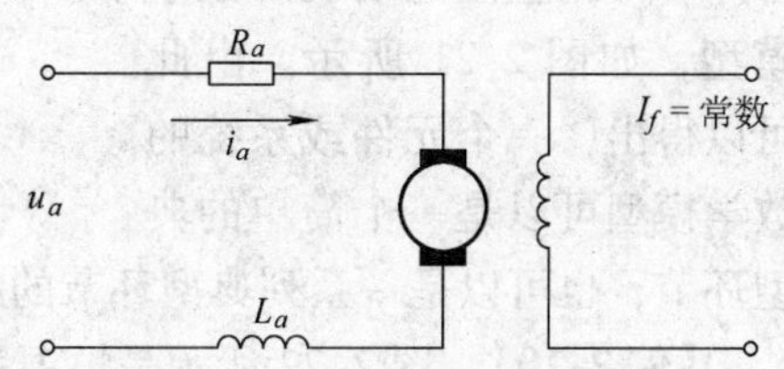

图 2-20　电枢控制直流电动机

【解】 (1) 设输入为 i_a，输出为 ω，不计负载转矩影响，$M_L = 0$，则机电运动方程为

$$\begin{cases} J\dfrac{\mathrm{d}\omega}{\mathrm{d}t} = M_D \\ M_D = k_m i_a \end{cases}$$

对应的传递函数为

$$G(s) = \frac{\omega(s)}{I_a(s)} = \frac{k_m}{Js}$$

这是一个积分环节。

(2) 电枢回路方程为

$$L_a \frac{\mathrm{d}i_a}{\mathrm{d}t} + R_a i_a + E_a = u_a$$

令 $e = u_a - E_a$，$T_a = \dfrac{L_a}{R_a}$，$K_a = \dfrac{1}{R_a}$，则有

$$T_a \frac{\mathrm{d}i_a}{\mathrm{d}t} + i_a = K_a e$$

对应的传递函数为

$$G(s)=\frac{I_a(s)}{E(s)}=\frac{K}{T_a s+1}$$

这是一个惯性环节。

(3) 感应的反电动势关系为

$$E_a=K_e\omega$$

对应的传递函数为

$$G(s)=\frac{E_a(s)}{\omega(s)}=K_e$$

这是一个比例环节。

将以上3个传递函数分别用方框表示，再按相互关系组合即可得到直流电动机的数学模型，如图2-21所示。由此可以得出，一个元件或系统的数学模型可以是一个简单的典型环节，也可以是一系列典型环节的组合。

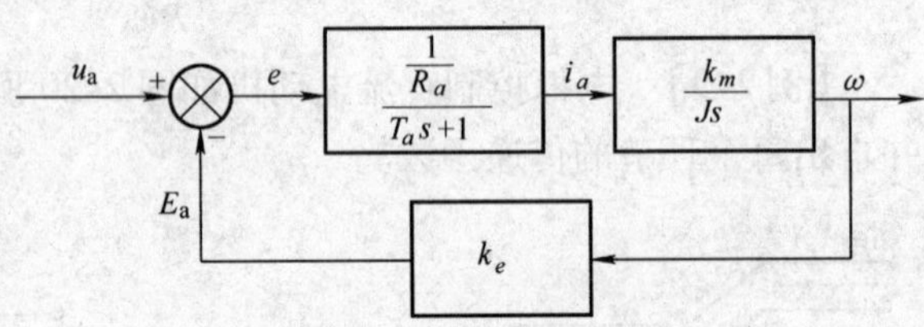

图2-21 直流电动机的数学模型

【例2-10】 图2-22所示是恒温室控制系统。分析系统由几个环节组成，并求出每个环节的传递函数。

【解】

(1) 恒温室传递函数为

$$\theta_a(s)=\frac{K_C}{T_c s+1}\theta_c(s)+\frac{K_f}{T_f s+1}\theta_f(s)$$

(2) 热水加热器传递函数为

$$\theta_c(s)=\frac{K}{T_w s+1}W(s)+\frac{1}{T_c s+1}\theta_0(s)+\frac{1}{T_f s+1}\theta_f(s)$$

(3) 控制器的传递函数

控制器C的传递函数可以是简单的比例环节，也可以是由比例环节、积分环节和微分环节组成。

(4) 变送器与传感器的传递函数

变送器一般为比例环节。无保护套管的传感器一般为一阶惯性环节，有保护套管的传感器一般为二阶惯性环节。当传感器的时间常数

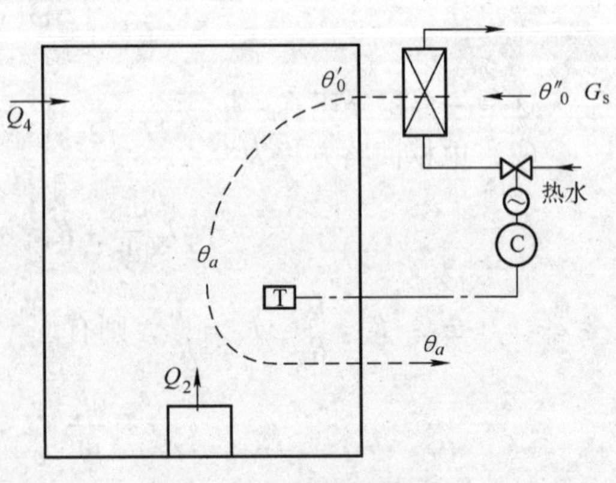

图2-22 恒温室控制系统

与对象的时间常数比较可以略去时，则传感器加变送器环节可以看做是一个比例环节。

(5）调节阀的传递函数

如果图2-22所示中的调节阀为线性调节阀，则是比例环节。

2.4　用框图表示的模型

2.4.1　列写控制系统框图的一般步骤

控制系统可以由多个环节组成，为了表明每一个元件在系统中的功能，在控制工程中常用“框图”的概念。列写控制系统框图的一般步骤如下：

1）写出系统中每一个部件的运动方程。在列写每一个部件的运动方程式时，必须考虑相互连接部件的运动方程式以及考虑相互连接部件间的负载效应。

2）根据部件的运动方程式，写出相应的传递函数。一个部件用一个方框单元表示时，须在方框中填写相应的传递函数，如图2-23所示。指向方框的箭头表示输入，从方框出来的箭头表示输出，箭头上方表明了相应的信号。方框输出信号等于输入信号与方框中传递函数的乘积。

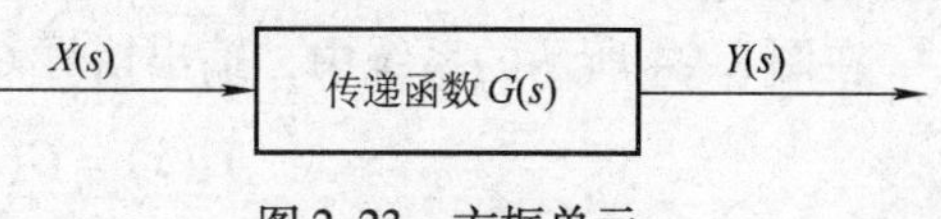

图2-23　方框单元

$$Y(s)=G(s)X(s) \tag{2-63}$$

3）控制系统框图。根据信号的流向将各方框单元依次连接起来，并把系统的输入量置于系统框图的最左端，输出量置于最右端。

用框图表示系统的优点是：只要依据信号的流向将各环节的方框连接起来，就能够容易地组成整个系统的框图；还可以评价每一个环节对系统性能的影响。框图包含了系统动态特性有关的信息，但它不包含与系统物理结构有关的信息。因此，许多完全不同和根本无关的系统可以用一个框图来表示。而且对于一个特定系统，分析的角度不同，就会有不同的框图。

2.4.2　反馈系统

图2-24所示为一个负反馈闭环系统的框图。输出量 $C(s)$ 反馈到相加点，并且在相加点与参考输入信号 $R(s)$ 进行比较。图2-24所示中各信号之间的关系为

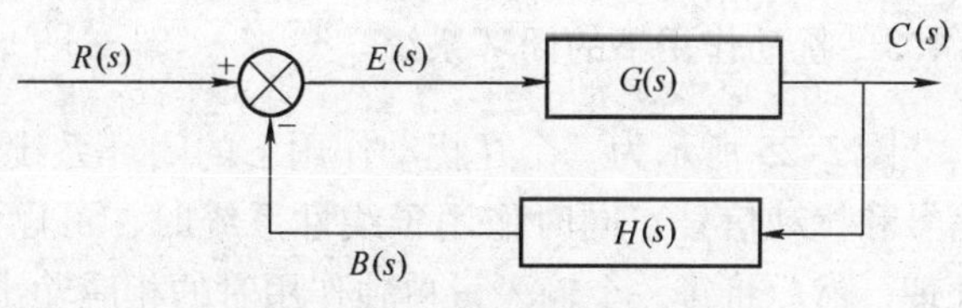

图2-24　负反馈闭环系统的框图

$$\begin{cases} C(s)=G(s)E(s) \\ E(s)=R(s)-B(s) \\ B(s)=H(s)C(s) \end{cases}$$

当输出信号反馈到相加点（比较器）与输入信号进行比较时，必须将输出信号转变为输入信号相同的量纲，即 $B(s)$ 与 $R(s)$ 的量纲相同。

反馈信号 $B(s)$ 与偏差信号 $E(s)$ 之比，叫做开环传递函数，即

$$\frac{B(s)}{E(s)}=G(s)H(s) \tag{2-64}$$

输出信号 $C(s)$ 与偏差信号 $E(s)$ 之比，叫做前向传递函数，即

$$\frac{C(s)}{E(s)}=G(s) \tag{2-65}$$

如果反馈传递函数等于 1，则开环传递函数与前向传递函数相同，称之为单位反馈系统。

在图 2-24 所示的系统中，输出信号 $C(s)$ 与输入信号 $R(s)$ 的关系如下：

$$C(s)=G(s)E(s) \tag{2-66}$$

$$E(s)=R(s)-B(s)=R(s)-H(s)C(s)$$

从上述方程中消去中间变量 $E(s)$，得

$$C(s)=G(s)[R(s)-H(s)C(s)]$$

于是，可得

$$\frac{C(s)}{R(s)}=\frac{G(s)}{1+G(s)H(s)} \tag{2-67}$$

$C(s)$ 与 $R(s)$ 之间的传递函数，叫做闭环传递函数。该传递函数将闭环系统的动态特性与前向通道、反馈通道的动态特性联系在一起了。

由式（2-67）可求得 $C(s)$ 为

$$C(s)=\frac{G(s)}{1+G(s)H(s)}R(s) \tag{2-68}$$

因此，闭环系统的输出量取决于闭环传递函数和输入信号的性质。

2.4.3 扰动作用下的闭环系统

图 2-25 所示为一个在扰动作用下的闭环系统。当两个输入信号（参考输入信号和扰动信号）同时作用于线性系统时，可以先对每一个输入量单独地进行处理，然后将每一个输入量单独作用时的相应输出量进行叠加，即可得到系统的总输入量。

对于图2-25所示的系统，在研究干扰对系统的影响时，假设输入信号 $R(s)$ 为零，则可得出系统对扰动 $F(s)$ 的响应，即

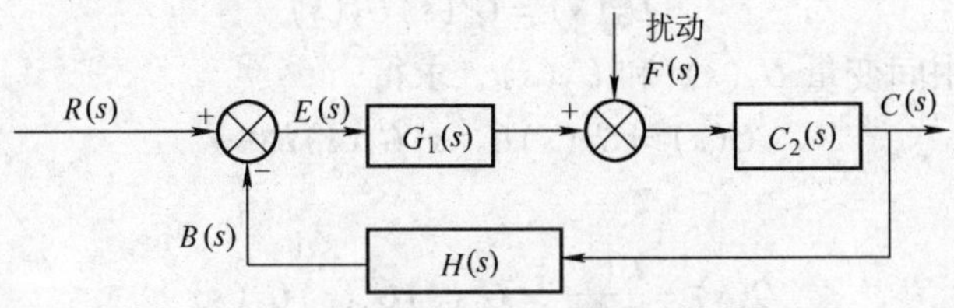

图2-25　在扰动作用下的闭环系统

$$C_F(s)=\frac{G_2(s)}{1+G_1(s)G_2(s)H(s)}F(s) \tag{2-69}$$

同时，在研究系统对参考输入量的响应时，若假设扰动信号 $F(s)$ 等于零，则可得出系统对参考输入信号 $R(s)$ 的响应，即

$$C_R(s)=\frac{G_1(s)G_2(s)}{1+G_1(s)G_2(s)H(s)}R(s) \tag{2-70}$$

根据拉普拉斯变换的线性性质，将式（2-69）与式（2-70）相加，即可得到参考输入信号和扰动信号同时作用的响应，即

$$C_F(s)+C_R(s)=\frac{G_2(s)}{1+G_1(s)G_2(s)H(s)}(G_1(s)R(s)+F(s)) \tag{2-71}$$

2.4.4　框图的等效变换

1. 串联连接

在控制系统中常见几个环节按照信号的流向相互串联连接，如图2-26所示。串联连接的特点是前一环节的输出信号是后一环节的输入信号。对于图2-26a而言，把3个相串联的环节合并，且用一个传递函数为 $G(s)$ 的等效环节来代替，如图2-26b所示。由图2-26a可得

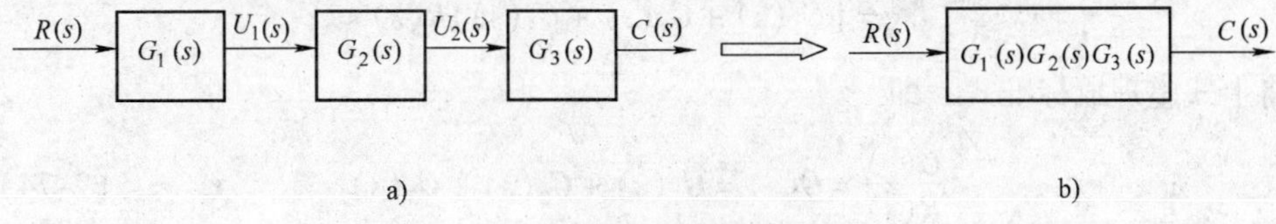

图2-26　串联环节
a）串联连接　b）等效环节

$$\begin{cases} U_1(s) = G_1(s)R(s) \\ U_2(s) = G_2(s)U_1(s) \\ U_3(s) = G_3(s)U_2(s) \end{cases}$$

消除上式中的中间变量 $U_1(s)$ 和 $U_2(s)$，求得

$$C(s) = G_1(s)G_2(s)G_3(s)R(s)$$

即

$$G(s) = \frac{C(s)}{R(s)} = G_1(s)G_2(s)G_3(s) \tag{2-72}$$

由式（2-72）可知，串联环节的等效传递函数等于所有相串联的传递函数的乘积，即

$$G(s) = \prod_{i=1}^{n} G_i(s) \tag{2-73}$$

式中，n 为串联的环节数。

2. 并联环节

图 2-27 所示为并联环节的连接图。从图 2-27a 可看出，并联连接的特点是各环节的输入信号相同，输出信号为各环节的输出之和，即

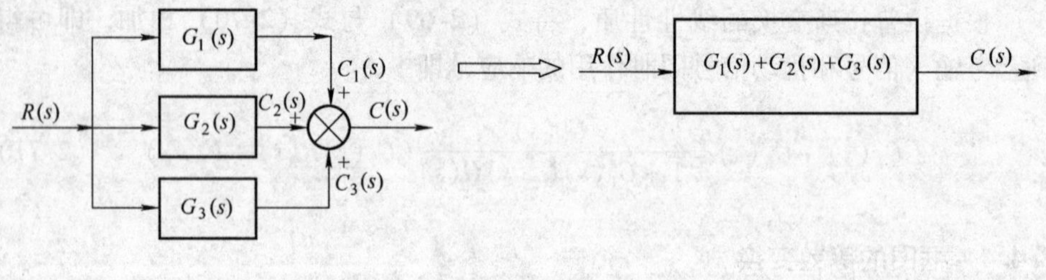

图 2-27 并联环节

a）并联连接 b）等效环节

$$\begin{aligned} C(s) &= C_1(s) + C_2(s) + C_3(s) \\ &= G_1(s)R(s) + G_2(s)R(s) + G_3(s)R(s) \\ &= [G_1(s) + G_2(s) + G_3(s)]R(s) \end{aligned}$$

将上式整理成标准式，即

$$\frac{C(s)}{R(s)} = G(s) = G_1(s) + G_2(s) + G_3(s) \tag{2-74}$$

根据式（2-74）做出的等效框图如图 2-27b 所示。由此可知，并联环节的等效传递函数等于所有并联环节传递函数之和，即

$$G(s) = \sum_{i=1}^{n} G_i(s) \tag{2-75}$$

式中，n 为并联的环节数。

3. 反馈连接

图 2-28 所示为反馈连接的一般形式。图中反馈端的“ - ”号表示系统为负反馈连接；反之，若为“ + ”号，则为正反馈连接。由图 2-28a 可得

$$\begin{cases} C(s) = G(s)E(s) \\ E(s) = R(s) - B(s) \\ B(s) = H(s)C(s) \end{cases}$$

消除上式的中间变量 $E(s)$、$B(s)$，可得出图 2-28a 所示反馈连接的传递函数，即

$$\frac{C(s)}{R(s)} = \frac{G(s)}{1 + G(s)H(s)} \tag{2-76}$$

根据式（2-76）画出负反馈连接的等效图，如图 2-28b 所示。若图 2-28a 所示变为正反馈连接，采用上述相同的方法，也可求出等效的传递函数，即

$$\frac{C(s)}{R(s)} = \frac{G(s)}{1 - G(s)H(s)} \tag{2-77}$$

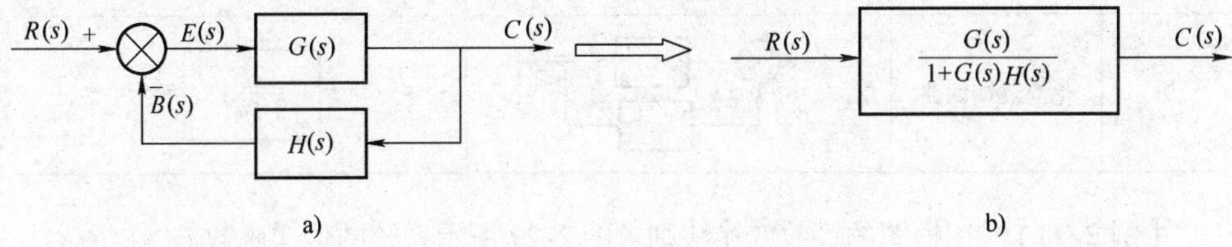

图 2-28　负反馈环节
a）反馈连接　b）等效环节

对于简单系统的框图，利用上述 3 种等效变换法则可以方便地求得系统的闭环传递函数。但实际系统一般较为复杂，在系统的框图中常出现传输信号的相互交叉，解决的办法是，应用框图的代数法则先把比较点或引出点做合理的等效移动，去掉框图中的信号交叉，使框图得到简化。表 2-2 列举了一些比较常见的框图等效变换法则。应用这些法则，就能将一个复杂的框图简化为简单形式。

在框图简化过程中应记住以下两条原则：

1）前向通道中传递函数的乘积必须保持不变。

2）回路中传递函数的乘积必须保持不变。

表 2-2　框图等效变换法则

序　号	法　则	原来的框图	等效的法则
1	框图的串联	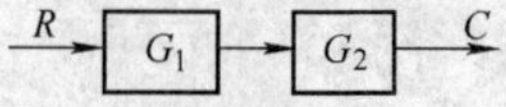	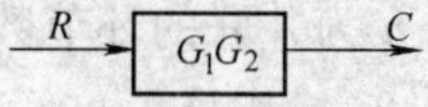
2	框图的并联	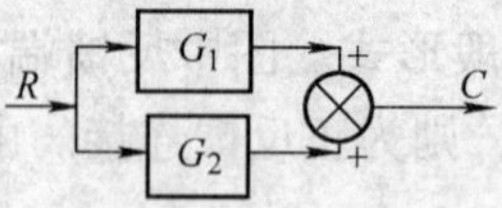	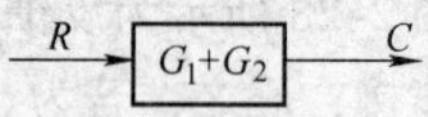
3	相加点的后移	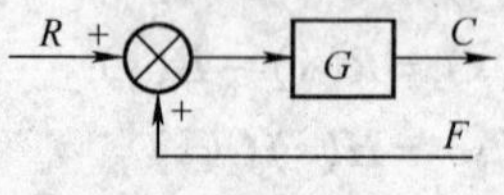	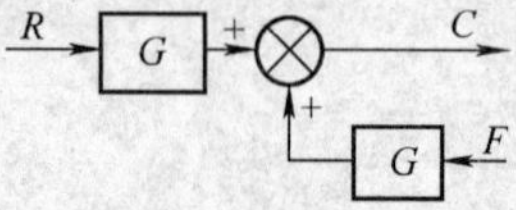
4	相加点的前移	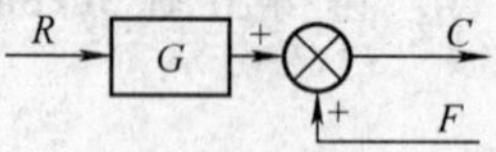	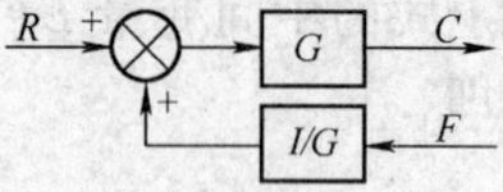
5	引出点的后移	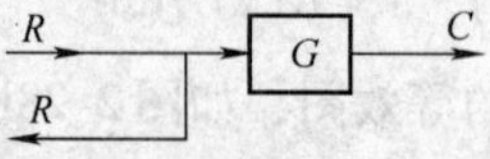	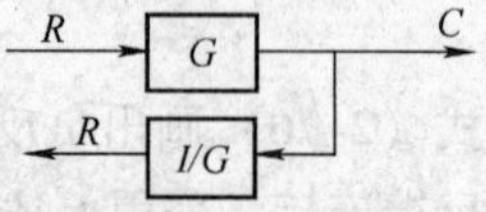
6	引出点的前移	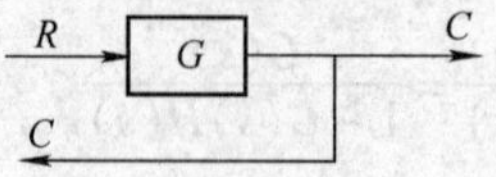	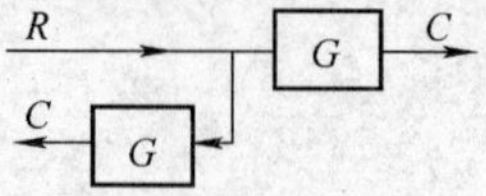
7	化简反馈回路	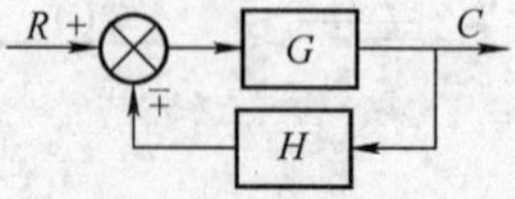	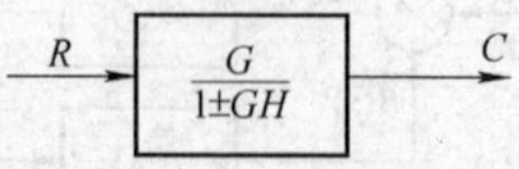

【例 2-11】　用框图的等效变换法则求图 2-29 所示系统的传递函数 $C(s)/R(s)$。

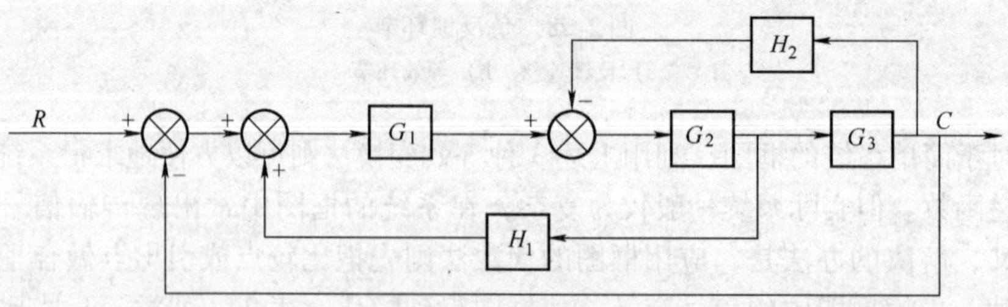

图 2-29　多回路系统的框图

【解】　由于该框图中有信号交叉，因此需要把引出点做适当的移动，才能求出其传递函数。其简化过程如图 2-30 所示。

【例 2-12】　控制系统的框图如图 2-31 所示。用框图的等效变换法则求系统的传递函数 $C(s)/R(s)$。

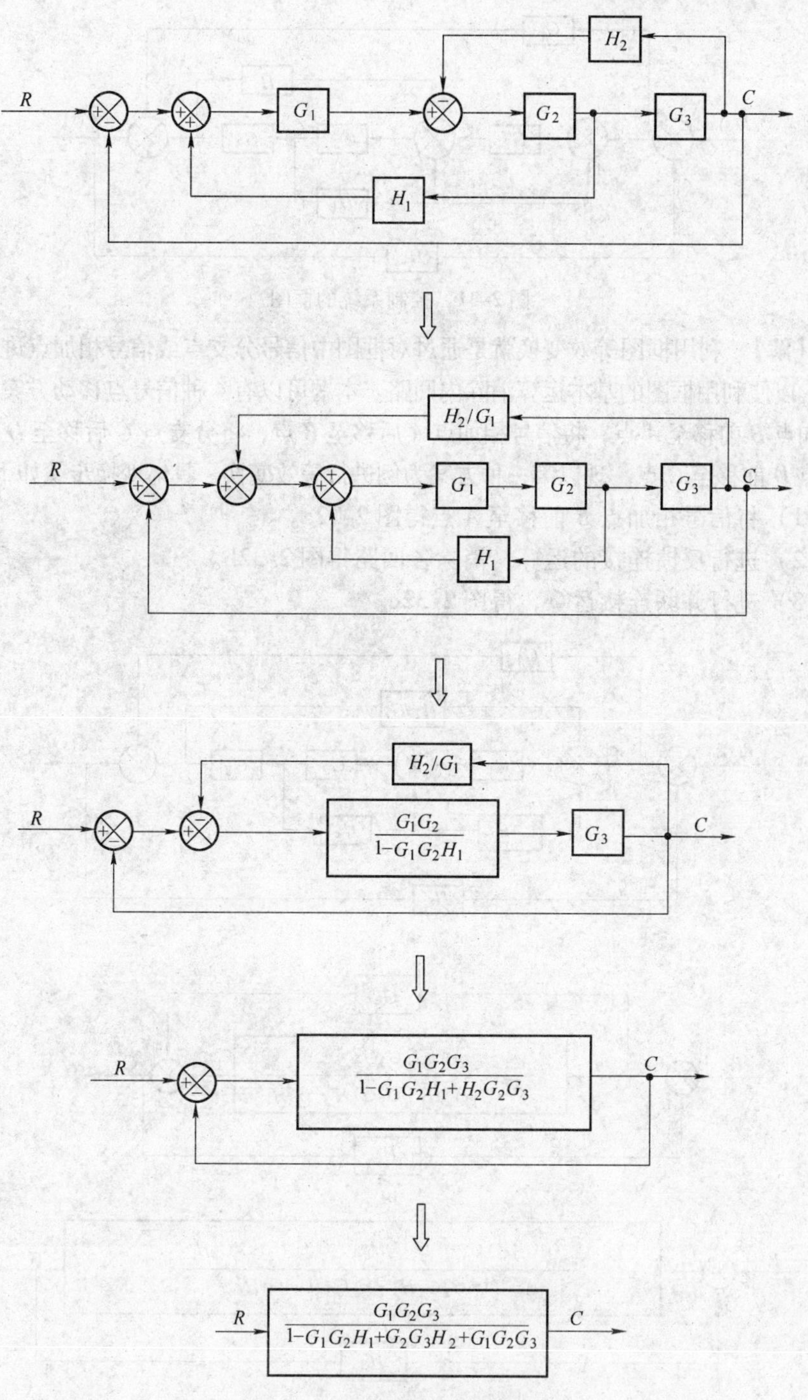

图2-30 系统的框图化简过程

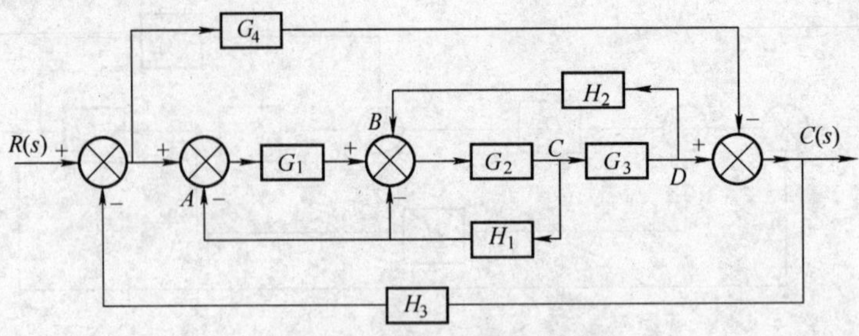

图 2-31　控制系统的框图

【解】　利用框图等效变换就是通过对框图中信号分支点或信号相加点进行前后移动，以便利用框图的基本运算消除内回路。本题可以有 4 种信号点移动方案：将信号相加点 B 前移至 A 点；将信号相加点 A 后移至 B 点；将分支点 C 后移至 D 点；将分支点 D 前移至 C 点。现以第一种方案为例进行等效变换。具体变换步骤如下：

（1）将信号相加点 B 前移至 A 点得图 2-32a。

（2）进行反馈连接的运算，消除各回路得图 2-32b。

（3）进行并联连接运算，得图 2-32c。

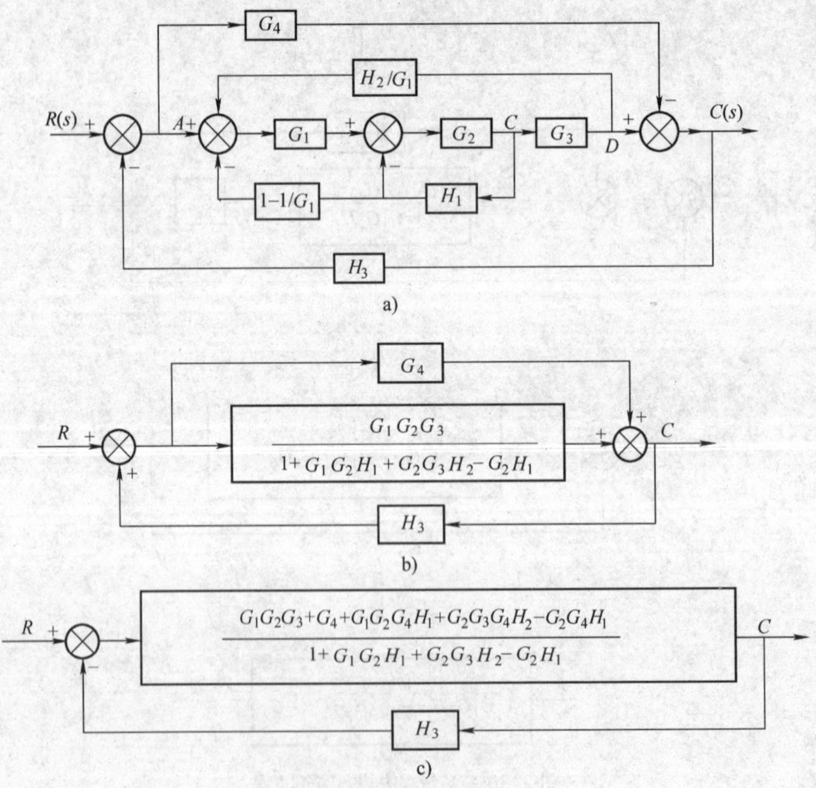

图 2-32　等效变换框图

（4）对图2-32c所示进行反馈连接运算，得到该系统的传递函数，即

$$G(s)=\frac{C(s)}{R(s)}=\frac{\dfrac{G_1G_2G_3+G_4+G_1G_2G_4H_1+G_2G_3G_4H_2-G_2G_4H_1}{1+G_1G_2H_1+G_2G_3H_2-G_2H_1}}{1+\dfrac{G_1G_2G_3+G_4+G_1G_2G_4H_1+G_2G_3G_4H_2-G_2G_4H_1}{1+G_1G_2H_1+G_2G_3H_2-G_2H_1}\cdot H_3}$$

$$=\frac{G_1G_2G_3+G_4+G_1G_2G_4H_1+G_2G_3G_4H_2-G_2G_4H_1}{\Delta}$$

其中，

$$\Delta=1+G_1G_2H_1+G_2G_3H_2-G_2H_1+G_1G_2G_3H_3+G_4H_3+G_1G_2G_4H_1H_3+G_2G_3G_4H_2H_3-G_2G_4H_1H_3$$

2.5　信号流程图与梅逊公式

框图对于图解方式表示控制系统是很有用的。但是当系统很复杂时，框图的简化过程是很繁杂的，且易于出错。信号流程图是另一种表示复杂控制系统中系统变量之间惯性的方法。这种方法是S. J. Mason首先提出的。信号流程图不仅具有框图表示系统的特点，而且还能直接应用梅逊公式方便地写出系统的传递函数。因此，信号流程图在控制工程中也被广泛应用。

2.5.1　信号流程图

1. 信号流程图的定义

信号流程图是一种表示一组联立线性代数方程组的图。它描绘了信号从系统中一点流向另一点的情况，表明了各信号之间的关系，而且还包含了结构图所包含的全部信息。把信号流程图应用于线性系统时，必须先将系统的微分方程组变成以s为变量的代数方程组，且把每个方程改写为下列的因果形式，即

$$X_j(s)=\sum_{k=1}^{n}G_{kj}(s)X_k(s),\qquad j=1,2,\cdots,n$$

信号流程图的基本组成单元有两个，即节点和支路。节点在图中用“○”表示，它代表系统中的变量；两变量之间的因果关系用一被称为支路的有向线段来表示，支路的方向用箭头标明，信号只能沿箭头指向单向传递。两变量之间的因果关系叫做增益，又称传输系数，它通常标明在相应的支路旁。

例如，一个线性系统的方程为

$$x_2=a_{12}x_1 \tag{2-78}$$

式中，x_1是输入变量；x_2是输出变量；a_{12}是这两个变量之间的增益。图2-33所示是式（2-78）对应的信号流程图。

图2-33　式（2-78）对应的信号流程图

2. 信号流程图的绘制步骤

设一线性系统由下列方程组描述

$$\left.\begin{aligned} x_2 &= a_{12}x_1 + a_{32}x_3 + a_{42}x_4 + a_{52}x_5 \\ x_3 &= a_{23}x_2 \\ x_4 &= a_{34}x_3 + a_{44}x_4 \\ x_5 &= a_{35}x_3 + a_{45}x_5 \end{aligned}\right\} \tag{2-79}$$

式中，x_1是输入变量；x_5是输出变量。绘制这一系统信号流程图的步骤如图2-34 所示。

第一步，确定各节点的位置，如图 2-30a 所示。

第二步，分别画出每一个方程式的信号流程图，如图 2-34b、c、d 和图 2-34e 所示。

第三步，综合绘出系统的信号流程图，如图 2-34f 所示。

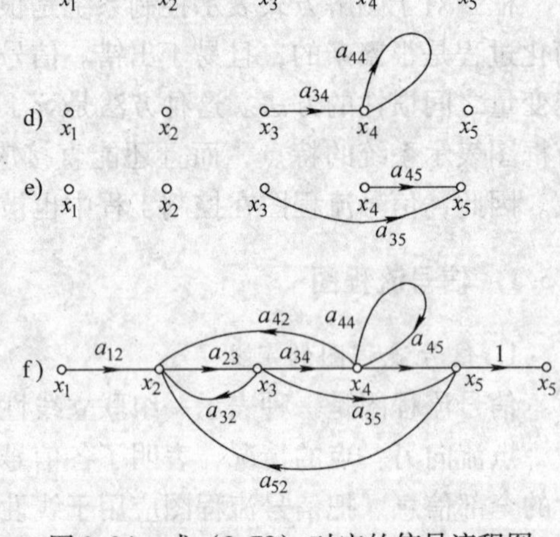

图 2-34 式（2-79）对应的信号流程图

3. 信号流程图的术语和性质

节点：节点用来表示变量或信号的点。

传输：两个节点之间的增益叫传输。

支路：支路是连接两个节点的定向线段。

输入节点或源点：只有输出支路的节点叫输入节点或源点，它对应于自变量。

输出节点或阱点：只有输入支路的节点叫输出节点或阱点，它对应于因变量。

混合节点：既有输入支路，又有输出支路的节点，叫混合节点。

通道：沿支路箭头方向穿过各相连支路的途径叫通道。如果通道与任一节点相交不多于一次，就叫做开通道。如果通道的终点就是通道的起点，并且与任何其他节点相交不多于一次，就叫做闭通道。如果通道通过某一节点多于一次，但是通道的终点与通道的起点在不同的节点上，那么这个通道既不是开通道，又不是闭通道。

回路：回路就是闭通道。

回路增益：回路中各支路传输的乘积，叫回路增益。

不接触回路：如果一些回路没有任何公共节点，就把它们叫做不接触回路。

前向通道：如果在从输入节点（源点）到输出节点（阱点）的通道上，通过任何节点不多于一次，则该通道叫做前向通道。

前向通道增益：前向通道中各支路传输的乘积叫前向通道的增益。

图2-35所示表示了节点、支路和支路传输的情况。

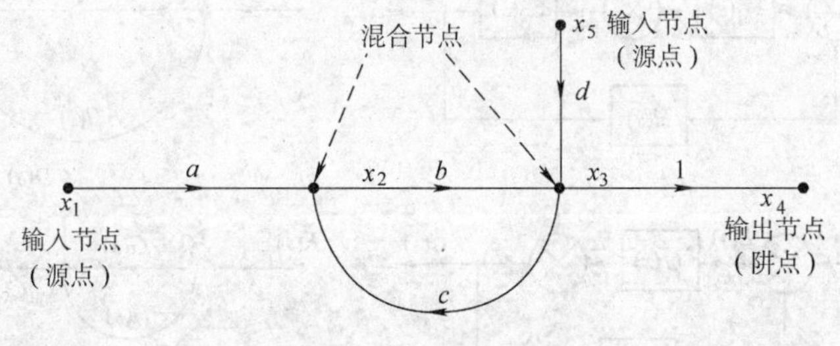

图2-35　信号流程图

4. 信号流程图的性质

1）支路表示一个信号对另一个信号的函数关系。信号只能沿着支路上的箭头方向通过。

2）节点可以把所有输入支路的信号叠加，并把总和信号传送到所有支路。

3）具有输入和输出支路的混合节点通过增加一个具有单位增益的支路，可以把它变成输出节点来处理，如图2-35所示。具有单位的支路从 x_3 节点指向 x_4 节点。当然，用这种方法不能将混合节点改变为源点。

4）对于给定的系统，由于同一系统的方程可以写成不同的形式，所以信号流程图不是唯一的，可以画出许多种不同的信号流程图。

图2-36所示列举了一些常见控制系统的框图和相应的信号流程图。对于这些简单的系统，其闭环传递函数不难求得。但对于复杂控制系统的信号流程图或框图，用解析法求其输出与输入间的关系，通常也是一项较为繁琐的工作。如果采用下述讨论的梅逊公式，则可以直接求出信号流程图中的输出与输入间的关系。

5. 信号流程图代数

为了确定输入-输出关系，可以采用梅逊公式，也可以将信号流程图简化成只包含输入和输出节点的形式。为了进行这种简化，须采用下列规则。

1）只有一个输出支路的节点的值等于其输入乘以增益，如图2-37a所示。

2）串联支路的总增益等于所有支路增益的乘积，因此，通过增益相乘可以将串联支路合并为单一支路，如图2-37b所示。

3）并联支路的总增益等于各支路增益之和，如图2-37c所示。

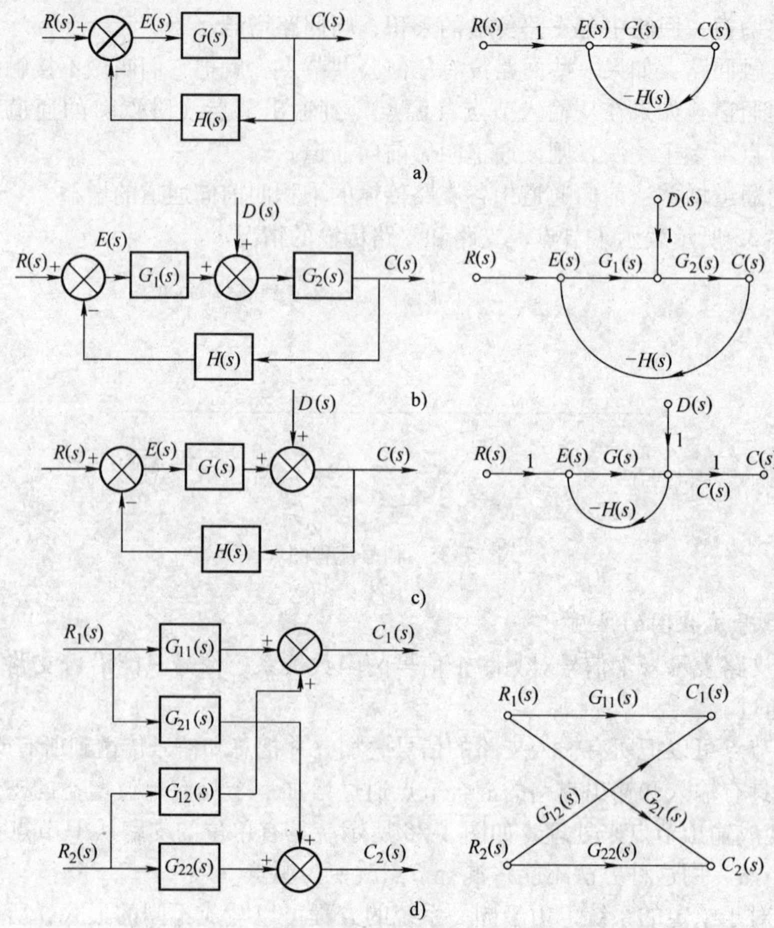

图 2-36　控制系统的框图和相应的信号流程图

4）混合节点可以通过移动支路的方法消掉，如图 2-37d 所示。

5）回路可以根据反馈连接的规则进行简化，如图 2-37e 所示。

2.5.2　梅逊公式

在控制工程中一般需要确定信号流程图中输出与输入间的关系，即系统的闭环传递函数。输出节点与输入节点间的传输等于这两个节点之间的总增益或总传输。梅逊公式表示为

$$P = \frac{1}{\Delta}\sum_{k} P_k \Delta_k \tag{2-80}$$

式中　P——系统的总增益；

P_k——第 k 条前向通道的增益或传输；

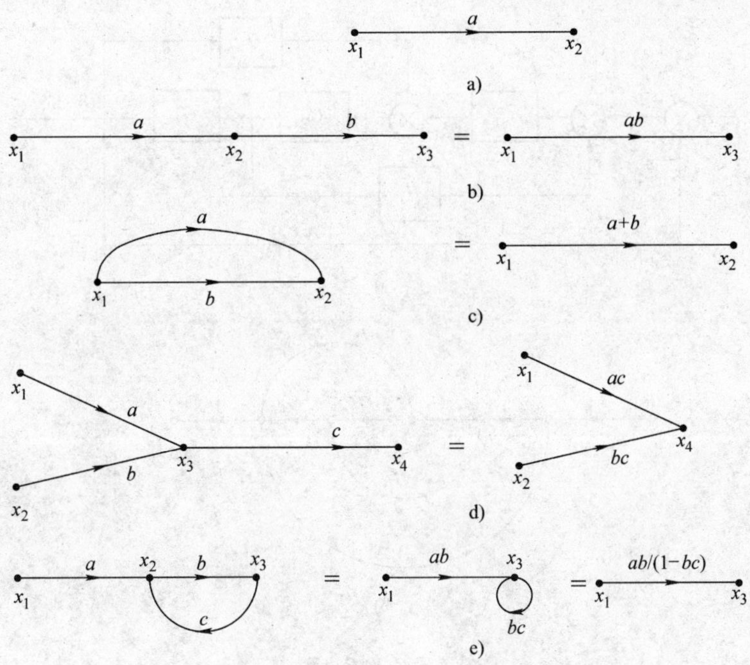

图 2-37　信号流程图及其简化

Δ_k——不与第 k 条前向通路相接触的那一部分信号流程图的 Δ，称为第 k 条前向通路特征式的余因子；

Δ——信号流程图的特征式，它是信号流程图所表示的方程组系数矩阵的行列式。Δ 按下式计算，即

$\Delta=1-$（所有不同回路的增益之和）+（每两个互不接触回路增益乘积之和）−（每 3 个互不接触回路增益乘积之和）+ ⋯

$$\Delta = 1 - \sum L_n + \sum L_m L_q - \sum L_r L_s L_t + \cdots$$

式中　$\sum L_n$——表示所有不同回路的增益之和；

$\sum L_m L_q$——表示每两个互不接触回路增益乘积之和；

$\sum L_r L_s L_t$——表示每 3 个互不接触回路增益乘积之和。

【例 2-13】　图 2-38a 所示为一多回路控制系统框图，其对应的信号流程图如图 2-38b 所示。试用梅逊公式求系统的闭环传递函数。

【解】　在这个系统中，输入信号 $R(s)$ 和输出信号 $C(s)$ 之间只有一条前向通路，其传输增益为

$$P_1 = G_1 G_2 G_3$$

该系统有 3 个单独的回路，分别为

$$L_1 = -G_1 G_2 H_1$$

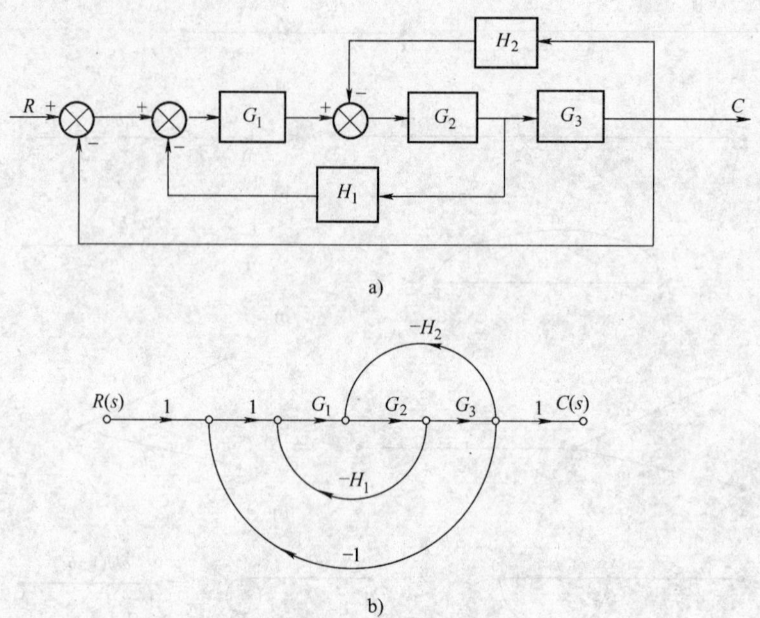

图 2-38　例 2-13 图

a）多回路控制系统框图　b）系统的信号流程图

$$L_2 = -G_2G_3H_2$$

$$L_3 = -G_1G_2G_3$$

它们的增益之和为

$$\sum L_n = -G_1G_2H_1 - G_2G_3H_2 - G_1G_2G_3$$

由于 3 个回路具有一条公共支路，因而该系统没有互不接触的回路。于是特征式为

$$\Delta = 1 - \sum L_n = 1 + G_1G_2H_1 + G_2G_3H_2 + G_1G_2G_3$$

由图 2-38 所示可见，前向通路 P_1 与 3 个回路都有接触，因而特征式的余因子 Δ_1（即在 Δ 中除去与 P_1 相接触的回路后剩下的因子）为 1。由梅逊公式得

$$\frac{C(s)}{R(s)} = P = \frac{P_1\Delta_1}{\Delta} = \frac{G_1G_2G_3}{1 + G_1G_2H_1 + G_2G_3H_2 + G_1G_2G_3}$$

由此可见，应用梅逊公式不用对系统的信号流程图进行化简，就可直接写出系统的闭环传递函数。

【例 2-14】 绘出例 2-12 所示系统的信号流程图，并利用梅逊公式确定系统的传递函数。

【解】 由图 2-31 可得到图 2-39 所示的信号流程图。

由图 2-39 所示可见，系统有 5 个单独回路，分别为

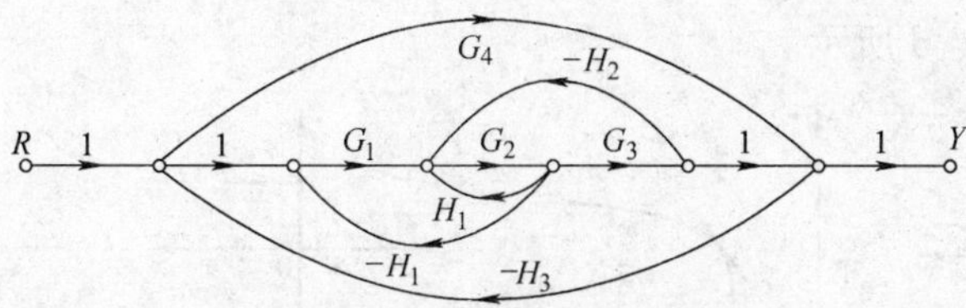

图 2-39　信号流程图

$$L_1 = -G_1G_2H_1,\ L_2 = G_2H_1,\ L_3 = -G_2G_3H_2,\ L_4 = -G_1G_2G_3H_3,\ L_5 = -G_4H_3$$

3 对两两互不接触回路，分别为

$$L_1L_5 = G_1G_2G_4H_1H_3,\ L_2L_5 = -G_2G_4H_1H_3,\ L_3L_5 = G_2G_3G_4H_2H_3$$

两条前向通道，分别为

$$P_1 = G_1G_2G_3,\ \Delta_1 = 1;$$

$P_2 = G_4$，该条前向通道不接触的回路有 L_1、L_2、L_3，所以余因子

$$\Delta_2 = 1 + G_1G_2H_1 - G_2H_1 + G_2G_3H_2$$

特征式为

$$\begin{aligned}\Delta &= 1 - \sum L_n + \sum L_mL_q \\ &= 1 + G_1G_2H_1 + G_2G_3H_2 - G_2H_1 + G_1G_2G_3H_3 + G_4H_3 + \\ &\quad G_1G_2G_4H_1H_3 + G_2G_3G_4H_2H_3 - G_2G_4H_1H_3\end{aligned}$$

根据梅逊公式，可以求出系统的传递函数为

$$G(s) = \frac{C(s)}{R(s)} = P = \frac{P_1\Delta_1 + P_2\Delta_2}{\Delta} = \frac{G_1G_2G_3 + G_4(1 + G_1G_2H_1 - G_2H_1 + G_2G_3H_2)}{\Delta}$$

应用梅逊公式不用对系统的信号流程图化简，就可直接求出系统的闭环传递函数。对于复杂的多环系统和多输入多输出系统尤其明显。因此，信号流程图得到了广泛应用。但在应用时，必须要仔细考虑，即不能有遗漏或重复所需要计算的回路和前向通路，不然易得出错误的结果。

2.6　非线性系统

前面讨论了线性系统的数学模型建立，但一般来说，实际的自动控制系统都是非线性控制系统。因为组成实际控制系统的各个环节不可避免地带有某种程度的非线性，例如，测量元件的死区、非线性控制器和非线性执行器等。有时，为了改善系统的性能，还人为地把非线性环节引入系统中。系统中只要含有一个非线性环节，整个系统就是非线性系统。非线性特性一般分为两类，即非本质非线性和本质线性。所谓非本质非线性，就是用小偏差线性化把非线性特性线性化，如图 2-40a、b 所示。另一类非线性特性不能用小偏差线性化把非线性特性线性化，如图 2-40c、d 所示。

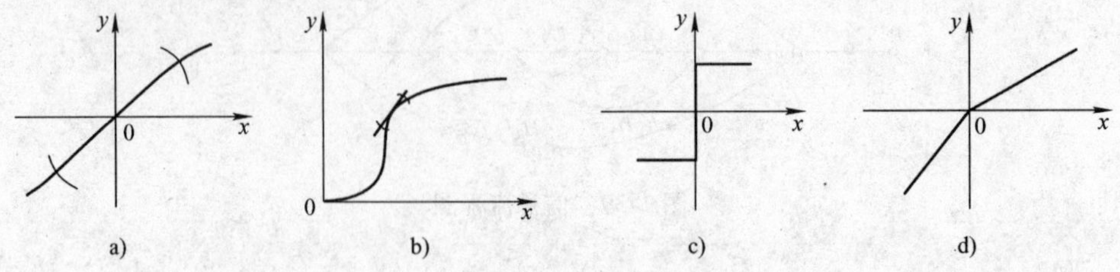

图 2-40　非线性环节

1. 典型的非线性环节

（1）饱和非线性　饱和非线性的静特性如图 2-41 所示。横坐标 $x(t)$ 是非线性环节的输入信号，$y(t)$ 是非线性环节的输出信号。从图 2-41 所示中可看出，在 $-a<e(t)<+a$ 范围内是线性区，线性区的增益为 k，线性范围之外的区域称为饱和区，即输出为常数值。一般的执行器和放大器等都具有饱和特性。空调送风自动控制系统中上、下限的限幅装置也可被看做是饱和特性的应用。

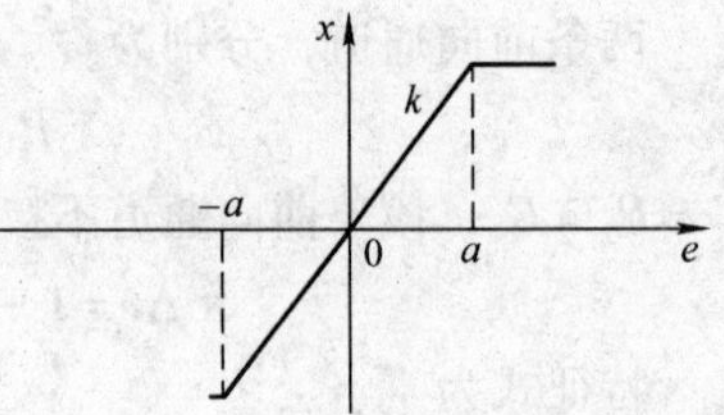

图 2-41　饱和非线性的静特性

饱和非线性的数学描述为

$$x(t)=\begin{cases}M & \text{当 } e(t)>a \\ ke(t) & \text{当 } -a<e(t)<a \\ -M & \text{当 } e(t)<-a\end{cases} \tag{2-81}$$

（2）死区特性　死区特性的静特性如图 2-42 所示。其中，$-a<e(t)<a$ 的区域称为死区或不灵敏区，当输入信号的绝对值小于死区范围时，无输出信号。当输入信号的绝对值大于死区时，输出信号随输入信号变化。死区非线性特性的数学表达式为

$$x(t)=\begin{cases}0 & \text{当 } |e(t)|<a \\ k(x\pm c) & \text{当 } |e(t)|>a\end{cases} \tag{2-82}$$

控制系统中的测量元件、执行元件（如伺服电动机、液压伺服油缸）等一般都具有死区特性。例如，电动调节阀只有在输入信号大到一定程度以后才会动作；某些测量元件对小于某值的输入量不敏感。如果测量元件的死区与对象特性不匹配，则会引起系统振荡。

（3）间隙特性　间隙特性的静特性如图 2-43 所示。其数学表达式为

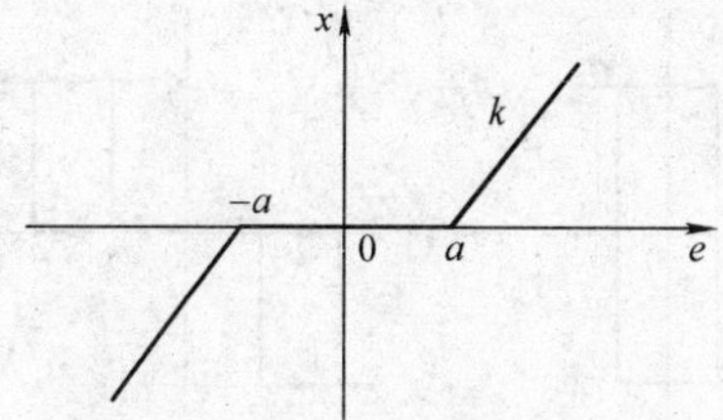

图 2-42　死区特性的静特性

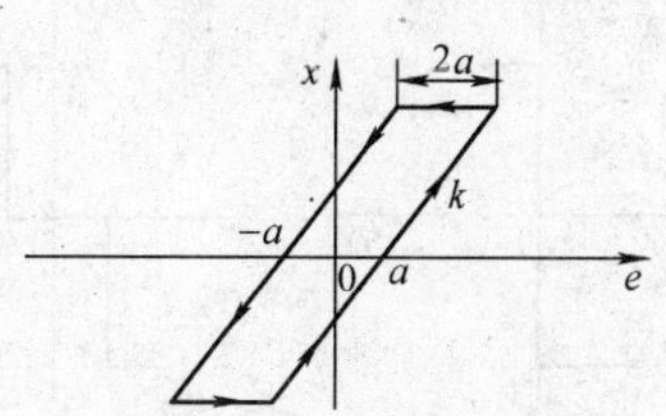

图 2-43　间隙特性的静特性

$$x(t)=\begin{cases}k[e(t)-a] & \text{当}\dot{x}(t)>a\\ k[e(t)-a] & \text{当}\dot{x}(t)<a\end{cases} \tag{2-83}$$

线性段的斜率为 k，间隙的宽度为 $2a$。从式(2-83)可看出，间隙特性的输出不但与输入信号有关，而且与输入信号的增加与减小的方向有关。在回环范围内，输出与输入不是单值函数关系。

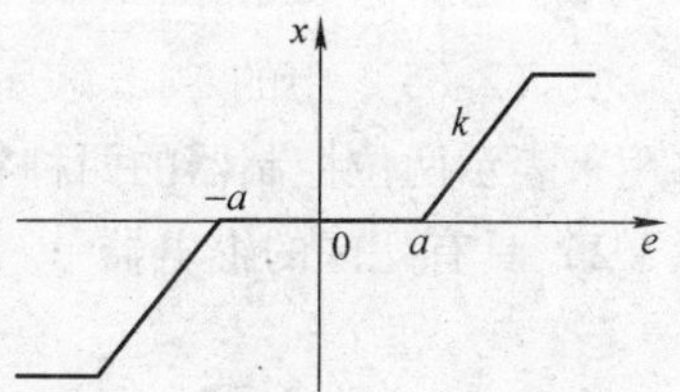

图 2-44　具有不灵敏区的饱和特性的静特性

间隙特性一般是由机械传动装置造成的。例如，传动的齿隙及液压传动的油隙等都属于间隙特性。控制系统中有间隙特性存在时，常常会引起系统的自持振荡和稳态误差的增加。因此应尽量减小和避免间隙。

（4）具有不灵敏区的饱和特性　具有不灵敏区的饱和特性的静特性如图 2-44 所示。其数学表达式为

$$x(t)=\begin{cases}+M & \text{当 } x>na\\ 0 & \text{当 } |x|<a\\ k(x\pm a) & \text{当 } |a|\leqslant|x|\leqslant na\\ -M & \text{当 } x<-nc\end{cases} \tag{2-84}$$

在很多情况下，系统的元件同时存在死区特性和饱和限幅特性。例如，测量元件、执行元件等均有的最大范围与最小范围。

（5）继电特性　继电器是广泛应用于控制系统和保护装置中的器件。继电器的类型较多，从输入输出特性上看，有理想继电器，如图 2-45a 所示；具有死区的继电器，如图 2-45b 所示。具有滞环的继电器，如图 2-45c 所示。具有死区与滞环的继电器，如图 2-45d 所示。理想的双位控制具有理想继电器的特性，理想的三位控制具有死区继电器的特性，实际的双位控制具有滞环继电器的特性，实际的三位控制具有死区与滞环继电器的特性。

1）理想继电器

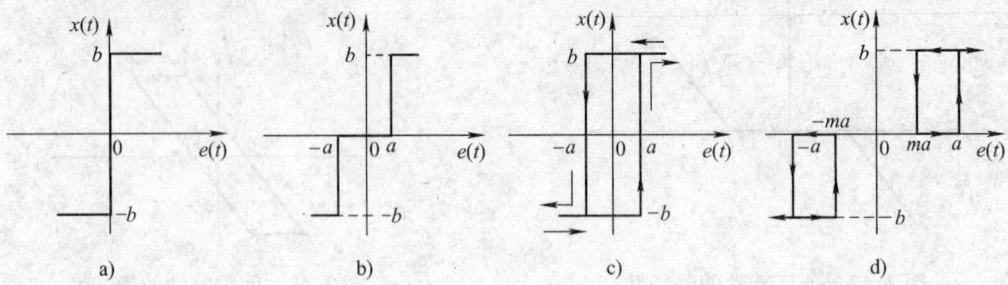

图 2-45　继电器特性

$$x(t)=\begin{cases}+1 & \text{当 } e>0\\ -1 & \text{当 } e<0\end{cases} \tag{2-85}$$

式（2-85）中的 +1，表示继电器接通；-1 表示继电器断开，+1、-1 也可用来表示两位控制器的两种状态。

2）具有死区的继电器

$$x(t)=\begin{cases}+1 & \text{当 } e>a\\ 0 & \text{当 } -a<e<a\\ -1 & \text{当 } e<-a\end{cases} \tag{2-86}$$

式中，+1、0、-1 表示继电器的 3 种状态，也表示控制器的 3 种状态，用来表示控制器的 3 种状态时，$2a$ 为三位控制器的不灵敏区。

3）具有滞环的继电器

$$x(t)=\begin{cases}+1 & \mathrm{sgn}(e-\varepsilon) & \text{当}\dfrac{\mathrm{d}e}{\mathrm{d}t}>0\\ -1 & \mathrm{sgn}(e+\varepsilon) & \text{当}\dfrac{\mathrm{d}e}{\mathrm{d}t}<0\end{cases} \tag{2-87}$$

式中，符号 sgn 表示括号内代数式的符号（正或负）；$\dfrac{\mathrm{d}e}{\mathrm{d}t}$为偏差的变化速度；$\dfrac{\mathrm{d}e}{\mathrm{d}t}>0$ 表示偏差增大；$\dfrac{\mathrm{d}e}{\mathrm{d}t}<0$ 表示偏差减小。实际的双位控制器具有滞环继电器的特性。双位控制器结构简单，动作可靠，因而在暖通空调系统中得到了广泛的应用。

2. 非线性系统的特点

描述线性系统运动状态的数学模型是线性微分方程，其重要特征是可以应用叠加原理；而描述非线性系统运动状态的数学模型是非线性微分方程，不能用于叠加原理。由于两类系统的这种根本区别，所以它们的运动规律是很不相同的。现将非线性系统的主要特点归纳如下。

（1）对于线性系统，如果所描述的系统运动方程在一定作用和初始条件下的解是稳定的，则线性系统中可能的全部运动都是稳定的。而对于非线性系统，在不同的初始条件下，运动的最终状态可能完全不同，可能在某一种初始条件下系统是稳定的，而在另一种初始条件下系统是不稳定的；或者在某一种输入信号作用下系统是稳定的，在另一种输入信号作用下系统是不稳定的。

（2）对线性系统来说，系统的运动状态或收敛于平衡状态，或者发散；当系统处于临界稳定状态时，才会出现等幅振荡。但在实际过程中，由于干扰随时存在，这种振荡是不能持久的。在非线性系统中，除了发散或收敛于平衡状态外，还会遇到即使没有外界作用存在，系统本身也会产生具有一定振幅和频率的振荡。并且，当受到扰动作用后，运动仍能保持原来的频率和振幅。非线性系统出现的这种周期运动称为自持振荡或简称为自振。自振是非线性系统所特有的，是非线性控制系统研究的重要问题。暖通空调中的双位控制属于等幅振荡。

（3）在线性系统中，当输入是正弦信号时，系统的稳态输出是相同频率的正弦信号，与输入仅在幅值和相角上不相同。非线性系统对正弦输入信号的响应比较复杂，其稳态输出除了包含与输入频率相同的信号外，还含有高次谐波分量的非正弦周期函数。

3. 非线性系统的分析方法

实际上没有一个通用的求解非线性微分方程的方法。用计算机仿真技术分析和处理非线性控制系统是非常有效的。目前，工程上广泛应用的分析和设计非线性控制系统的方法是描述函数法和相平面法。

（1）描述函数法　描述函数法是在一定的条件下，用非线性元件输出的基波信号代替在正弦作用下的非正弦输出，使非线性元件近似于一个线性环节，从而可用线性系统理论中的频率法对系统进行频域分析。这种方法主要用于研究非线性系统的稳定性和自持振荡问题，如系统产生自持振荡，应如何确定它的振荡频率和振幅，以及寻求消除自持振荡的方法等。

（2）相平面法　相平面法是一种用图解法求解二阶非线性常微分方程的方法。相平面上的根轨迹曲线描述了系统状态的变化过程，因此可以在相平面图上分析一、二阶系统的稳定性、系统的时间响应特性，以及初始条件和参数对系统运动的影响。

（3）李雅普诺夫第二法　这是一种对线性和非线性系统都适用的方法。根据非线性系统动态方程的特征，用相关的方法求出李雅普诺夫函数 $V(x)$，然后根据 $V(x)$ 和 $\dot{V}(x)$ 的性质去判别非线性系统的稳定性。

本书仅讨论线性系统的分析方法，有关非线性系统的分析方法请参考相关书籍。

2.7 数学模型的 MATLAB 描述

在用 MATLAB 描述控制系统时，常用的数学模型有 3 种形式：传递函数、零极点增益和状态空间。每种模型均有连续/离散之分。本节主要介绍传递函数和零极点增益的 MATLAB 表示及两种模型之间的相互转换。

2.7.1 连续系统数学模型的 MATLAB 表示

1. 传递函数模型

若已知系统传递函数模型为

$$G(s)=\frac{Y(s)}{X(s)}=\frac{b_0s^m+b_1s^{m-1}+\cdots+b_{m-1}s+b_m}{a_0s^n+a_1s^{n-1}+\cdots+a_{n-1}s+a_n}\qquad n\geqslant m$$

时，则在 MATLAB 环境下，多项式由按降幂排列的系数向量定义为

分子多项式 MATLAB 表示为 num = [b_0　b_1　⋯　b_m]；

分母多项式 MATLAB 表示为 den = [a_0　a_1　⋯　a_m]；

MATLAB 提供了由传递函数分子、分母多项式系数向量生成传递函数模型的函数 tf( )，其基本调用格式如下。

- sys = tf(num,den)；　%由分子、分母多项式系数向量生成传递函数模型
- sys = tf(M)；　%用于生成拉普拉斯静态增益的 s 传递函数
- s = tf('s')；

%用于生成拉普拉斯变量 s，在定义拉普拉斯变量 s 后，可像书写数学公式一样定义传递函数模型

- sys = tf(num,den,Ts)；

%用于生成离散传递函数，Ts 为采样时间设定值，单位为 s。当 Ts = 0 时，
%可省略，表示生成的传递函数是连续传递函数；当 Ts = −1 或 Ts = [ ] 时，
%表示生成的传递函数为离散传递函数，采样时间尚未指定

- sys = tf(num,den,'Property1',Value1,'⋯',Property1',ValueN,)；

%用于生成传递函数模型，同时定义传递函数的属性值。传递函数的属性值
%可用 get（sys）命令来查看

【例 2-15】 已知某 SISO 系统传递函数为

$$G(s)=\frac{s+1}{s^2+2s+3}e^{-2s}$$

用 MATLAB 表示，查看模型属性，并修改延迟时间为 5s，修改分子多项式为 s^{-1}。

【解】 本题的 MATLAB 程序 lt2_15. m 为

```
num = [1 1];                    %定义分子多项式
```

```
den = [1 2 3];                    %定义分母多项式
tao = 2;                          %定义延迟时间
sys = tf(num,den,'inputdelay',tao)        %生成系统模型
get(sys)                          %查看系统模型属性
sys.inputdelay = 5;               %修改传递函数模型,属性 Inputdelay 的值为 5s
sys.num{1} = [1 -1];              %修改传递函数模型的分子多项式
disp('修改属性后的模型属性')
get(sys)                          %查看修改后的系统模型属性
```

执行上述命令后，在 Command Window 中可得到如下结果：

```
Transfer function:
    s + 1
------------
s^2 + 2s + 3

    num: {[0 1 1]}
    den: {[1 2 3]}
    ioDelay: 0
    Variable: 's'
          Ts: 0
  InputDelay: 2
OutputDelay: 0
  InputName: {''}
  OutputName: {''}
  InputGroup: [1x1 struct]
OutputGroup: [1x1 struct]
        Name: ''
      Notes: {}
  UserData: []
修改属性后的模型属性为
    num: {[0 1 -1]}
    den: {[1 2 3]}
    ioDelay: 0
    Variable: 's'
          Ts: 0
  InputDelay: 5
```

```
OutputDelay:0
   InputName:{''}
OutputName:{''}
   InputGroup:[1x1 struct]
OutputGroup:[1x1 struct]
        Name:''
      Notes:{}
   UserData:[]
```

对比修改前、后的模型属性数值可知，分子多项式及延迟时间按要求被修改了。

2. 零极点模型

当传递函数为

$$G(s)=\frac{Y(s)}{X(s)}=k\frac{(s-z_1)(s-z_2)\cdots(s-z_m)}{(s-p_1)(s-p_2)\cdots(s-p_n)}\qquad n\geqslant m$$

时，则在 MATLAB 中用［z，p，k］矢量组表示，即

```
z=[z1,z2,…,zm];            %定义 SISO 零点向量
p=[p1,p2,…,pn];            %定义 SISO 极点向量
k=[k];                     %定义 SISO 的增益值
sys=zpk(z,p,k)             %生成连续系统的零极点增益模型
tfsys=tf(sys)              %将零极点增益模型转换为传递函数模型
```

【例 2-16】 已知某 SISO 系统的零极点增益模型函数为

$$G(s)=\frac{s(s+1)(s+5)}{(s+1)(s+2)(s+3+4j)(s+3-4j)}$$

试用 MATLAB 表示，并转换为传递函数模型。

【解】 本题的 MATLAB 程序 lt2_16.m 为

```
k=1;                            %定义 SISO 的增益值
z=[0,-6,-5];                    %定义 SISO 零点向量
p=[-1,2,-3-4j,-3+4j]            %定义 SISO 极点向量
sys=zpk(z,p,k)                  %生成连续系统的零极点增益模型
tfsys=tf(sys)                   %将零极点增益模型转换为传递函数模型
```

执行上述命令后，在 Command Window 中可得到如下结果：

```
zero/pole/gain:
         s(s+6)(s+5)
---------------------------
(s+1)(s-2)(s^2+6s+25)
Transfer function:
```

```
        s^3 + 11s^2 + 30s
-------------------------------
s^4 + 5s^3 + 17s^2 - 37s - 50
```

3. 传递函数的部分分式展开

```
num = [b1, b2, …, bm];
den = [a1, a2, …, an];
[r,p,k] = residue(num,den)                %部分分式展开
[num,den] = residue(r,p,k)                %用来求其传递函数
```

将求出多项式 $Y(s)$ 和 $X(s)$ 之比的由部分分式展开的留数、极点和直接项。

$$\frac{Y(s)}{X(s)}=\frac{r(1)}{s-p_1}+\frac{r(2)}{s-p_2}+\cdots+\frac{r(n)}{s-p_n}+k(s)$$

【例2-17】 求下列传递函数

$$\frac{Y(s)}{X(s)}=\frac{2s^3+5s^2+3s+6}{s^3+6s^2+11s+6}$$

的模型的零极点模型。

【解】 本题的 MATLAB 程序 lt2_17. m 为

```
num = [2 5 3 6];
den = [1 6 11 6];
[r,p,k] = residue(num,den)
```

执行后得到如下结果：

```
r =
   -6.0000
   -4.0000
    3.0000
p =
   -3.0000
   -2.0000
   -1.0000
k =
    2
```

留数为列向量 r，极点位置为列向量 p，直接项为行向量 k，$Y(s)/X(s)$ 的部分分式展开的 MATLAB 表达式为

$$\frac{Y(s)}{X(s)}=\frac{2s^3+5s^2+3s+6}{s^3+6s^2+11s+6}=\frac{-6}{s+3}+\frac{-4}{s+2}+\frac{3}{s+1}+2$$

4. 复杂传递函数的求取

在 MATLAB 中可用 conv( ) 函数实现。conv( ) 函数为标准的 MATLAB 函数，用来求取两个向量的卷积，也可以用来求取多项式乘法。conv( ) 函数允许多层嵌套，从而实现复杂的计算。

【例 2-18】 用 MATLAB 表示传递函数为

$$\frac{Y(s)}{X(s)}=\frac{5(s^2+s+1)}{(s^2+3s+1)^2(s^3+6s^2+5s+3)(s+2)}$$

的系统。

【解】 本题的 MATLAB 程序 lt2_18. m 为

```
num = 5 * [1 1 1];
den = conv(conv(conv([1 3 1],[1 3 1]),[1 6 5 3]),[1 2]);
sys = tf(num,den)
```

执行后得到如下结果

```
Transfer function:
                    5s^2 +5s +5
-----------------------------------------------------------------
s^8 +14s^7 +76s^6 +209s^5 +320s^4 +289s^3 +161s^2 +49s +6
```

2.7.2 系统模型的连接

在实际工程中，控制系统往往由多个子系统组成，子系统之间的关系有并联、串联、反馈或它们的混合连接。MATLAB 提供了求取系统模型之间串联、并联和反馈连接的函数。

(1) 串联　将两个系统按串联方式连接，如图 2-46 所示。MATLAB 提供了求取子系统模型串联的函数 series( )，其调用格式如下。

```
sys = series(G1,G2);% 两个 SISO 系统模型的串联
[num,den] = series(num1,den1,num2,den2)
```

%求两个用分子、分母多项式系数向量表示为 SISO 系统模型的串联

其对应的结果为

$$sys=G_1(s)*G_2(s)$$

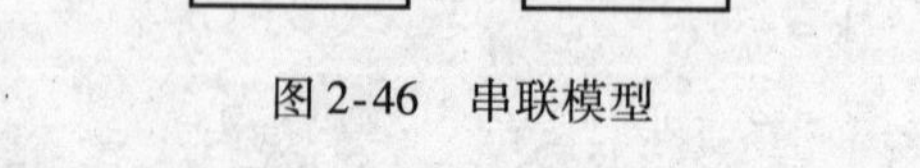

R(s) → $G_1(s)$ → $G_2(s)$ → C(s)

图 2-46　串联模型

【例 2-19】 在如图 2-46 所示的串联系统结果中，已知 $G_1(s)$ 与 $G_2(s)$ 的传递函数分别为

$$G_1(s)=\frac{s+1}{s(s^2+s+2)},\qquad G_2(s)=\frac{5}{5s+1}$$

试求两系统的串联模型。

【解】 本题的MATLAB程序lt2_19.m为

```
s = tf('s');                              % 定义拉普拉斯变量 s
G1 = (s+1)/(s*(s^2+s+2));                 % 定义 SISO 系统 G1 的传递函数模型
G2 = 5/(s*(5*s+1));                       % 定义 SISO 系统 G2 的传递函数模型
disp('串联系统模型为')
sys = series(G1,G2);                      % 生成 G1 与 G2 的串联系统模型
```

执行上述命令后，在Command Window中得到如下结果：

```
串联系统模型为
Transfer function:
          5s + 5
----------------------------
5s^5 + 6s^4 + 11s^3 + 2s^2
```

（2）并联 将两个系统按并联方式连接，如图2-47所示。MATLAB提供了求取子系统模型并联的函数parallel()，其调用格式如下。

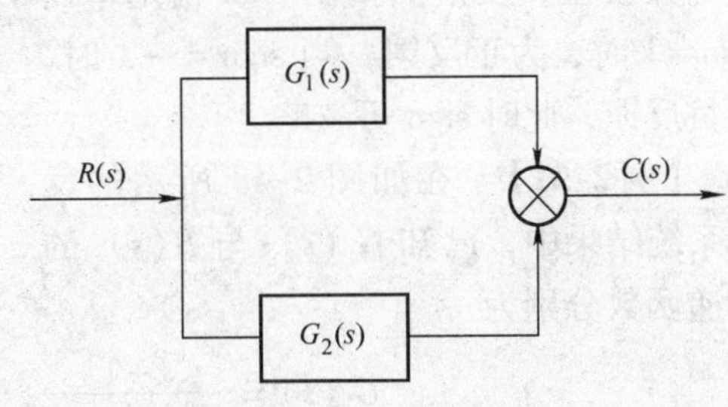

图2-47 并联模型

```
sys = parallel(G1,G2);   % 两个 SISO 系统模型的并联
```

其对应的结果为

$$sys = G_1(s) + G_2(s)$$

【例2-20】 在如图2-47所示的并联系统结果中，已知 $G_1(s)$ 与 $G_2(s)$ 的传递函数分别为

$$G_1(s) = \frac{s+1}{s(s^2+s+2)}, \quad G_2(s) = \frac{5}{5s+1}$$

试求两系统的并联模型。

【解】 本题的MATLAB程序lt2_20.m为

```
s = tf('s');                              % 定义拉普拉斯变量 s
G1 = (s+1)/(s*(s^2+s+2));                 % 定义 SISO 系统 G1 的传递函数模型
G2 = 5/(s*(5*s+1));                       % 定义 SISO 系统 G2 的传递函数模型
disp('并联系统模型为')
sys = parallel(G1,G2);                    % 生成 G1 与 G2 的并联系统模型
```

执行上述命令后，在Command Window中得到如下结果：

```
并联系统模型为
Transfer function:
     10s^3 + 11s^2 + 11s
```

```
------------------------------
5s^5 +6s^4 +11s^3 +2s^2
```

（3）闭环　将系统通过正、负反馈连接成闭环系统，如图 2-46 所示。MATLAB 提供了求取子系统模型闭环的函数 feedback( )，其调用格式如下。

sys = feedback(G1,G2)；

% 生成 SISO 系统 G1 与 G2 构成的反馈系统传递函数模型，G2 为反馈通道传递函数模型，反馈类型由 sign 指定，当 sign =1 时，为正反馈，当 sign = －1 时，为负反馈，此时 sign 可忽略

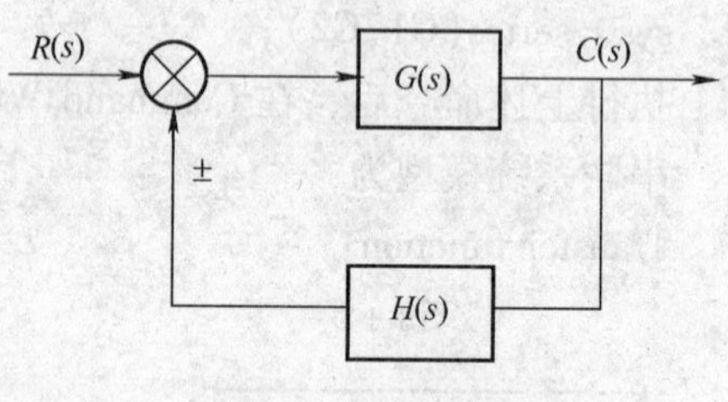

图 2-48　并联模型

【例 2-21】　在如图 2-48 所示的反馈系统结果中，已知 $G_1(s)$ 与 $H(s)$ 的传递函数分别为

$$G_1(s) = \frac{s+1}{(s^2+s+2)}, \qquad H(s) = 5$$

试求两系统的负反馈模型。

【解】　本题的 MATLAB 程序 lt2_21. m 为

```
s = tf('s');                      % 定义拉普拉斯变量 s
G1 = (s+1)/(s^2+s+2);             % 定义 SISO 系统 G1 的传递函数模型
H2 = 5;                           % 定义 SISO 系统 H2 的传递函数模型
disp('负反馈闭环系统模型为')
sys = feedback(G1,H2);            % 生成负反馈闭环系统传递函数模型
```

执行上述命令后，在 Command Window 中得到如下结果：

```
负反馈闭环系统模型为
Transfer function:
  s+1
-------------
s^2 +6s +7
```

在一些实际系统中，如果系统结构过于复杂，则前面介绍的方法就不适用，需要用功能完善的 Simulink 程序来建立系统的模型，有关 Simulink 程序见第 8 章。

小　结

1. 本章主要描述了建立控制系统及其元部件数学模型的一般方法，其主要内容为

(1) 微分方程是描述实际系统数学模型的一种重要形式。通过分析系统及元件的工作原理确定各变量之间的相互惯性，可以列写出系统或元件的微分方程。

(2) 实际的控制系统都是非线性的。为了简化分析，对于非本质非线性系统，常常在一定范围内、一定条件下用小偏差线性化把非线性特性转换为线性特性。另一类非线性特性，不能用小偏差线性化把非线性特性转换为线性特性。

(3) 传递函数是指线性定常系统在零初始条件下，输出量的拉氏变换与输入量的拉氏变换之比。利用传递函数不必求解微分方程就可分析系统的动态性能，以及系统参数或结构变化对动态性能的影响。

(4) 框图和信号流程图是系统数学模型的图形表示。它们能清晰地表示系统内部各变量的转换和信号之间的传递关系，而且能通过等效变换或梅逊公式求得系统的传递函数。

2. MATLAB 是进行控制系统分析与设计的重要工具，它主要介绍了以下功能：

(1) 可以描述系统的传递函数模型、分子多项式模型和零极点增益模型。

(2) 实现不同模型之间的转换。

(3) 求解系统串联、并联及反馈系统模型。

复习思考题

2-1 一台生产过程设备由液容为 C_1 和 C_2 的两个液箱所组成，如图 2-49 所示。图中的 Q 为稳态液体流量，其单位为 m^3/s，Q_1 为液箱 1 到液箱 2 的流量，Q_2 为液箱 2 的流出量，H_1 为液箱 1 的液面高度，H_2 为液箱 2 的液面高度。试确定

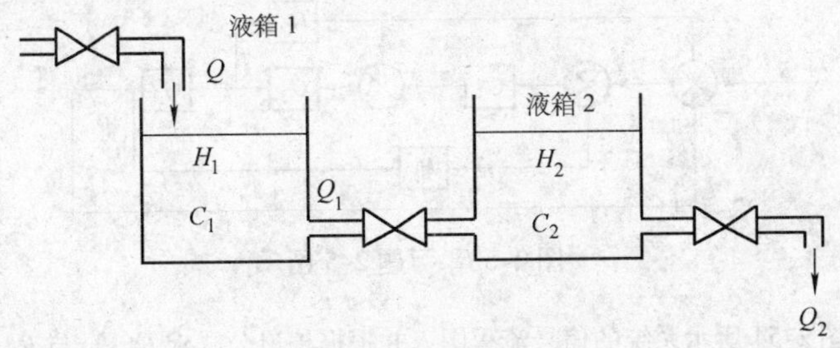

图 2-49 习题 2-1 图

(1) 以 Q 为输入量、Q_2 为输出量时该液位系统的传递函数。

(2) 以 Q 为输入量、H_2 为输出量时该液位系统的传递函数。

2-2 热交换器如图 2-50 所示。该交换器是利用夹套中的蒸汽加热罐中的液体。设夹套中蒸汽的温度为 T_i；输入到罐中的液体的流量为 Q_1，温度为 T_1；由罐内输出的液体流量为

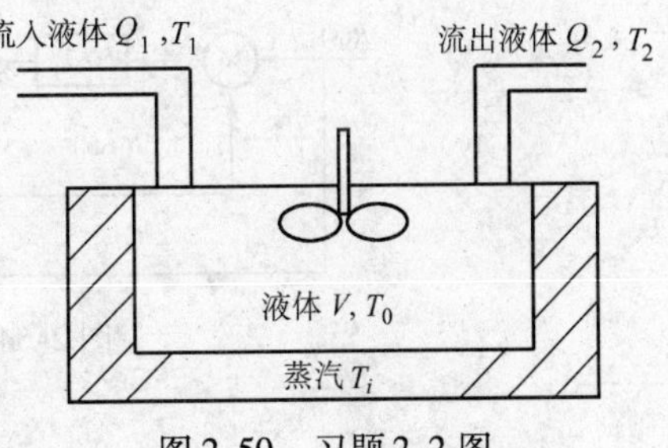

图 2-50 习题 2-2 图

Q_2，温度为 T_2；罐内液体的体积为 V，温度为 T_0（由于有搅拌作用，所以可以认为罐内液体的温度是均匀的），并且假设 $T_2=T_0$，$Q=Q_1=Q_2$（Q 为液体的流量）。求当以夹套蒸汽温度的变化为输入量、以流出液体温度的变化为输出量时的传递函数（设流入液体的温度保持不变）。

2-3 试简化图 2-51 所示系统的框图，求出系统的传递函数，并简化为等效信号流程图，用梅逊公式求出传递函数，试比较两者结果是否相同。

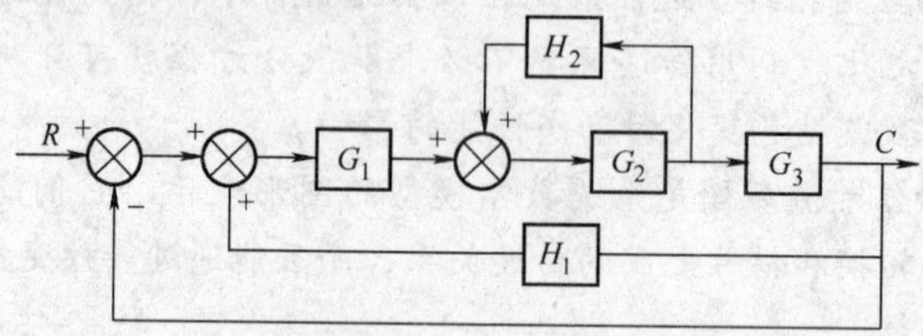

图 2-51 习题 2-3 图

2-4 试求图 2-52 所示系统的传递函数。

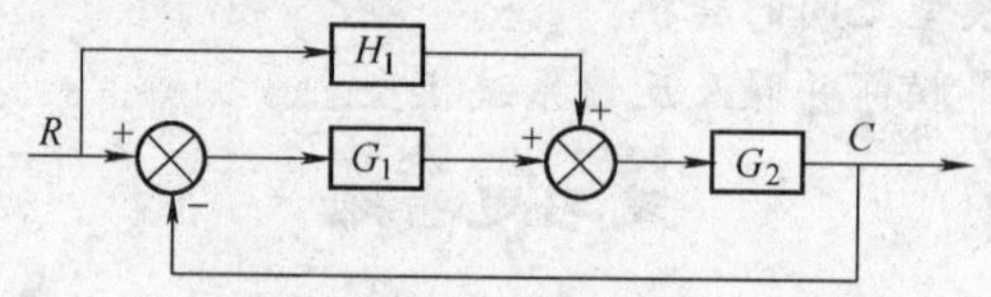

图 2-52 习题 2-4 图

2-5 试简化图 2-53 所示系统的框图，并求 $C(s)$ 与 $R(s)$ 之间的传递函数。

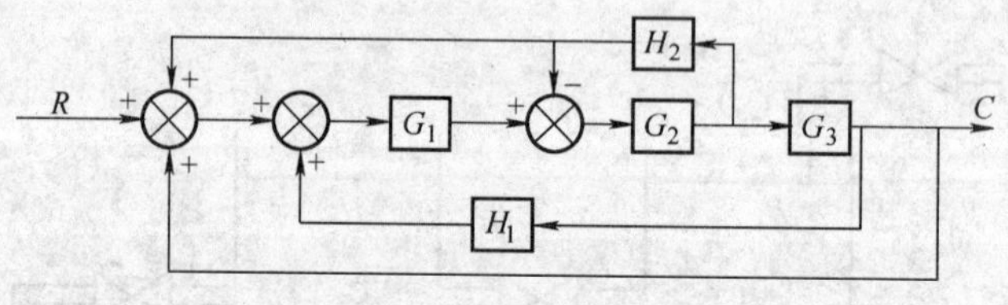

图 2-53 习题 2-5 图

2-6 绘出图 2-54 所示系统的信号流程图，并根据梅逊公式求 $C(s)$ 与 $R(s)$ 之间的传递函数。

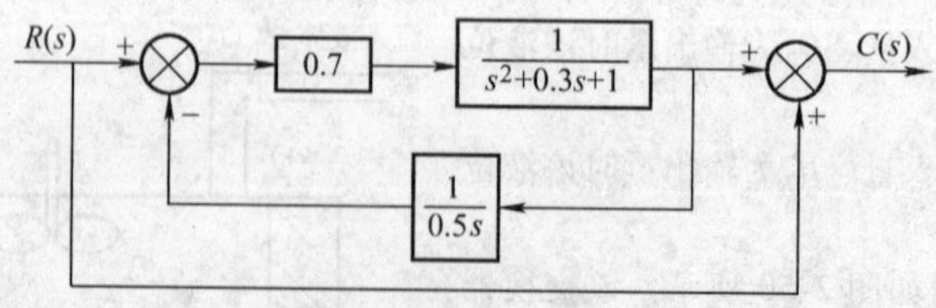

图 2-54 习题 2-6 图

第3章

3

控制系统的时域分析法

系统分析就是根据系统的数学模型研究它是否稳定，它的动态性能和稳态性能是否满足性能指标。经典控制理论中常用的系统分析方法有时域法、根轨迹法和频率法。本章主要讨论用时域分析法进行控制系统分析，并研究减少误差、提高系统稳态性能的方法。

所谓时域分析法，就是对系统外施一个给定的输入信号，通过研究控制系统的时间响应来评价系统的性能。由于系统的输出量一般是时间 t 的函数，故称这种响应为时域响应。它具有直观、准确的优点，可提供时间响应的信息。

3.1 控制系统的时间响应性能指标

3.1.1 典型的输入信号

控制系统的动态性能是通过某典型输入信号作用下系统的瞬态响应过程来评价的。基于系统的瞬态响应过程既取决于系统本身的结构和参数，又与其输入信号的形式和大小有关，而控制系统的实际输入信号往往未知。为了便于对系统分析和设计，人们习惯选择下述5种典型函数作为系统的输入信号。典型输入信号如图3-1所示。

1. 阶跃输入信号

阶跃输入信号表示参考输入信号的一个瞬间突变过程，如图3-1a所示。它的数学表达式为

$$r(t)=\begin{cases}0 & \text{当 } t<0\\ R_0 & \text{当 } t\geqslant 0\end{cases} \tag{3-1}$$

式中，R_0为一常量。若 $R_0=1$，则称 $r(t)$ 为单位阶跃输入信号，它的拉氏变换为 $R(s)=1/s$。

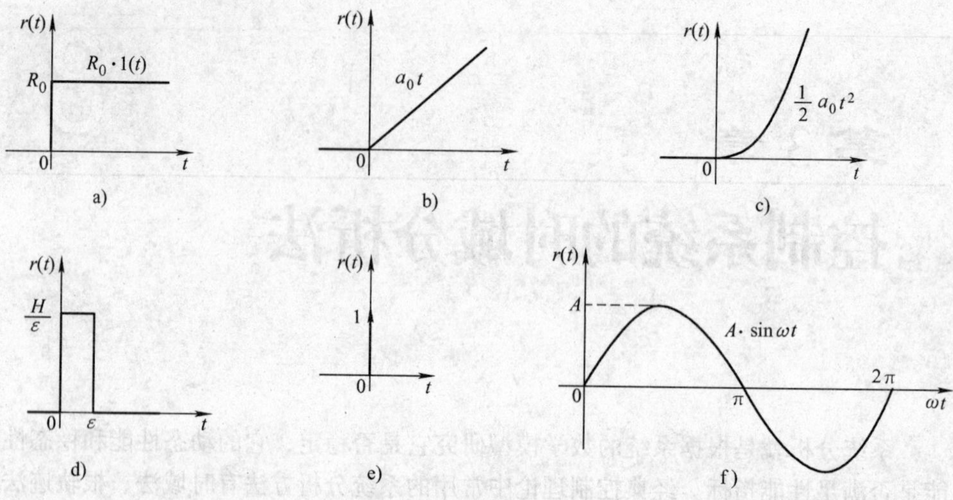

图 3-1 典型输入信号

a）阶跃信号 b）斜坡信号 c）等加速度信号 d）脉冲信号 e）理想脉冲信号 f）正弦信号

2. 斜坡输入信号

斜坡输入信号表示由零值开始随时间 t 作线性增长的信号，如图 3-1b 所示。它的数学表达式为

$$r(t)=\begin{cases}0 & \text{当 } t<0\\ a_0t & \text{当 } t\geqslant 0\end{cases}\tag{3-2}$$

由于这种函数的一阶导数为常量 a_0，故斜坡函数又名等速度输入函数。若 $a_0=1$，则称 $r(t)$ 为单位斜坡函数，它的拉氏变换为 $R(s)=1/s^2$。

3. 等加速度输入信号

等加速度输入信号是一种抛物线函数，它的数学表达式为

$$r(t)=\begin{cases}0 & \text{当 } t<0\\ \dfrac{1}{2}a_0t & \text{当 } t\geqslant 0\end{cases}\tag{3-3}$$

这种信号的特点是函数值随时间以等加速度增长，如图 3-1c 所示。若 $a_0=1$，则称 $r(t)$ 为单位加速度函数，它的拉氏变换为 $R(s)=1/s^3$。

4. 脉冲输入信号

脉冲输入信号可视为一个持续时间极短的信号，如图 3-1d 所示。它的数学表达式为

$$r(t)=\begin{cases}0 & \text{当 } t<0\\ H/\varepsilon & \text{当 } t\geqslant 0\\ 0 & \text{当 } t>\varepsilon\end{cases}\tag{3-4}$$

当 $H=1$ 时，记为 $\delta_0(t)$。如果令 $\varepsilon\to 0$，则称之为单位理想脉冲函数，即

$$\delta(t)=\lim\delta_0(t) \tag{3-5}$$

它的面积（又称脉冲强度）为

$$\int_{-\infty}^{+\infty}\delta(t)\,\mathrm{d}t=1 \tag{3-6}$$

显然，$\delta(t)$ 所描述的脉冲信号实际上是无法获得的。在工程实践中，当 ε 远小于被控对象的时间常数时，这种单位窄脉冲信号常近似地当做 $\delta(t)$ 函数来处理，如图 3-1e 所示。

5. 正弦信号

正弦信号的数学表达式为

$$r(t)=A\sin\omega t \tag{3-7}$$

式中，A 为振幅或幅值；ω 为角频率。正弦信号如图 3-1f 所示。正弦信号主要用于求取系统的频率响应，据此分析和设计控制系统。

在分析控制系统时，究竟选用哪一种输入信号作为系统的试验信号，应视所研究系统的实际输入信号而定。如果系统的输入是一个突变的量，则应取阶跃信号为宜；如果系统的输入信号是随时间线性增长的函数，则应选斜坡信号，以符合系统的实际工作情况；如果系统的输入信号是一个瞬时冲击的函数，则选脉冲信号最为合适。

3.1.2　线性控制系统的性能指标

若系统输出信号的拉氏变换是 $C(s)$，则系统的时间响应 $c(t)$ 是

$$c(t)=L^{-1}[C(s)] \tag{3-8}$$

当系统的时间响应 $c(t)$ 中的瞬态分量较大而不能忽略时，称系统处于动态或暂态过程中，这时系统的特性称为动态性能。暂态响应性能指标是以系统在单位阶跃输入作用下的衰减振荡过程（或称欠阻尼振荡过程）为标准来定义的。设系统阶跃响应曲线如图 3-2 所示。

延迟时间 t_d：响应曲线第一次达到静态值的一半所需要的时间叫做延迟时间。

最大超调量 σ_p：最大超调量规定为在暂态期间输出超过对应于输出的终值的最大偏离量。其数学表达式为

$$\sigma_p=\frac{c(t_p)-c(\infty)}{c(\infty)}\times 100\% \tag{3-9}$$

σ_p大，则系统阻力小。一阶系统无超调量。

峰值时间 t_p：对应于最大超调量发生的时间（从 $t=0$ 开始计时），称为峰值时间。

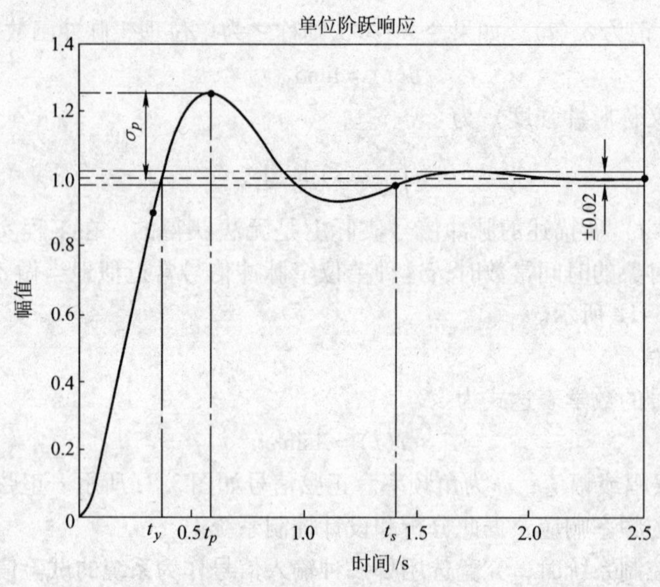

图 3-2　系统阶跃响应曲线

调整时间 t_s：输出与其对应于输出的终值之间的偏差达到容许范围（一般取 5%或 2%）所经历的暂态过程时间（从阶跃信号输入开始计时）。

上升时间 t_r：在暂态过程中输出第一次达到对应于输出的终值的时刻（从阶跃信号输入开始计时）。

稳态误差 $e(\infty)$：系统稳态误差是指系统在稳定状态下其希望值与实际输出值之差，它反映了系统的静态精度。

【例 3-1】 某温室的时间常数 $T_1=5\text{min}$，恒温室的放大系数 $K_1=0.4℃/℃$，传感器的放大系数 $K_2=1$，控制器的放大系数 $K_c=1.6\text{kg}/(\text{m}^2\cdot℃)$，控制器与水加热器放大系数的乘积 $K_3\cdot K_4=20.25(\text{m}^2\cdot℃)/\text{kg}$，水加热器的时间常数 $T_4=2.5\text{min}$，干扰 $\theta_f=8℃$。室温响应曲线如图 3-3 所示（纵坐标为室温增量）。求控制系统的性能指标。

【解】 稳态误差 $e(\infty)=0.45℃$

最大超调量

$$\sigma_p=\frac{c(t_p)-c(\infty)}{c(\infty)}\times 100\%=\frac{0.58-0.45}{0.45}\times 100\%=28.9\%$$

调整时间

$$t_s=8.1\text{min}$$

以上规定的指标中，最大超调量 σ_p 主要用来描述系统的稳定性，调整时间 t_s 主要用来描述系统的快速性，稳态误差 $e(\infty)$ 主要用来描述系统的准确性。

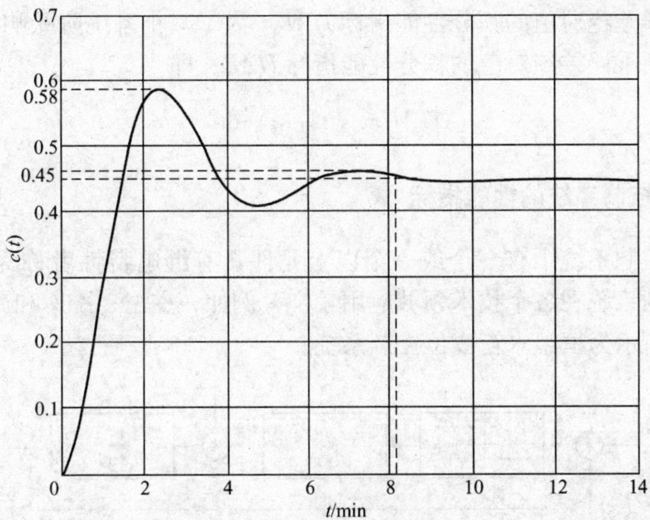

图3-3　室温响应曲线

这些指标是相互关联的，当其中的一个指标为最优时，有可能会使另一个指标的性能降低。为了达到整个系统综合性能指标的最优化，需要采取一些能体现综合性能的指标。下面介绍几个常用的综合性能指标。

误差平方积分 *ISE*

$$ISE=\int_0^\infty e^2(t)\,\mathrm{d}t \tag{3-10}$$

式中，$e(t)$ 代表误差，它是系统单位阶跃响应与单位阶跃函数之差。可以将 $e(t)$表示为系统中可变参数的函数，然后求出式（3-10）成为极小值的条件，并且由此确定可变量的最优值。

时间乘误差平方积分 *ITSE*　由于 *ISE* 性能指标将各时刻的 $e(t)$ 同等对待，所以使 *ISE* 为极小而求得的参量，导致使系统单位阶跃响应力图在最短时间内接近单位阶跃函数，从而造成系统的超调量偏大。为了使初始误差的加权减小，并着重权衡响应后期出现的小误差，提出了时间乘误差平方积分 *ITSE* 性能指标，其数学表达式为

$$ITSE=\int_0^\infty te^2(t)\,\mathrm{d}t \tag{3-11}$$

误差绝对值的积分性能指标 *IAE*　根据使 *ITSE* 为极小的条件所求的系统参量，可使系统的阶跃响应的超调量较小，而暂态响应也衰减得较快。另外，为了方便仪器观察，也可以采用误差绝对值积分性能指标，其数学表达式为

$$IAE=\int_0^\infty |e(t)|\,\mathrm{d}t \tag{3-12}$$

时间乘误差绝对值的积分性能指标 ITAE　为了减小系统阶跃响应的超调量，也可使用时间乘误差绝对值的积分性能指标 ITAE，即

$$ITAE = \int_0^{\infty} t\,|e(t)|\,\mathrm{d}t \tag{3-13}$$

3.1.3 继电控制系统的性能指标

在自动控制系统中有一个或一个以上元件具有继电特性者称为继电控制系统。继电控制系统在各个技术领域应用较广，例如，室温、冷库和冰箱自动控制等。图 3-4 所示为恒温水箱双位控制系统。

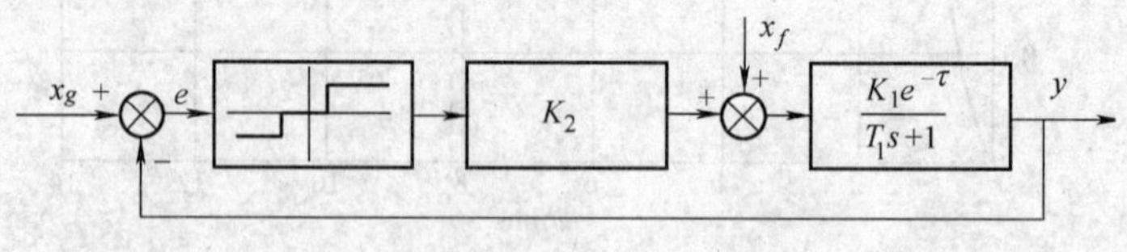

a)

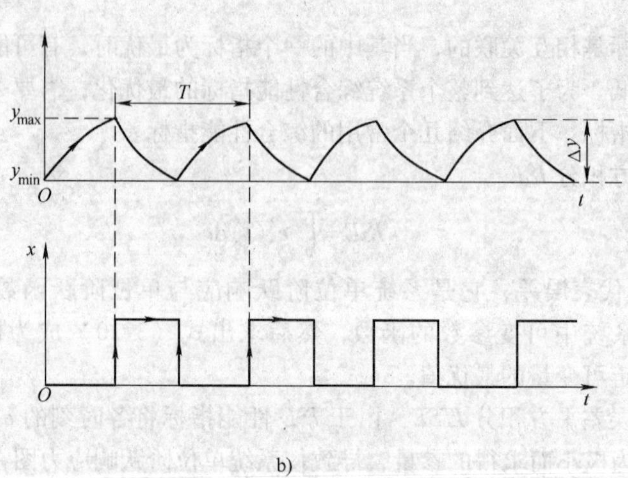

b)

图 3-4　恒温水箱双位控制系统

a）框图　b）波动周期 T

波动范围　输出的最大值 y_{max} 与最小值 y_{min} 之差，它用来评价系统的准确性。

$$\Delta y = y_{max} - y_{min} \tag{3-14}$$

波动周期　波动周期 T 如图 3-4b 所示，它用来评价系统的稳定性。影响继电控制系统性能指标的主要因素是继电器的呆滞区、被控对象的滞后时间与时间常数，但具体分析本书不做详细讨论。

3.2 一阶系统的暂态响应

控制系统的输出信号 $c(t)$ 与输入信号 $r(t)$ 的关系能用一阶微分方程表示，称为一阶系统。一阶系统的微分方程可写成下述形式

$$T\frac{\mathrm{d}c(t)}{\mathrm{d}t}+c(t)=r(t) \tag{3-15}$$

式中，T 是一阶系统的时间常数。式（3-15）对应的传递函数为

$$G(s)=\frac{C(s)}{R(s)}=\frac{1}{Ts+1} \tag{3-16}$$

其系统框图如图 3-5 所示。该框图又称为惯性环节。常见的温度控制系统和液位系统的控制对象都属于一阶系统，气动执行器也属于一阶惯性环节。

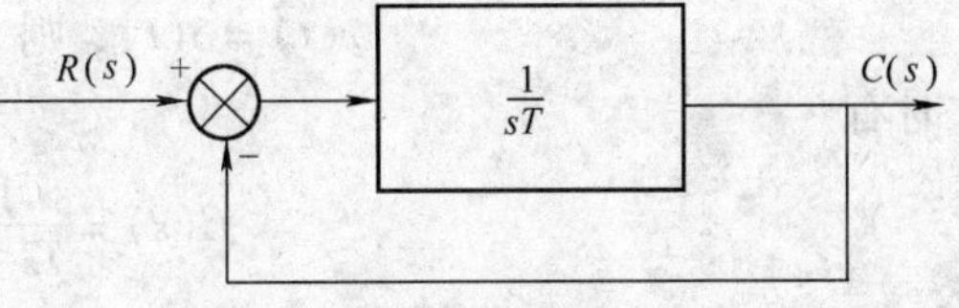

图 3-5 一阶系统框图

3.2.1 一阶系统的单位阶跃响应

对于单位阶跃输入

$$r(t)=1(t)，则 R(s)=\frac{1}{s}$$

于是

$$C(s)=\frac{1}{s(Ts+1)}=\frac{1}{s}-\frac{T}{Ts+1}$$

由拉氏反变换可以得到一阶系统的单位阶跃响应 $c(t)$ 为

$$c(t)=1-\mathrm{e}^{-t/T} \quad (t\geqslant 0) \tag{3-17}$$

上式表明，一阶系统的单位阶跃响应的图形是一条指数曲线，如图 3-6 所示。图 3-6 所示是用 MATLAB 程序 lt3_1. m 绘制的。

%lt3_1. m $G(s)=\dfrac{1}{s+1}$ 的单位阶跃响应

```
clear all;          %清零
num=[1];
den=[1,1];
step(num,den);      %画单位阶跃响应
```

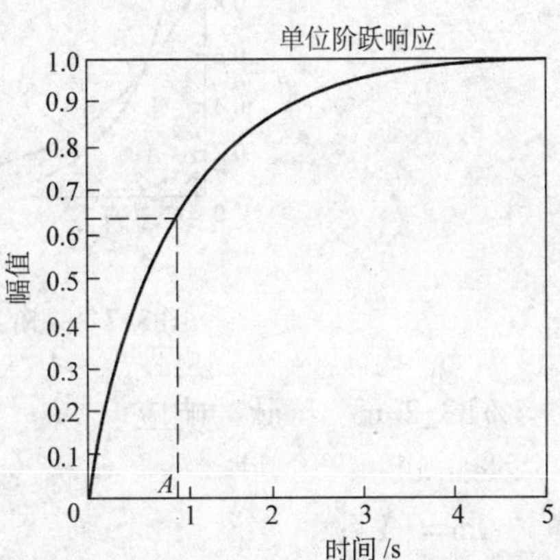

图 3-6 一阶系统的单位阶跃响应曲线

从图 3-6 所示中可看出，一阶系统的单位阶跃响应是一条从零开始，按指数规律上升到终值 1 的曲线。当 $t = T$ 时，$c(T) = 1 - e^{-1} = 0.632$。这表明，阶跃响应曲线 $c(t)$ 达到其终值的 63.2% 所需的时间就是时间常数 T，见图中的 A 点，它是求一阶系统时间参数的重要特征点。当 $t = 3T$ 时，$c(3T) = 0.95$，若取容许误差带 $\Delta = 0.05$，则过渡过程时间 $t_s = 3T$；当 $t = 4T$ 时，$c(4T) = 0.98$，若取容许误差带 $\Delta = 0.02$，则过渡过程时间 $t_s = 4T$。时间常数 T 反映了系统的响应速度，时间常数愈小，则响应速度愈快。

3.2.2 一阶系统的单位脉冲响应

对于单位脉冲输入

$$r(t) = \delta(t)\text{，则 } R(s) = 1$$

这时有

$$C(s) = \frac{1}{Ts + 1}$$

相应的系统单位脉冲响应为

$$c(t) = \frac{1}{T}e^{-t/T} \qquad (t \geqslant 0) \tag{3-18}$$

图 3-7 所示是用 MATLAB 程序 lt3_2.m 绘制的。

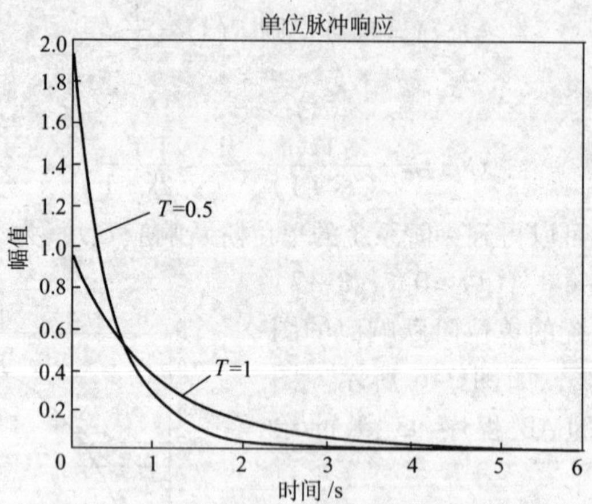

图 3-7 一阶系统单位脉冲响应曲线

```
% lt3_2.m    脉冲响应
clear all;
num = [1];
den = [1,1];
```

```
impulse(num,den);        %画单位脉冲响应曲线
hold on
den1 = [0.5,1]
impulse(num,den1)
```

3.2.3　一阶系统的单位斜坡响应

对于单位斜坡输入

$$r(t)=t,\ \text{则}\ R(s)=1/s^2$$

这时有

$$C(s)=\frac{1}{s^2(Ts+1)}=\frac{1}{s^2}-\frac{T}{s}+\frac{T^2}{1+Ts}$$

相应系统的单位斜坡响应为

$$c(t)=t-T\left(1-e^{-\frac{1}{T}t}\right)\quad(t\geqslant 0)\tag{3-19}$$

一阶系统跟踪单位斜坡信号的稳态误差为

$$e_{ss}=\lim_{t\to\infty}(t)=T$$

图3-8所示是用MATLAB程序lt3_3.m绘制的。

```
%lt3_3.m      画单位斜坡响应
clear all
num = [1];
den = [1 1 1 0];
t = 0:0.1:7;
r = t;
c = step(num,den,t);
plot(t,c,'o',t,t,'-');
xlabel('t(秒)')
ylabel('输入与输出')
```

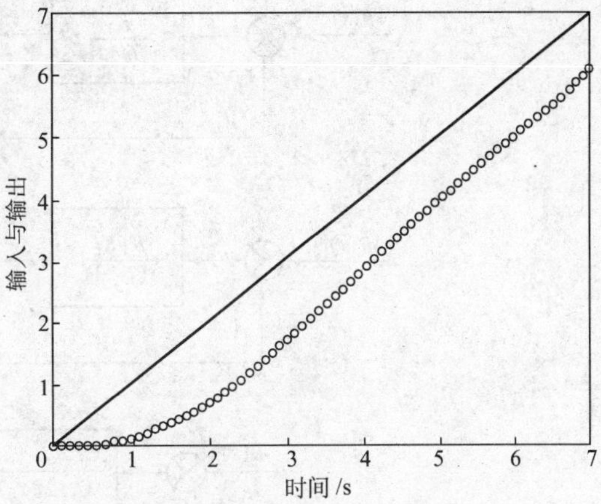

图3-8　一阶系统的单位斜坡响应曲线

一阶系统对典型输入信号的响应关系见表3-1。

表3-1　一阶系统对典型输入信号的响应关系

输入信号	输出信号
$r(t)=1(1)$	$c(t)=1-e^{-t/T}\quad(t\geqslant 0)$
$r(t)=\delta(t)$	$c(t)=\frac{1}{T}e^{-\frac{t}{T}}\quad(t\geqslant 0)$
$r(t)=t1(t)$	$t-T+Te^{-\frac{t}{T}}\quad(t\geqslant 0)$

3.2.4 线性定常系统的重要特性

1）一阶系统有两个特征参数，即时间常数 T 与放大系数 K。在一定的输入信号作用下，其时间响应由其时间常数和放大系数所确定。

2）脉冲函数 $\delta(t)$ 和斜坡函数 $t1(t)$ 的响应分别是阶跃函数 $1(t)$ 响应对时间 t 的一阶微分和积分。

3.3 二阶系统的暂态响应

如前所述，用二阶微分方程描述的系统，称为二阶系统，它是控制系统的一种基本形式，许多高阶系统在一定的条件下常近似为二阶系统，或者其响应可以表示为一、二阶系统响应的合成。因此，研究二阶系统具有普遍的意义。

3.3.1 二阶系统的特征参量

典型二阶系统的框图如图 3-9 所示。其闭环系统的传递函数为

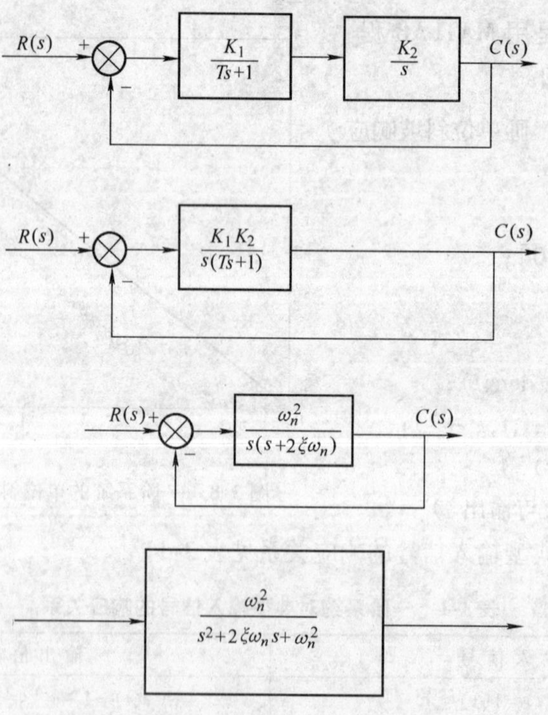

图 3-9 典型二阶系统的框图

$$\frac{C(s)}{T(s)}=\frac{K_1K_2}{Ts+s+K_1K_2} \tag{3-20}$$

令

$$\omega_n=\frac{K_1K_2}{T} \qquad \xi=\frac{1}{2T\omega_n}$$

则式（3-20）的传递函数可改写成如下标准形式

$$\frac{C(s)}{R(s)}=\frac{\omega_n^2}{s^2+2\xi\omega_n s+\omega_n^2} \tag{3-21}$$

式中，ξ 为阻力比；ω_n为无阻力自然振荡角频率。ξ、ω_n均为二阶系统的特征参数，是表明二阶系统本身的、与外界作用无关的固有特性，因为不论二阶系统的输入如何，其传递函数的分母 $s^2+2\xi\omega_n s+\omega_n^2$都是不会改变的。

由式（3-21）的分母可以得到二阶系统的特征方程，即

$$s^2+2\xi\omega_n s+\omega_n^2=0$$

此方程的两个特征根是

$$s_1,\ s_2=-\xi\omega_n\pm\omega_n\sqrt{\xi^2-1} \tag{3-22}$$

由式（3-22）可知，随着阻力比 ξ 取值的不同，二阶系统的特征根也不同。

（1）当 $0<\xi<1$ 时，两特征根为共轭复数，即

$$\begin{aligned}s_1,\ s_2&=-\xi\omega_n\pm \mathrm{j}\omega_n\sqrt{1-\xi^2}\\&=\sigma\pm \mathrm{j}\omega_d\end{aligned}$$

此时，二阶系统的传递函数的极点是一对位于复数［s］平面的左半平面内的共轭复数极点，实部为 σ，虚部为 ω_d，ω_d称为阻力自然振荡频率，也简称为阻力振荡频率，$\omega_d=\sqrt{1-\xi^2}$，其单位为 rad/s，但因弧度本身无量纲，只表示比值的概念，在研究控制时习惯上写为 s^{-1}。系统的暂态响应是振幅随时间按指数规律衰减的周期函数，系统处于欠阻力状态，如图 3-10a 所示。图 3-10 是用 MATLAB 程序 lt3_4. m 绘制的。

```
%lt3_4. m
clear all                       %清零
figure(1)                       %建立图形窗口
wn=[1];                         %定义ωn值
kesi=0.3;                       %定义ξ值
m=[1,2*wn*kesi,1];              %计算闭环系统的特征方程式
step(wn*wn,m);                  %绘制闭环系统的单位阶跃曲线
pause(3)                        %暂停3s
axis([0,18,0,2]);               %建立坐标系
```

```
figure(2)
wn = [1];
kesi = 0;
m = [1,2 * wn * kesi,1];
step(wn * wn,m);
figure(3)
wn = [1];
kesi = 1;
m = [1,2 * wn * kesi,1];
step(wn * wn,m);
figure(4)
wn = [1];
kesi = 2;
m = [1,2 * wn * kesi,1];
step(wn * wn,m);
figure(5)
kesi = -0.2;
m1 = [1 2 * wn * kesi,1];
step(wn * wn,m1,'r');        %绘制闭环系统的阶跃响应曲线,线性为红色实线
```

(2) 当 $\xi=0$ 时，两特征根为共轭纯虚根，即

$$s_{1,2} = \pm j\omega_n$$

系统称为无阻力系统，其暂态响应是恒定振幅的周期函数，如图 3-10b 所示。

(3) 当 $\xi=1$ 时，特征方程有两个相等的负实根，即

$$s_{1,2} = -\omega_n$$

系统称为临界阻力系统，其暂态响应是单调过程，如图 3-10c 所示。

(4) 当 $\xi>1$ 时，特征方程有两个不等的负实根，即

$$s_{1,2} = -\xi\omega_n \pm \omega_n\sqrt{\xi^2-1}$$

系统为过阻力系统，过阻力二阶系统就是两个一阶惯性环节的组合。其暂态响应是单调过程，如图 3-10d 所示。

(5) 当 $-\infty<\xi<0$ 时，系统的右半平面有正实根，其系统的暂态响应是发散振荡，如图 3-10e 所示。

从上面的讨论可知，二阶系统随着 ξ 的不同，其闭环极点的位置和阶跃响应都有较大的差异，因此，ξ 是二阶系统的重要特征参量。

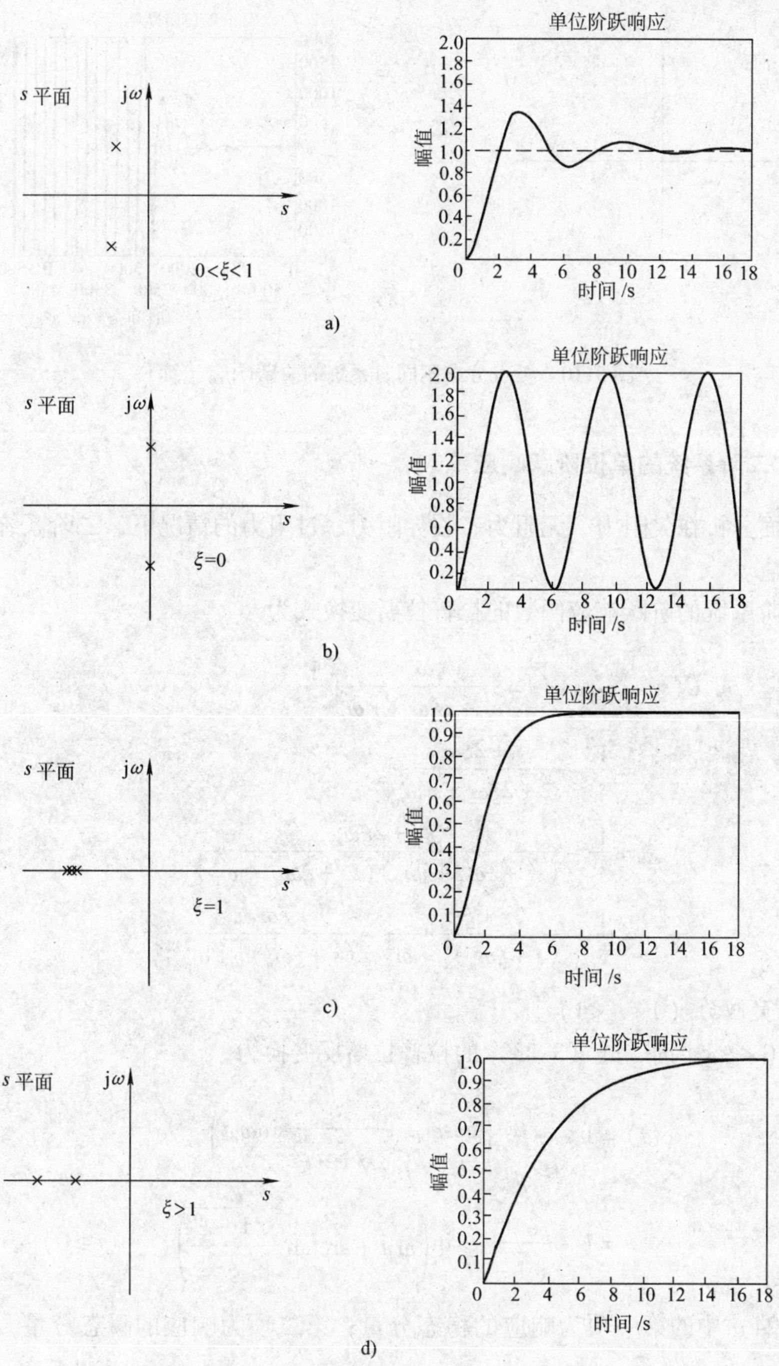

图 3-10　极点分布不同时系统的阶跃响应

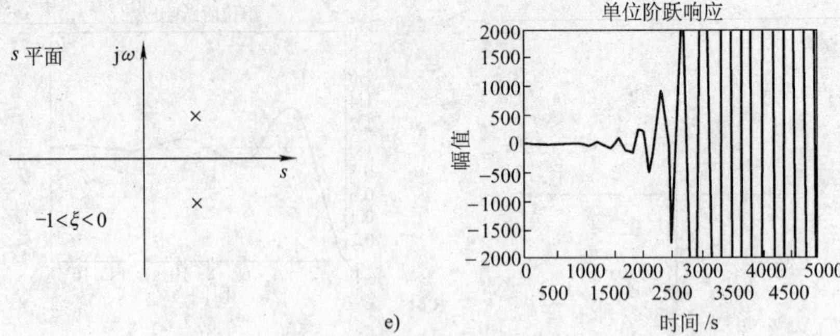

图 3-10 极点分布不同时系统的阶跃响应（续）

3.3.2 二阶系统的单位阶跃响应

下面分析在欠阻力、无阻力、临界阻力、过阻力的情况下，二阶系统的单位阶跃响应。

二阶系统的阶跃响应函数的拉普拉斯变换式为

$$
\begin{aligned}
C(s) &= G(s)\frac{1}{s} = \frac{\omega_n^2}{s^2+2\xi\omega_n s+\omega_n^2}\frac{1}{s} \\
&= \frac{1}{s} - \frac{s+2\xi\omega_n}{s^2+2\xi\omega_n s+\omega_n^2} \\
&= \frac{1}{s} - \frac{s+2\xi\omega_n}{(s^2+\xi\omega_n+\mathrm{j}\omega_d)(s^2+\xi\omega_n-\mathrm{j}\omega_d)} \\
&= \frac{1}{s} - \frac{s+\xi\omega_n}{(s+\xi\omega_n)^2+\omega_d^2} - \frac{\xi\omega_n}{(s+\xi\omega_n)^2+\omega_d^2}
\end{aligned} \tag{3-23}
$$

1. 欠阻力（$0<\xi<1$）

当 $0<\xi<1$ 时，式（3-23）的拉普拉斯反变换为

$$
\begin{aligned}
c(t) &= 1 - \mathrm{e}^{-\xi\omega_n t}\left(\cos\omega_d t + \frac{\xi}{\sqrt{1-\xi^2}}\sin\omega_d t\right) \\
&= 1 - \frac{\mathrm{e}^{-\xi\omega_n t}}{\sqrt{1-\xi^2}}\sin\left(\omega_d t + \arctan\frac{\sqrt{1-\xi^2}}{\xi}\right) \quad (t\geqslant 0)
\end{aligned} \tag{3-24}
$$

式（3-24）中的第一项为响应的稳态分量；第二项为响应的瞬态分量，其振荡频率为 ω_d。

单位反馈系统的误差函数 $e(t)$ 定义为系统的输入函数 $r(t)$ 与系统的输出函数 $c(t)$ 之差，即

$$e(t) = r(t) - c(t)$$
$$= \mathrm{e}^{-\xi\omega_n t}\left(\cos\omega_d t + \frac{\xi}{\sqrt{1-\xi^2}}\sin\omega_d t\right) \tag{3-25}$$

从式（3-25）可看出，欠阻力系统的单位阶跃响应函数 $c(t)$ 和误差函数 $e(t)$ 均为幅值按指数规律衰减的阻尼正弦振荡，其衰减速度取决于该系统的指数衰减系数 $\xi\omega_n$，$\xi\omega_n$越大，衰减得越快。

欠阻力系统的稳态误差

$$e_{ss} = e(\infty) = \lim_{t\to\infty} e(t)$$

显然，$e_{ss}=0$。

2. 无阻力（$\xi=0$）

由式（3-24）和 $e(t)$ 的定义可知

$$c(t) = 1 - \cos\omega_n t \qquad e(t) = \cos\omega_n t \tag{3-26}$$

3. 临界阻力（$\xi=1$）

$$C(s) = G(s)\frac{1}{s} = \frac{\omega_n^2}{(s+\omega_n)^2}\frac{1}{s} = \frac{1}{s} - \frac{1}{s+\omega_n} - \frac{\omega_n}{(s+\omega_n)^2}$$

上式的拉普拉斯反变换为

$$c(t) = 1 - \mathrm{e}^{-\omega_n t}(1+\omega_n t) \qquad (t\geqslant 0) \tag{3-27}$$

4. 过阻力（$\xi>1$）

$$C(s) = G(s)\frac{1}{s} = \frac{\omega_n^2}{s^2+2\xi\omega_n s+\omega_n^2}\frac{1}{s}$$

上式的拉普拉斯反变换为

$$c(t) = 1 - \frac{1}{2\sqrt{\xi^2-1}\left(\xi-\sqrt{\xi^2-1}\right)}\mathrm{e}^{-\left(\xi-\sqrt{\xi^2-1}\right)\omega_n t} + \frac{1}{2\sqrt{\xi^2+1}\left(\xi+\sqrt{\xi^2-1}\right)}\mathrm{e}^{-\left(\xi+\sqrt{\xi^2-1}\right)\omega_n t} \qquad (t\geqslant 0) \tag{3-28}$$

计算表明，当 $\xi>1$ 时，$\frac{1}{2\sqrt{\xi^2+1}\left(\xi+\sqrt{\xi^2-1}\right)}\mathrm{e}^{-\left(\xi+\sqrt{\xi^2-1}\right)\omega_n t}$ 比 $\frac{1}{2\sqrt{\xi^2-1}\left(\xi-\sqrt{\xi^2-1}\right)}\mathrm{c}^{-\left(\xi-\sqrt{\xi^2-1}\right)\omega_n t}$ 衰减得快，得

$$c(t) = 1 - \frac{1}{2\sqrt{\xi^2-1}\left(\xi-\sqrt{\xi^2-1}\right)}\mathrm{e}^{-\left(\xi-\sqrt{\xi^2-1}\right)\omega_n t}$$
$$\approx 1 - \mathrm{e}^{-\left(\xi-\sqrt{\xi^2-1}\right)\omega_n t} \qquad (t\geqslant 0) \tag{3-29}$$

通过以上分析可知，决定过渡过程特性的是瞬态分量，选择合适的过渡过程实际上是选择合适的暂态响应，也就是选择合适的特征参数 ξ 和 ω_n。

3.3.3 二阶系统的暂态响应指标

下面讨论二阶系统在欠阻力时（$0<\xi<1$）的单位阶跃响应性能指标。

（1）上升时间 t_r　根据上升时间的定义，令 $c(t)=1$，代入式（3-24）即可求得 t_r，即

$$1=1-\mathrm{e}^{-\xi\omega_n t_r}\left(\cos\omega_d t_r+\frac{\xi}{\sqrt{1-\xi^2}}\sin\omega_d t_r\right)$$

即

$$\mathrm{e}^{-\xi\omega_n t_r}\left(\cos\omega_d t_r+\frac{\xi}{\sqrt{1-\xi^2}}\sin\omega_d t_r\right)=0$$

由于

$$\mathrm{e}^{-\xi\omega_n t_r}\neq 0$$

故有

$$\cos\omega_d t_r+\frac{\xi}{\sqrt{1-\xi^2}}\sin\omega_d t_r=0$$

$$\tan\omega_d t_r=-\frac{\sqrt{1-\xi^2}}{\xi}$$

令

$$\beta=\arctan\frac{\sqrt{1-\xi^2}}{\xi}$$

得

$$\omega_d t_r=\pi-\beta,\ 2\pi-\beta,\ 3\pi-\beta,\ \cdots$$

因为上升时间 t_r是 $c(t)$ 第一次到达输出稳态值的时间，故取 $\omega_d t_r=\pi-\beta$，即

$$t_r=\frac{\pi-\beta}{\omega_d}=\frac{\pi-\beta}{\omega_n\sqrt{1-\xi^2}}$$

$$t_r=\frac{1}{\omega_n\sqrt{1-\xi^2}}\arctan\left(-\frac{\sqrt{1-\xi^2}}{\xi}\right) \tag{3-30}$$

由式（3-30）可知，当 ξ 一定时，ω_n增大，t_r减小；当 ω_n一定时，ξ 增大，t_r增大。

（2）峰值时间 t_p　根据定义，对式（3-24）中的时间 t 求导数，并令其为零，便可求得峰值时间 t_p，即

$$\left.\frac{\mathrm{d}c(t)}{\mathrm{d}t}\right|_{t=t_p}=0$$

整理得

$$\sin\omega_d t_p=0$$

因此

$$\omega_d t_p = 0,\ \pi,\ 2\pi,\ \cdots$$

由定义取

$$\omega_d t_p = \pi$$

因此

$$t_p = \frac{\pi}{\omega_d} = \frac{\pi}{\omega_n \sqrt{1-\xi^2}} \tag{3-31}$$

由式（3-31）可知，当ξ一定时，ω_n增大，t_p减小；当ω_n一定时，ξ增大，t_p增大。

（3）最大超调量σ_p　根据定义，因为最大超调量发生在峰值时间，即

$$\begin{aligned}\sigma_p = c(t_p) - 1 &= \mathrm{e}^{-\xi\omega_n t}\left(\cos\omega_d t + \frac{\xi}{\sqrt{1-\xi^2}}\sin\omega_d t\right)\\ &= \mathrm{e}^{-\xi\omega_n t_p}\left(\cos\omega_d t_p + \frac{\xi}{\sqrt{1-\xi^2}}\sin\omega_d t_p\right)\\ &= \mathrm{e}^{-\xi\omega_n t_p}\left(\cos\pi + \frac{\xi}{\sqrt{1-\xi^2}}\sin\pi\right)\\ &= \mathrm{e}^{-\xi\omega_n t_p} = \mathrm{e}^{-\xi\pi/\sqrt{1-\xi^2}}\end{aligned} \tag{3-32}$$

σ_p与ξ之间的关系如图3-11所示。

从图3-11所示中可知，超调量与阻力比成反比。当阻力比在0.4～0.8之间时，阶跃响应的最大超调量在2.5%～25%之间。

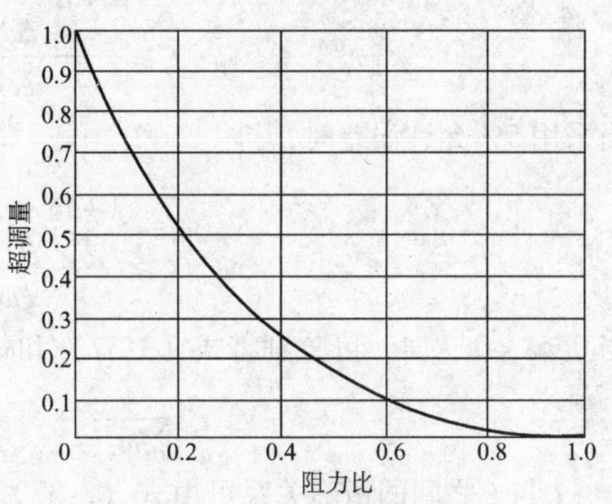

图3-11　σ_p与ξ之间的关系

（4）调整时间t_s　根据定义，在过渡过程中，$c(t)$取值满足下面不等式所需的时间即为调整时间。不等式为

$$|c(t) - c(\infty)| \leqslant \Delta \cdot c(\infty) \quad (t \geqslant t_s) \tag{3-33}$$

式中，Δ是指定的允许误差，一般取$\Delta = 0.02 \sim 0.05$。式（3-33）表明，在$t \geqslant t_s$之后，系统的输出不会超过下述允许范围，即

$$c(t) \leqslant c(\infty) \pm \Delta \cdot c(\infty) \quad (t \geqslant t_s)$$

又因为

$$c(\infty) = 1$$

因此

$$c(t) \leqslant 1 \pm \Delta \tag{3-34}$$

将式（3-24）代入式（3-34），得

$$\left|\frac{\mathrm{e}^{-\xi\omega_n t}}{\sqrt{1-\xi^2}}\sin\left(\omega_d t+\arctan\frac{\sqrt{1-\xi^2}}{\xi}\right)\right|\leqslant\Delta\quad(t\geqslant t_s)\tag{3-35}$$

$1\pm\dfrac{\mathrm{e}^{-\xi\omega_n t}}{\sqrt{1-\xi^2}}$所表示的曲线是式（3-35）所描述的减幅正弦曲线包络线，如图3-12所示。因此，可将式（3-35）所表达的条件改为

$$\frac{\mathrm{e}^{-\xi\omega_n t}}{\sqrt{1-\xi^2}}\leqslant\Delta\quad(t\geqslant t_s)$$

解得

$$t_s\geqslant\frac{1}{\xi\omega_n}\ln\frac{1}{\Delta\sqrt{1-\xi^2}}\tag{3-36}$$

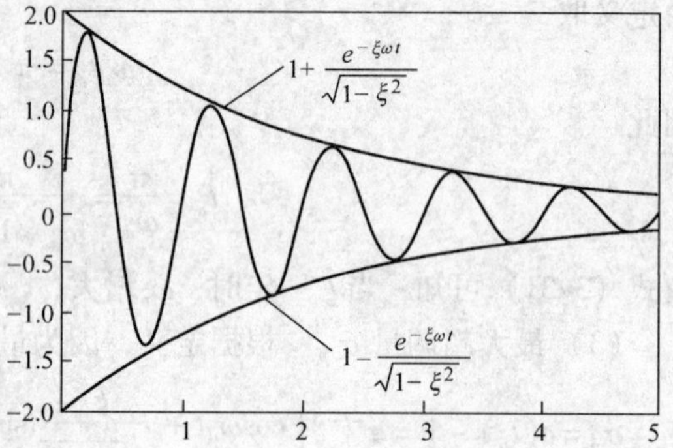

图3-12　二阶系统单位阶跃时间响应的包络线

当采用2%允许误差时，得

$$t_s\geqslant\frac{4+\ln\dfrac{1}{\Delta\sqrt{1-\xi^2}}}{\xi\omega_n}\tag{3-37}$$

当采用5%允许误差时，得

$$t_s\geqslant\frac{3+\ln\dfrac{1}{\Delta\sqrt{1-\xi^2}}}{\xi\omega_n}\tag{3-38}$$

当$0<\xi<0.7$时，可分别将式（3-37）和式（3-38）近似取为

$$t_s\approx\frac{4}{\xi\omega_n};\qquad t_s\approx\frac{3}{\xi\omega_n}\tag{3-39}$$

t_s与ξ之间的精确关系可由式（3-37）求得。当$\Delta=2\%$，$\xi=0.76$时，t_s最小。当$\Delta=5\%$，$\xi=0.68$时，t_s最小。因此，在设计二阶系统时，一般取$\xi=0.707$作为最佳阻力比，因为$\xi=0.707$时，不仅t_s最小，M_p也不大。

在设计具体的自动控制系统时，通常是根据最大超调量σ_p的要求确定阻力比ξ，而t_s主要是根据系统的ω_n来确定的。由此可见，二阶系统的特征参数ω_n和ξ决定了系统的调整时间t_s和最大超调量σ_p；反之，根据对t_s和σ_p的要求，也能确定二阶系统的特征参数ω_n和ξ。

（5）振荡次数　在过渡过程时间$0\leqslant t\leqslant t_s$内，将$c(t)$穿越其稳态值$c(\infty)$的次数的一半定义为震荡次数。由式（3-24）可知，系统的振荡周期是$2\pi/\omega_d$，所以其振荡次数为

$$N=\frac{t_s}{2\pi/\omega_d}\tag{3-40}$$

因此，当$0<\xi<0.7$，$\Delta=2\%$时，由$t_s\approx 4/\xi\omega_n$，得

$$N=\frac{2\sqrt{1-\xi^2}}{\pi\xi} \tag{3-41}$$

当$0<\xi<0.7$，$\Delta=5\%$时，由$t_s\approx 3/\xi\omega_n$，得

$$N=\frac{1.5\sqrt{1-\xi^2}}{\pi\xi} \tag{3-42}$$

从式（3-41）和式（3-42）可以看出，振荡次数N随着ξ的增大而减少，它的大小直接反映了系统的阻力特性。

由以上分析可得到如下结论：

1）要使二阶系统具有满意的动态性能指标，必须选择合适的阻尼比ξ和无阻力固有频率ω_n。提高ω_n，可以提高二阶系统的响应速度，减少上升时间t_r、峰值时间t_p和调整时间t_s；增大ξ，可以减弱系统的振荡性能（提高系统的稳定性），即降低超调量σ_p，减少震荡次数N，但增大了上升时间t_r、峰值时间t_p和调整时间t_s。一般情况下，系统在$0.4<\xi<0.8$状态下工作，若ξ过小，则系统的稳定性能不符合要求，通常根据允许的超调量来选择阻力比。

2）由式（3-20）可知，$\omega_n=\frac{K_1K_2}{T}$，所以要提高$\omega_n$，一般通过提高$K$值来实现；另外，又由于$\xi=\frac{1}{2T\omega_n}=\frac{1}{2K_1K_2}$，所以要增大$\xi$，当然希望减少$K$。可见，系统的响应速度（快速性）与稳定性能之间存在着矛盾。因此，提高系统的稳定性和快速性，只有选取合适的ξ和ω_n值才能实现。

3.3.4 二阶系统计算举例

【例3-2】 设系统的框图如图3-13所示。其中，$\xi=0.6$，$\omega_n=5s^{-1}$。当有一单位阶跃信号作用于系统时，求其性能指标t_p、t_s和σ_p。

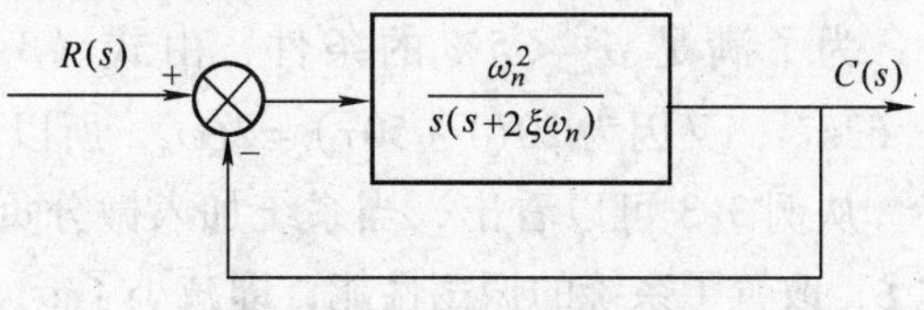

图3-13 例3-2的系统框图

【解】 （1）求t_p，根据式（3-31）

$$t_p=\frac{\pi}{\omega_d}=\frac{\pi}{\omega_n\sqrt{1-\xi^2}}=0.785s$$

（2）求t_s，根据式（3-39）

$$t_s\approx\frac{4}{\xi\omega_n}=1.33\text{s} \qquad (\Delta=2\%时)$$

$$t_s\approx\frac{3}{\xi\omega_n}=1\text{s} \qquad (\Delta=5\%时)$$

（3）求 σ_p

$$\sigma_p = e^{-\xi\omega_n t_p} = e^{-\xi\pi/\sqrt{1-\xi^2}} = 9.5\%$$

【例 3-3】 有一位置随动系统，其框图如图 3-14a 所示。当系统输入单位阶跃函数时，$\sigma_p \leqslant 5\%$。试（1）校核该系统的各参数是否满足要求。

（2）在原系统中增加一微分负反馈，如图 3-14b 所示，求微分负反馈的时间常数 τ。

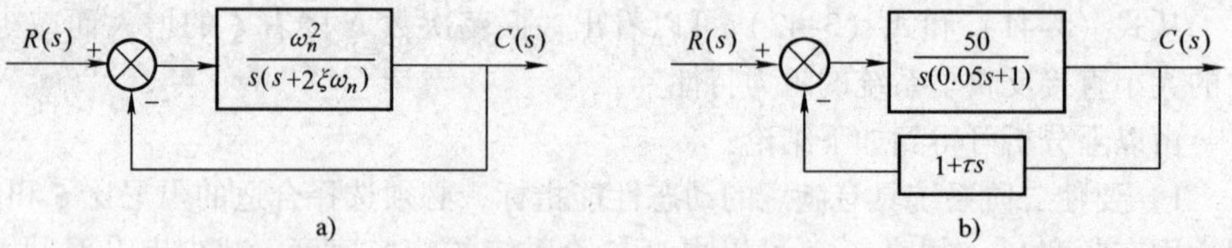

图 3-14 例 3-3 的系统框图

【解】（1）将系统的闭环传递函数写成标准形式

$$G_0(s) = \frac{50}{0.05s^2 + s + 50} = \frac{(31.62)^2}{s^2 + 2\times 0.316\times 31.62s + (31.62)^2}$$

对照二阶系统的标准式可知二阶系统的 $\xi = 0.316$ 和 $\omega_n = 31.62\text{s}^{-1}$。将 ξ 值代入式（3-32）得 $\sigma_p = 35\%$，但 $\sigma_p = 35\% > 5\%$ 时，不能满足题目要求。

（2）图 3-14b 所示系统的闭环传递函数为

$$G_0(s) = \frac{50}{0.05s^2 + (1+50\tau)s + 50} = \frac{1000}{s^2 + 20\times(1+50\tau)s + 1000}$$

为了满足 $\sigma_p < 5\%$ 的条件，由式（3-32）计算得 $\xi = 0.69$，因为 $\omega_n = 31.62\text{s}^{-1}$，又因为 $20(1+50\tau) = 2\xi\omega_n$，所以可求得 $\tau = 0.0236$。

从例 3-3 可以看出，当系统加入微分负反馈时，相当于增大了系统的阻力比 ξ，改善了系统的振荡性能，即减小了 σ_p，但并没有改变无阻力固有频率。

3.4 高阶系统的暂态响应

3.4.1 高阶系统的时间响应分析

实际的大部分系统都是高阶微分方程描述的系统，这种高阶微分方程描述的系统叫做高阶系统。高阶系统的传递函数一般可以写成如下形式，即

$$\frac{C(s)}{R(s)} = \frac{b_0 s^m + b_1 s^{m-1} + \cdots + b_{m-1}s + b_m}{a_0 s^n + a_1 s^{n-1} + \cdots + a_{n-1}s + a_n} \qquad n \geqslant m \qquad (3\text{-}43)$$

将式（3-43）进行因式分解，可写成

$$\frac{C(s)}{R(s)}=\frac{K(s+z_1)(s+z_2)\cdots(s+z_m)}{(s+s_1)(s+s_2)\cdots(s+s_n)}\qquad n\geqslant m \tag{3-44}$$

式中，s_i为传递函数极点，$i=1, 2, \cdots, n$；z_j为传递函数零点，$i=1, 2, \cdots, m$。

假定系统所有的零点、极点互不相同，并假定极点中有实数极点和复数极点，而零点中只有实数零点，则当输入为单位阶跃函数时，其阶跃响应的象函数为

$$C(s)=\frac{K_1\left(\prod_{j=1}^{m}s+z_j\right)}{s\prod_{i=1}^{q}(s+p_i)\prod_{k=1}^{r}(s^2+2\xi_k\omega_{nk}s+\omega_{nk}^2)} \tag{3-45}$$

式中，$n=q+2r$，q为实数极点的个数，r为复数极点的对数。

将式（3-45）用部分分式展开为

$$C(s)=\frac{A}{s}+\sum_{i=1}^{q}\frac{A_i}{s+p_i}+\sum_{k=1}^{r}\frac{B_k(s+\xi_k\omega_{nk})+C_k\omega_{nk}\sqrt{1-\xi_k^2}}{s^2+2\xi_k\omega_{nk}s+\omega_{nk}^2}$$

对上式求拉氏反变换，得

$$C(t)=A_0+\sum_{j=1}^{q}A_j\mathrm{e}^{-p_jt}+\sum_{k=1}^{r}B_k\mathrm{e}^{-\xi_k\omega_{nk}t}\cos\omega_{nk}\sqrt{1-\xi_k^2t}+\sum_{k=1}^{r}C_k\mathrm{e}^{-\xi_k\omega_{nk}t}\sin\omega_{nk}\sqrt{1-\xi_k^2t}\qquad t\geqslant 0 \tag{3-46}$$

式中，A、A_i、B_k、C_k均为实数，其中$A=K_1$，显然，高阶系统的暂态响应是一阶和二阶系统暂态响应分量的合成；ξ_k、ω_{nk}分别为相应的第k个二阶振荡环节的阻尼比与无阻尼固有频率。从式（3-46）可知，高阶系统的暂态响应各分量的衰减快慢由指数衰减系数s_i及$\xi_k\omega_{nk}$所决定。

3.4.2　系统的主导极点

设有一系统，极点$s_1(s_2)$与虚轴间距离为$\xi\omega$，极点s_3距虚轴的距离不小于共轭复数极点$s_1(s_2)$距虚轴距离的5倍，即$|\mathrm{Re}s_3|\geqslant 5|\mathrm{Re}s_1|=5\xi\omega_n$。按式(3-39)估算，极点$s_3$所对应的过渡过程分量的调整时间为

$$t_s\leqslant\frac{1}{5}\times\frac{4}{\xi\omega_n}=\frac{1}{5}t_{s1}$$

式中，t_{s1}是极点$s_1(s_2)$所对应的调整时间。

图3-15所示分别是传递函数

$$\frac{C(s)}{R(s)}=\frac{1}{(s^2+8s+16)(s+0.8+1.6\mathrm{j})(s+0.8-1.6\mathrm{j})(s+6+\mathrm{j})(s+6-\mathrm{j})}$$的

零极点图与3个子系统的单位脉冲响应曲线（用MATLAB程序%lt3_5.m绘制）。从图3-15所示中可知，由共轭复数s_1、s_2确定的分量在该系统的单位脉冲响应

函数中起主导作用，因为它衰减最慢。其他远离虚轴的极点 $s_{3,4}$（实根）、$s_{5,6}$（共轭复数极点）所对应的单位脉冲响应函数衰减较快，它们仅在过渡过程的极短时间内产生一定的影响。因此，对高阶系统过渡过程进行近似分析时，可以忽略这些分量对系统过渡过程的影响。

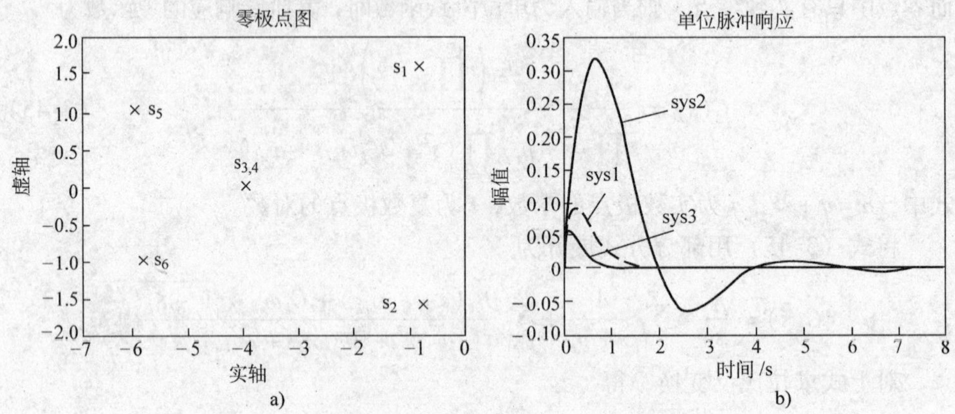

图 3-15　传递函数的零极点图与单位脉冲响应曲线

a）零极点图　b）单位脉冲响应曲线

根据以上分析，在系统的传递函数的极点中，如果距虚轴最近的一对共轭复数极点的附近没有零点，而其他的极点距虚轴的距离都在这对极点距虚轴距离的 5 倍以上时，则系统的过渡过程的形式及其性能指标主要取决于距虚轴最近的这对共轭复数极点。这种距虚轴最近的极点称为“主导极点”，它们常以共轭复数的形式成对出现。

在设计高阶系统时，常利用“主导极点”的概念选择系统参数，使系统具有预期的一对共轭复数主导极点，这样就可以近似地用二阶系统的性能指标来设计系统。

```
%lt3_5. m
clear all
n = [1];
d1 = conv(conv(conv([1 0.8 +1.6j],[1 0.8 -1.6j]),[1 6 +1j]),[1 6 -1j]);
d2 = [1 8 16];
d3 = conv([1 0.8 +1.6j],[1 0.8 -1.6j]);
d4 = conv([1 6 +1j],[1 6 -1j]);
d = conv(d1,[1 8 16]);
g = tf(n,d);
sys1 = tf(n,d2);                    %生成等效子系统 1 的传递函数
                                    1/(s^2 +8s +16)
```

```
sys2 = tf(n,d3);                          %生成等效子系统2的传递函数
                                          1/([s+0.8+1.6j][s+0.8-
                                          1.6j])
sys3 = tf(n,d4);                          %生成等效子系统3的传递函数
                                          %1/([s+6+j][s+6-j])
sys = tf(n,d);
pzmap(g)                                  %在s复平面上绘制系统sys的零
                                          极点图
figure(2)
impulse(sys1,'k--',sys2,'r',sys3,'g')     %绘制系统各分量的单位脉冲响
                                          应曲线
```

3.5 用MATLAB求控制系统的暂态响应

控制系统的时域响应是在特定输入信号（常用阶跃、脉冲、斜坡）下的输出响应，其输出量是时间t的函数。

3.5.1 线性系统的MATLAB表示

设几阶反馈系统的输出响应为

$$C(s)=\frac{1}{1+C(s)H(s)}R(s)$$
$$=\frac{b_0s^m+b_1s^{m-1}+\cdots+b_{m-1}s+b_m}{a_0s^n+a_1s^{n-1}+\cdots+a_{n-1}s+a_n}\qquad n\geqslant m \tag{3-47}$$

用MATLAB求系统的瞬态响应时，须将传递函数的分子、分母多项式的系数按式（3-47）写为两个数组。每个数组由相应的多项式系数组成，并且以s的降幂排列如下，即

$$\text{num}=[\mathrm{b_0\ b_1\cdots b_{m-1}\ b_m}]$$
$$\text{den}=[\mathrm{a_0\ a_1\cdots a_{n-1}\ a_n}]$$

3.5.2 用MATLAB求控制系统的阶跃响应

如果已知num和den（即闭环传递函数的分子和分母），则根据系统阶跃响应的命令

step(num,den),step(num,den,t)

即可生成单位阶跃输入下的阶跃响应曲线图。在阶跃命令中，t为用户指定的时间；如果没有t，系统就会自动予以确定。曲线图中的x轴、y轴坐标也是自动

标注的。如果线性系统是由第 2 章中的有关命令得到的，如 tf、ss、zpk 等，则仍可用 step 命令，格式为 step(sys)。

【例 3-4】 已知控制系统的闭环传递函数

$$\frac{C(s)}{R(s)}=\frac{36}{s^2+4s+36}$$

试用 MATLAB 求系统的单位阶跃响应。

【解】 求解系统响应的 MATLAB 程序如下：

```
% lt3_6. m
num = 36;
den = [1 4 36];
step(num,den)
xlabel('t/'),ylabel('c(t)')
title('unit - step Response of G(s) = 36/(s^2 +4s +36)')
```

该程序执行后产生的单位阶跃响应曲线如图 3-16 所示。

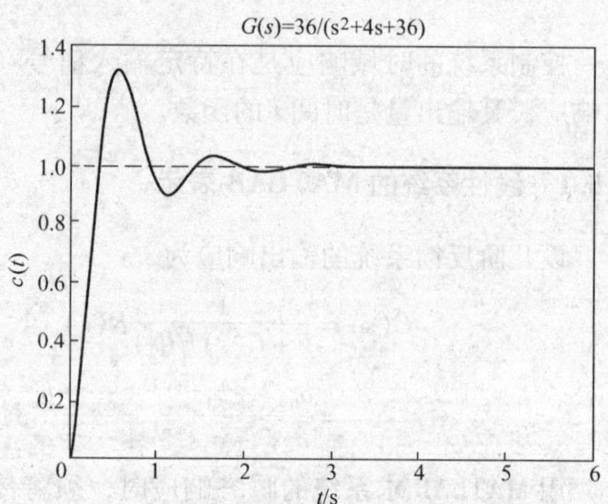

图 3-16 例 3-4 的单位阶跃响应

如果指令左端含有变量时，如

[y,x,t] = step(num,den,t)

则显示屏不生成系统的输出响应曲线。计算机根据用户给出的 t，计算出相应的 y、x 值。若要生成响应曲线，常用指令 plot，见 MATLAB 程序 lt3_7. m。

```
% lt3_7. m
num = [0 0 36];
den = [1 4 36];
t = 0: 0. 1: 10;
[y,x,t] = step(num,den,t)
plot(t,y)
grid on                                  % 图上标出直线网格标度线
xlabel('t/s'),ylabel('c(t)')
title('unit - step Response of G(s) = 36/(s^2 +4s +36)')
```

基于标准二阶系统的输出为

$$C(s)=\frac{\omega_n^2}{s^2+2\xi\omega_n s+\omega_n^2}R(s)$$

当 ω_n 确定时，系统瞬态响应和 ξ 的取值有关。用 MATLAB 程序% lt3_8. m 分

析在不同的 ξ 值时，相应系统的输出响应。运行结果如图 3-17a 所示。

```
%lt3_8.m
clear all
wn =6;
kos =[0.1:0.2:1,2];
figure(1)
hold on
for kosi = kos
   num = wn.^2;
   den =[1,2 * kosi * wn,wn.^2];
   step(num,den)
   hold on
   pause(3)
end
axis([0,18,0,2])                        %建立坐标系
title('kos =0.1:0.2:1,2')              %添加图形标题
hold off
```

当 ξ 一定时，系统瞬态响应和 ω_n 的取值有关。用 MATLAB 程序%lt3_9.m 分析在不同的 ω_n 值时，相应系统的输出响应。运行结果如图 3-17b 所示。

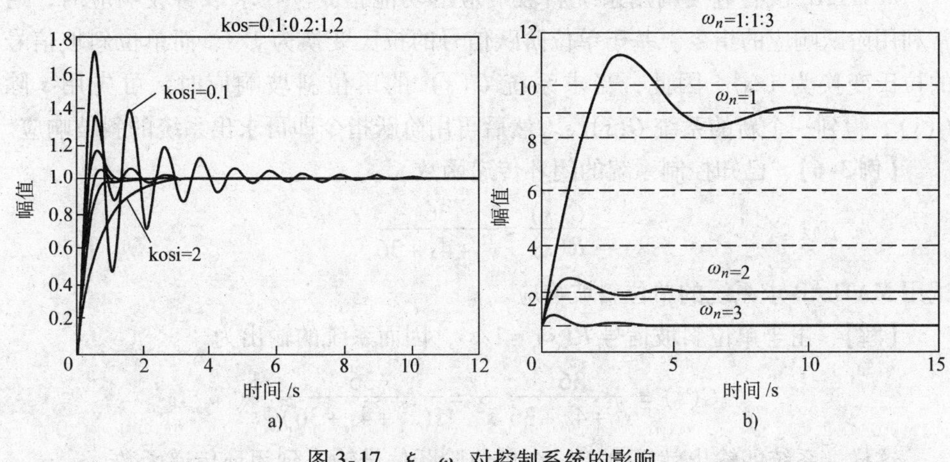

图 3-17　ξ、ω_n 对控制系统的影响

a）ξ 的影响　b）ω_n 的影响

3.5.3　用 MATLAB 求控制系统的脉冲响应

求系统单位脉冲响应的 MATLAB 功能指令为

impulse(num,den),[y,x,t] = impulse(num,den),[y,x,t] = impulse(num, den,t)

用指令 impulse（num，den）求系统的单位脉冲响应时，屏幕上会显示出相应的图形曲线。应用例 3-5 中的 MATLAB 程序，就能求得曲线。

【例 3-5】 已知控制系统的闭环传递函数

$$\frac{C(s)}{R(s)}=\frac{36}{s^2+4s+36}$$

试用 MATLAB 求系统的单位脉冲响应。

【解】 求解系统响应的 MATLAB 程序如下：

```
%lt3_9.m
num=36;
den=[1 4 36]
impulse(num,den)
```

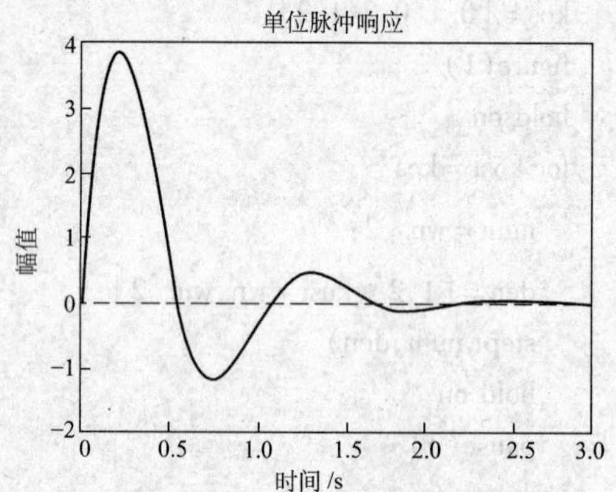

图 3-18 例 3-5 的单位斜坡响应

程序运行后，系统的单位斜坡响应如图 3-18 所示。

3.5.4 用 MATLAB 求控制系统的斜坡响应

MATLAB 没有直接调用系统斜坡响应的功能指令。在求取斜坡响应时，通常利用阶跃响应的指令。基于单位阶跃信号的拉氏变换为 $1/s$，而单位斜坡信号的拉氏变换为 $1/s^2$。因此，当求系统 $G(s)$ 的单位斜坡响应时，可先用 s 除 $G(s)$，得到一个新的系统 $G(s)/s$。然后再用阶跃指令即可求出系统的斜坡响应。

【例 3-6】 已知控制系统的闭环传递函数

$$\frac{C(s)}{R(s)}=\frac{36}{s^2+4s+36}$$

试用 MATLAB 求系统的单位斜坡响应。

【解】 由于单位斜坡信号 $R(s)=1/s^2$，因而系统的输出为

$$C(s)=\frac{36}{s^2+4s+36}\frac{1}{s^2}=\frac{36}{s(s^2+4s+36)}\frac{1}{s}$$

这样，系统的输出就等价于一个单位阶跃信号输入到闭环传递函数

$$T(s)=\frac{36}{s^2+4s+36}\frac{1}{s^2}=\frac{36}{s(s^3+4s^2+36s)}$$

求解系统响应的 MATLAB 程序如下：

```
%lt3_10.m
```

```
num = 36;
den = [1 4 36 0];
step(num,den)
legend('sys1','sys2','sys3')
```

程序运行后，系统的单位斜坡响应如图 3-19 所示。

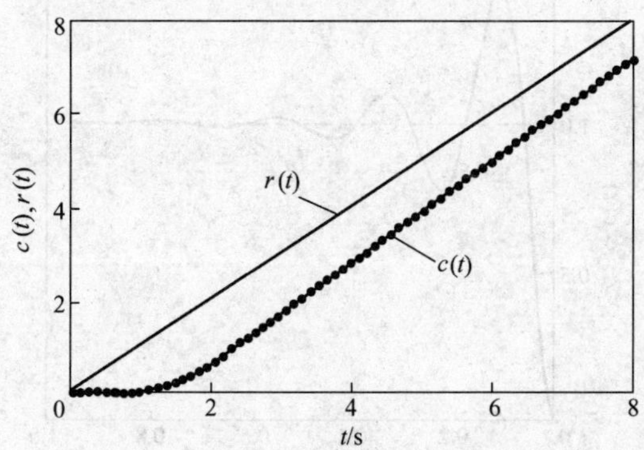

图 3-19　例 3-6 的单位斜坡响应

3.5.5　用 MATLAB 求解扰动输入的响应

【例 3-7】　图 3-20 所示为一闭环系统。已知 $K_c = 25$，$T_1 = 0.1$，$T_2 = 0.3$，求扰动 $F(s)$ 引起系统的响应。

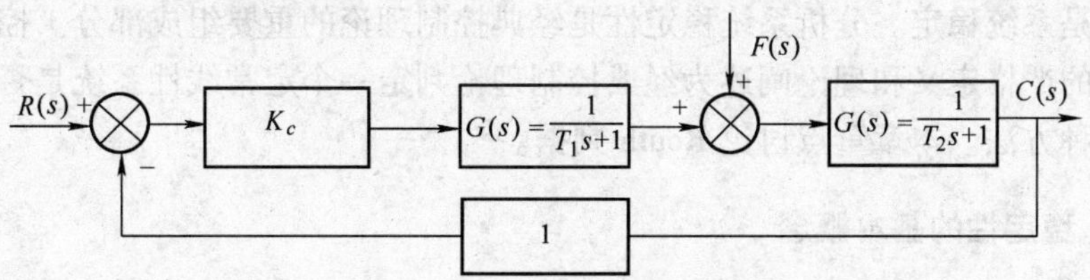

图 3-20　例 3-7 的闭环系统框图

【解】　由图 3-20 所示求得 $G_f(s) = \dfrac{F(s)}{C(s)}$的闭环传递函数为

$$G(s) = \frac{\dfrac{1}{T_1 s + 1}}{1 + \dfrac{K_c}{(T_1 s + 1)}\dfrac{1}{(T_2 s + 1)}} = \frac{T_1 s + 1}{T_1 T_2 s^2 + (T_1 + T_2)s + K_c} = \frac{0.1s + 1}{0.03s^2 + 0.4s + 25}$$

求解系统响应的 MATLAB 程序如下：

```
%lt3_11.m
num = 25;
```

```
den = [0.03 0.4 25];
step(num,den)
xlabel('t/s'),ylabel('c(t)')
```

程序运行后，系统的单位阶跃扰动响应如图 3-21 所示。

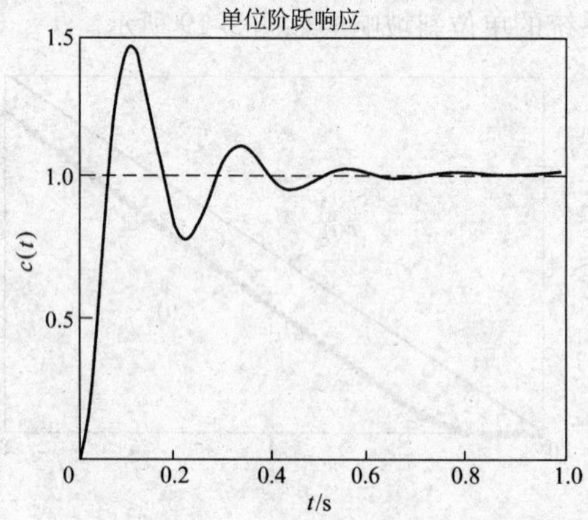

图 3-21　例 3-7 的单位阶跃扰动响应

3.6　控制系统的稳定性

从前面的讨论可知，设计控制系统时应满足多种性能指标，但控制系统的首要条件是系统稳定。分析系统稳定性是经典控制理论的重要组成部分。控制系统稳定性的严格定义和理论阐述为经典控制理论判定一个定常线性系统是否稳定提供了多种方法。本章重点讨论 Routh 判据。

3.6.1　稳定性的基本概念

设一线性定常系统处于平衡状态，若它瞬间受到某一扰动作用而偏离了原来的平衡状态，当扰动作用消失，经过一段过渡过程后它又能回复到原来的平衡状态或足够准确地回复到原来的平衡状态的性能，则称该系统是稳定的；反之，系统是不稳定的。由此可知，稳定性是表征系统在扰动撤离后自身的一种恢复能力，因而它是系统的一种固有特性。

系统的稳定性又分两种情况：一种是大范围内的稳定，即起始偏差可以很大，但系统仍稳定。另一种是小范围内的稳定，即起始偏差必须在一定限度内系统才稳定，超出这个限定值则不稳定。对于线性系统，如果在小范围内是稳定的，则在大范围内也是稳定的。而对于非线性系统，虽然在小范围内稳定，但是在大范围内就不一定是稳定的。本章所研究的稳定性问题，是线性系统的稳定性问题，因而是大范围内的稳定性问题。

3.6.2 线性系统稳定的充要条件

基于稳定性研究的问题是扰动作用消失后系统的运动情况，它与系统的输入信号无关，只取决于系统本身的特性，因而可用系统的单位理想脉冲响应函数来描述。如果脉冲响应函数是收敛的，即有

$$\lim C(t)=0$$

则表示系统仍能回到原有的平衡状态，因而系统是稳定的。由此可知，系统的稳定性与其脉冲响应函数的收敛性是一致的。

因为单位理想脉冲函数的拉氏变换等于1，所以系统的脉冲响应函数就是系统闭环传递函数的拉氏反变换。令系统的闭环传递函数含有 q 个实数极点和 r 对复数极点，则式（3-45）可改写为

$$C(s)=\frac{K_1\left(\prod_{j=1}^{m}s+z_j\right)}{\prod_{i=1}^{q}(s+p_i)\prod_{k=1}^{r}(s^2+2\xi_k\omega_{nk}s+\omega_{nk}^2)} \tag{3-48}$$

式中，$n=q+2r$；q 为实数极点的个数；r 为复数极点的对数。式（3-48）用部分式展开，得

$$C(s)=\sum_{i=1}^{q}\frac{A_i}{s+p_i}+\sum_{k=1}^{r}\frac{B_k(s+\xi_k\omega_{nk})+C_k\omega_{nk}\sqrt{1-\xi_k^2}}{(s^2+2\xi_k\omega_{nk}s+\omega_{nk}^2)} \tag{3-49}$$

对式（3-49）取拉氏反变换，求得系统的脉冲响应函数为

$$\begin{aligned}C(t)=&\sum_{j=1}^{q}A_j\mathrm{e}^{-p_jt}+\sum_{k=1}^{r}B_k\mathrm{e}^{-\xi_k\omega_{nk}t}\cos\omega_{nk}\sqrt{1-\xi_k^2}t\\&+\sum_{k=1}^{r}C_k\mathrm{e}^{-\xi_k\omega_{nk}t}\sin\omega_{nk}\sqrt{1-\xi_k^2}t\end{aligned}\qquad t\geqslant 0 \tag{3-50}$$

由式（3-50）可见，$\lim C(t)=0$，表示相应特征方程式的根都位于 s 的左半平面，每一个特征根不论是实根还是复数根都具有负实部，这就是系统稳定的充分必要条件。只要系统的特征根中有一个正实根或一对实部为正的复数根，则其脉冲响应函数就呈发散形式，系统不会回到原有的平衡状态，这样的系统就是不稳定系统。图3-22所示表示了系统稳定、不稳定时的根的分布。如果特征方程在复平面的右半平面上没有根，但在虚轴上有根，则可以说该线性系统是临界稳定的，系统将出现等幅振荡。

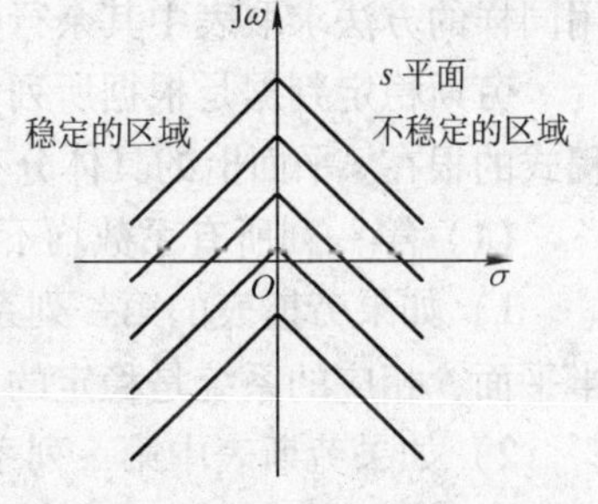

图3-22 系统稳定、不稳定时根的分布

综上所述，控制系统稳定与否完全取决于它本身的结构和参数，即取决于系统特征方程式根的实部的符号，与系统的初始条件和输入无关。

3.6.3 劳斯稳定判据

判别系统稳定性最基本的方法是根据特征方程式根的性质来判定，但求解高于三阶的特征方程式相当复杂和困难。为此，在实际应用中研究了各种工程方法，它们无须求解特征根，但能说明特征根在复平面上的分布情况，从而可判别系统的稳定性。本节主要介绍劳斯（Routh）判据。

劳斯判据是 1877 年由 E. J. Routh 首先提出的。有关劳斯判据自身的数学论证，这里不做叙述，仅介绍该判据有关的结论及其在判据控制系统稳定性方面的应用。

设系统的特征方程式为

$$D(s)=a_0s^n+a_1s^{(n-1)}+\cdots+a_{n-1}s+a_n=0$$

将上式中的各项系数按下面的格式排成劳斯表

$$\begin{array}{llllll}
s^n & a_0 & a_2 & a_4 & a_6 & \cdots \\
s^{n-1} & a_1 & a_3 & a_5 & a_7 & \cdots \\
s^{n-2} & b_1 & b_2 & b_3 & b_4 & \cdots \\
s^{n-3} & c_1 & c_2 & c_3 & c_4 & \cdots \\
\vdots & \vdots & \vdots & \vdots & \vdots & \\
s^2 & e_1 & e_2 & & & \\
s^1 & f_1 & & & & \\
s^0 & g_1 & & & &
\end{array}$$

表中，$b_1=\dfrac{a_1a_2-a_0a_3}{a_1}$，$b_2=\dfrac{a_1a_4-a_0a_5}{a_1}$，$b_3=\dfrac{a_1a_6-a_0a_7}{a_1}$，…

$c_1=\dfrac{b_1a_3-a_1b_2}{b_1}$，$c_2=\dfrac{b_1a_5-a_1b_3}{b_1}$，$c_3=\dfrac{b_1a_7-a_1b_4}{b_1}$，…

用同样的方法求取表中其余行的系数，一直到第 $n+1$ 行排完为止。

劳斯稳定判据是根据所列劳斯表中第一列的系数符号的变化，去判别特征方程式的根在 s 平面上的具体分布，一般有以下几种情况。

（1）第一列所有系数均不为零的情况

1）如果劳斯表的第一列系数全部为正值，则其特征方程式的根都在 s 的左半平面，相应的系统是稳定的。

2）如果劳斯表中第一列系数的符号有改变，其变化的次数等于该特征方程式的根在 s 的右半平面上的个数，则相应的系统不稳定。

【例 3-8】 已知某一调速系统的特征方程式为

$$D(s)=s^5+2s^4+s^3+3s^2+4s+5=0$$

试用劳斯判据判别该系统的稳定性。

【解】　列出劳斯表：

s^5	1	1	4	
s^4	2	3	5	
s^3	-1	3	0	（各元素乘以2）
s^2	9	5	0	
s^1	32			（各元素乘以9）
s^0	5			

由上表可以看出，第一列各数值的符号改变了两次，由+2变成-1，又由-1变成+9，因此该系统有两个正实部的极点，所以系统是不稳定的。

【例3-9】　设一温度控制系统的框图如图3-23所示。已知 $\xi=0.2$，$\omega_n=86.6$，试确定 K 取何值时，系统才能稳定？

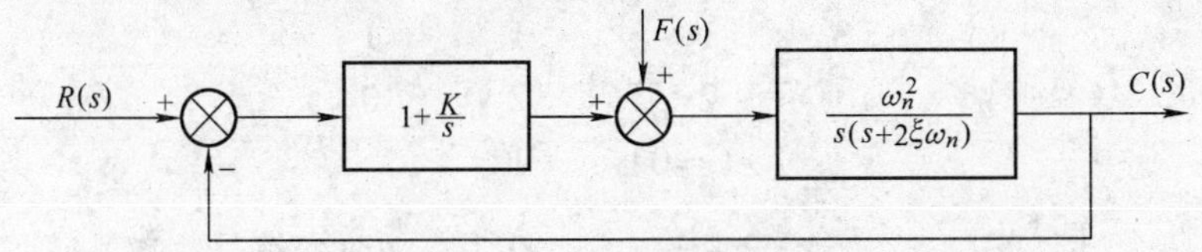

图3-23　温度控制系统的框图

【解】　由图3-23可分别求得系统的开环及闭环传递函数，即

$$\frac{C(s)}{R(s)}=G_B(s)=\frac{\omega_n^2(s+K)}{s^3+2\xi\omega_n s^2+\omega_n^2 s+K\omega_n^2}$$

闭环传递函数的特征方程为

$$D(s)=s^3+2\xi\omega_n s^2+\omega_n^2 s+K\omega_n^2=0$$

将已知参数 ξ 和 ω_n 的数值代入上式，得

$$D(s)=s^3+34.6s^2+7500s+7500K=0$$

作劳斯计算表

s^3	1	7500
s^2	34.6	7500K
s^1	$\dfrac{34.6\times7500-7500K}{34.6}$	0
s^0	7500K	

三阶系统稳定的充分必要条件为

1）$7500K>0$，即 $K>0$。

2）$\dfrac{34.6\times7500-7500K}{34.6}>0$，即 $K<34.6$。

这样才能使系统稳定的参数 $0<K<34.6$。

（2）某行第一列的系数等于零，而其余项中某些项不等于零的情况

在计算劳斯表中各元素的数值时，如果某行的第一列数值等于零，而其余项中的某些项不等于零，这种情况使劳斯表无法继续往下排列。解决的办法是以一个有限小的数值来代替为零的那一项，然后按照通常方法计算阵列中的其余各项。若劳斯表第一列中系数的符号有变化，其变化的次数就等于该方程在 s 的右半面上根的数目，相应的系统为不稳定。

【例 3-10】 已知系统的特征方程为

$$s^4+2s^3+s^2+2s+1=0$$

试判断该系统的稳定性。

【解】 列出劳斯表：

s^4	1	1	1	
s^3	2	2	0	
s^2	$\varepsilon(\approx0)$	1		
s^1	$2-\dfrac{2}{\varepsilon}$	0		（改变符号一次）
s^0	1			（改变符号一次）

现在考察第一列中的各项数值。当 ε 趋近于零时，$2-\dfrac{2}{\varepsilon}$ 的值是一个很大的负值，因此可以认为第一列中的各项系数值的符号改变了两次。按照劳斯判据，该系统有两个极点具有正实部，系统是不稳定的。

如果零（ε）上面的系数符号与零（ε）下面的系数符号相同，且第一列中的符号均为正，则表示该方程中有一对共轭虚根存在，此时系统是临界稳定的，而非渐进稳定。

【例 3-11】 已知系统的特征方程为

$$s^3+2s^2+s+2=0$$

试判别相应系统的稳定性。

【解】 列出劳斯表：

s^3	1	1	0
s^2	2	2	0
s^1	$0(\varepsilon)$		
s^0	2		

由于表中第一列 ε 上面系数的符号与其下面系数的符号相同，所以该方程中有一对共轭虚根存在，相应的系统是不稳定的。

把上述方程分解为因式相乘的形式，即

$$(s+2)(s^2+1)=0$$

于是求得方程式的根为 $s_1=-2$，$s_{2,3}=\pm \mathrm{j}$。这与用劳斯判据所得的结论是相吻合的。

(3) 某一行的各项均为零或只有一项等于零的情况

如果劳斯表中某一行的各项均为零或只有等于零的一项时，系统的特征根中，或存在两个符号相异、绝对值相同的实根；或存在一对共轭纯虚根；或上述两种类型的根同时存在；或存在实部相异、虚部数值相同的两对共轭复数根。对于这种情况，可利用系数全零行的上一行系数构成一个辅助方程，式中的 s 均为偶次，并以这个辅助方程的导数的系数来代替劳斯表中系数为全零的行，然后继续按照劳斯表的列写方法写出以下各行。至于这些根，可以通过解辅助方程得到。当一行中的第一列的系数为零，而且没有其他项时，可以像情况（2）所述那样，用 ε 代替为零的一项，然后按通常方法计算阵列中的其余各项。

【例 3-12】 已知系统的特征方程为

$$D(s)=s^6+2s^5+8s^4+12s^3+20s^2+16s+16=0$$

试判断系统的稳定性。

【解】 劳斯表中的 $s^6 \sim s^3$ 各项为

$$\begin{array}{lllll} s^6 & 1 & 8 & 20 & 16 \\ s^5 & 2 & 12 & 16 & 0 \\ s^4 & 1 & 6 & 8 & \left(\text{各元素乘以}\dfrac{1}{2}\right) \\ s^3 & 0 & 0 & 0 & \end{array}$$

由上表看出，s^3 行的各项全为零。为了求出 $s^3 \sim s^0$ 各项，将 s^4 行的各项组成辅助方程

$$A(s)=s^4+6s^2+8$$

将辅助方程 $A(s)$ 对 s 求导，得

$$\frac{\mathrm{d}A(s)}{\mathrm{d}s}=4s^3+12s$$

用上式中的各项系数作为 s^3 行的各项系数，并计算以下各行的各项系数，得劳斯表为

s^6	1	8	20	16
s^5	2	12	16	0
s^4	1	6	8	
s^3	4	12		
s^2	3	8		
s^1	$\frac{3}{4}$			
s^0	8			

从上表的第一列可以看出，各项符号没有改变，因此可以确定在右半平面没有极点。另外，由于s^3行的各项皆为零，这表示有共轭虚数极点。这些极点可由辅助方程求出。

本例中的辅助方程是

$$s^4+6s^2+8=0$$

由此求得大小相等、符号相反的虚数极点为

$$s_{1,2}=\pm \mathrm{j}\sqrt{2} \qquad s_{3,4}=\pm \mathrm{j}2$$

即得出两组数值相同、符号相异的根。这两对根是原方程的根的一部分。

3.6.4 MATLAB 判定方法

根据上节的讨论可知，求解线性系统稳定性问题的方法之一是求出该系统所有的极点，并观察是否含有实部大于零的极点，如果有这样的极点，则系统称为不稳定系统，否则称为稳定系统；若稳定系统中存在实部等于零的极点，这样的系统称为临界稳定系统。下面举例说明。

【例 3-13】 已知系统的闭环传递函数为

$$\frac{C(s)}{R(s)}=\frac{s^3+7s^2+24s+24}{s^4+10s^3+35s^2+50s+24}$$

试判断该系统的稳定性。

【解】 本题的 MATLAB 程序 lt3_13. m 为

```
%lt3_13. m
    num = [1,7,24,24];
    den = [1,10,35,50,24];
    G = tf(num,den);
    roots(G.den{1})                          %求特征方程式的根
```

附:此处的“{}”表示维数。

执行后得到如下结果:

```
ans =
```

```
        -4.0000
        -3.0000
        -2.0000
        -1.0000
```

也可以用 zpk( )函数来解决,其 MATLAB 程序为

```
    num=[1,7,24,24];
    den=[1,10,35,50,24];
    G=tf(num,den);
    G1=zpk(G);                          %零、极点模型
    G1.p{1}                             %求解特征方程式的根
```

执行后得到如下结果:

```
ans =
        -4.0000
        -3.0000
        -2.0000
        -1.0000
```

由于它的极点全部为负实根,因此该系统稳定。

【例3-14】　已知闭环系统传递函数为

$$\frac{C(s)}{R(s)}=\frac{s^3+7s^2+24s+24}{s^8+2s^7+3s^6+4s^5+5s^4+6s^3+7s^2+8s+9}$$

试判断该系统的稳定性。

【解】　该题的 MATLAB 程序为

```
%li6_6
  num=[1 7 24 24];
  den=[1:9];
  G=tf(num,den)
  roots(G.den{1})
```

执行后得到如下结果:

```
  ans =
    -1.2888 + 0.4477i
    -1.2888 - 0.4477i
    -0.7244 + 1.1370i
    -0.7244 - 1.1370i
     0.1364 + 1.3050i
     0.1364 - 1.3050i
```

0.8767 +0.8814i

0.8767 -0.8814i

由于它的极点中有 4 个极点带有正实部，所以系统不稳定。

3.6.5 控制系统的稳态误差

根据前面的定义，系统稳态误差是指系统在稳定状态下其希望值与实际输出值之差。也就是说，一个稳定系统在输入量或扰动的作用下，经历过渡过程进入静态后，静态下的误差就称为静态误差，即

$$e_{ss}(\infty)=\lim_{t\to\infty}e(t) \tag{3-51}$$

根据拉普拉斯的终值定理，有

$$e_{ss}(\infty)=\lim_{t\to\infty}e(t)=\lim_{s\to0}sE(s) \tag{3-52}$$

1. 静态误差和误差传递函数

设反馈控制系统框图如图 3-24 所示。它的闭环传递函数为

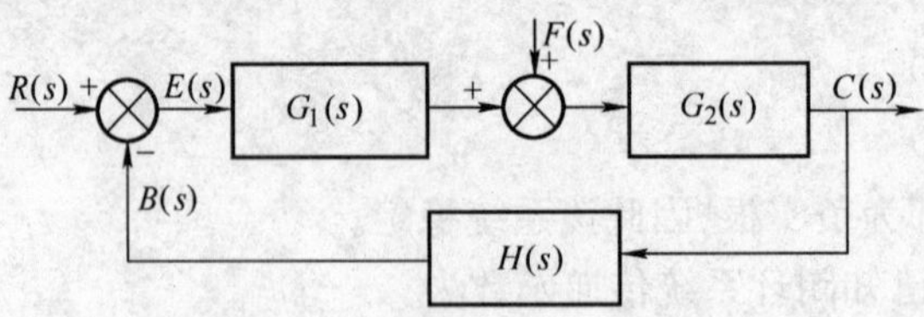

图 3-24 反馈控制系统框图

$$\frac{C(s)}{R(s)}=\frac{G(s)}{1+G(s)H(s)} \tag{3-53}$$

式中，$G(s)=G_1(s)G_2(s)$。

误差信号 $e(t)$ 和输入信号 $r(t)$ 之间的传递函数为

$$\frac{E(s)}{R(s)}=1-\frac{G(s)H(s)}{R(s)}=\frac{1}{1+G(s)H(s)} \tag{3-54}$$

终值定理为求稳定系统的静态误差提供了一个简便的方法。因为

$$E(s)=\frac{1}{1+G(s)H(s)}R(s) \tag{3-55}$$

则静态误差为

$$e_{ss}=\lim_{t\to\infty}e(t)=\lim_{s\to\infty}\frac{sR(s)}{1+G(s)H(s)}=\lim_{s\to\infty}\frac{sR(s)}{1+G_0(s)} \tag{3-56}$$

式中，$G_0(s)=G(s)H(s)$ 为开环传递函数。

可以看出，如果输入量 $r(t)$ 已经给定，则关于输入量的静态误差 e_{ss} 只取决于系统的开环传递函数 $G_0(s)$。

2. 静态误差系数

当输入信号为单位阶跃函数、单位斜坡函数、单位加速度函数的其中之一时，式（3-56）可化为

当输入为单位阶跃函数 $R(s)=\frac{1}{s}$时，其静态误差为

$$e_{ss}=\lim_{s\to 0}\frac{1}{1+G_0(s)} \tag{3-57}$$

当输入为单位斜坡函数 $R(s)=\frac{1}{s^2}$时，其静态误差为

$$e_{ss}=\lim_{s\to 0}\frac{1}{sG_0(s)} \tag{3-58}$$

当输入为单位加速度函数 $R(s)=\frac{1}{s^3}$时，其静态误差为

$$e_{ss}=\lim_{s\to 0}\frac{1}{s^2G_0(s)} \tag{3-59}$$

定义误差系数如下：

静态位置误差系数　$K_p=\lim\limits_{s\to 0}G_0(s)$　(3-60)

静态速度误差系数　$K_v=\lim\limits_{s\to 0}sG_0(s)$　(3-61)

静态加速度误差系数　$K_a=\lim\limits_{s\to 0}s^2G_0(s)$　(3-62)

将式（3-57）、式（3-58）及式（3-59）分别代入式（3-60）、式（3-61）及式（3-62）可得到，当输入信号为单位阶跃函数时，其静态误差为

$$e_{ss}=\frac{1}{1+K_p} \tag{3-63}$$

当输入信号为单位斜坡函数时，其静态误差为

$$e_{ss}=\frac{1}{K_v} \tag{3-64}$$

当输入信号为单位加速度函数时，其静态误差为

$$e_{ss}=\frac{1}{K_a} \tag{3-65}$$

通常情况下，$K_p>>1$，于是式（3-63）可化为 $e_{ss}\approx\frac{1}{K_p}$，与另外两个公式形式上相似。这表明，在采用静态误差系数概念后，可以大致认为系统在3种典型输入信号作用下的静态误差就是相应误差系数的倒数。

下面进一步考察误差系数与系统的结构和参数的关系。

系统的开环传递函数一般写为

$$G_0(s)=\frac{K(\tau_1s+1)(\tau_2s+1)\cdots(\tau_ms+1)}{s^\nu(T_1s+1)(T_2s+1)\cdots(T_ns+1)} \tag{3-66}$$

的形式。式中的 K 是系统的开环比例系数；分母中的因子 s^ν 表明开环传递函数中含有 ν 个积分单元。按照 $\nu=0$，1，2，…分别称系统为 0 型，1 型，2 型，…。$\nu\geqslant3$的系统很少碰到，因为当系统中含有两个以上积分单元时，要使系统稳定是很困难的。因此我们仅研究 0 型、1 型和 2 型的系统。

把式（3-66）代入静态误差系数的定义式（3-60）、式（3-61）及式(3-62)，得

$$K_p=\lim_{s\to0}\frac{K}{s^\nu} \tag{3-67}$$

$$K_\nu=\lim_{s\to0}\frac{K}{s^{\nu-1}} \tag{3-68}$$

$$K_a=\lim_{s\to0}\frac{K}{s^{\nu-2}} \tag{3-69}$$

对于 0 型系统、1 型系统和 2 型系统，由式（3-67）、式（3-68）和式(3-69）可分别求出静态误差系数，见表 3-2。再根据式（3-63）、式（3-64）及式（3-65）分别求出静态误差，见表 3-3。

表 3-2　0 型系统、1 型系统和 2 型系统的静态误差系数

	静态位置误差系数 K_p	静态速度误差系数 K_ν	静态加速度误差系数 K_a
0 型系统	K	0	0
1 型系统	∞	K	0
2 型系统	∞	∞	K

表 3-3　0 型系统、1 型系统和 2 型系统的静态误差

稳态误差 输入信号 系统类型	单位阶跃输入	单位斜坡输入	单位等加速度输入
0 型系统	$\frac{1}{1+K}$	∞	∞
1 型系统	0	$\frac{1}{K}$	∞
2 型系统	0	0	$\frac{1}{K}$

小　结

1. 时域分析法

通过直接求解系统在典型输入信号作用下的时间响应，来分析控制系统的稳

定性和控制系统的动态性能及稳态性能。工程上常用单位阶跃响应的超调量、调节时间和稳态误差等性能指标来评价线性系统的优劣。继电系统一般用波动范围、波动周期来评价系统的优劣。

2. 时域分析法的基本方法是拉氏变换法

$$结构图 \rightarrow G(s)=\frac{Y(s)}{X(s)} \rightarrow Y(s)=G(s)X(s) \rightarrow y(t)=L^{-1}[Y(s)]$$

3. 时域分析

(1) 一阶系统的时域分析。一阶系统的动态特性常用一阶微分方程描述，其结构参数为时间常数 T。

(2) 二阶系统的时域分析。二阶系统的性能分析在自动控制理论中有着重要的地位。二阶系统含有两个结构参数，即阻力比 ξ 和无阻力振荡频率 ω_n。ξ 和 ω_n 确定了系统的单位阶跃响应指标。一般希望二阶系统在 $0.4<\xi<0.8$ 之间工作。

(3) 线性系统稳定的充分必要条件是系统特征方程的根全部具有负实部。或者说，系统闭环传递函数的极点均在根平面的左半平面。系统的稳定性是系统固有的一种特性，完全由系统自身的结构和参数决定，而与系统无关。本书介绍了判别稳定性的代数方法——劳斯稳定判据。

(4) 系统的稳态误差是系统的稳定性指标，它标志着系统的控制精度。稳态误差既与系统的结构和参数有关，又与输入信号的形式及大小有关。位置误差、速度误差、加速度误差分别指输入、斜坡、加速度输入时引起的输出位置上的误差。

(5) 系统的型号和静态误差系统也是稳态精度的一种标志，型号越高，静态误差系数越小，系统的稳态误差也越小。

4. 用 MATLAB 求解系统响应问题

复习思考题

3-1 某控制系统的微分方程为

$$T\dot{c}(t)+c(t)=Kr(t)$$

其中，$T=0.5\text{s}$，$K=10$，初始条件为0。试求 $t=1.5\text{s}$ 时的系统单位阶跃响应和单位斜坡响应的值。

3-2 某温度系统如图3-25所示。先用温度计测量容器内的水温，发现需1min的时间才能指示其实际水温值的98%，如果容器内的水温以10℃/min线性增加，试求温度计的稳态指示误差。

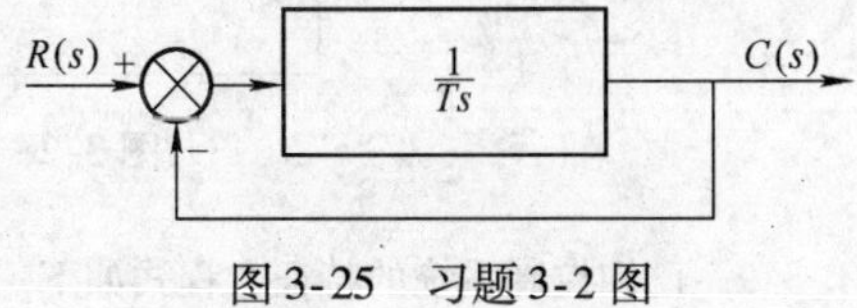

图3-25 习题3-2图

3-3 试用 MATLAB 求下列系统的单位阶跃响应、单位斜坡响应和单位脉冲响应。

$$\frac{C(s)}{R(s)}=\frac{10}{s^2+2s+10}$$

式中，$R(s)$ 和 $C(s)$ 分别是输入量 $r(t)$ 和输出量 $c(t)$ 的拉普拉斯变换。

3-4　一阶系统框图如图 3-26 所示。要求系统闭环增益 $K=2$，调节时间 $t_s \leqslant 0.4\text{s}$。试确定参数 K_1 和 K_2 的值。

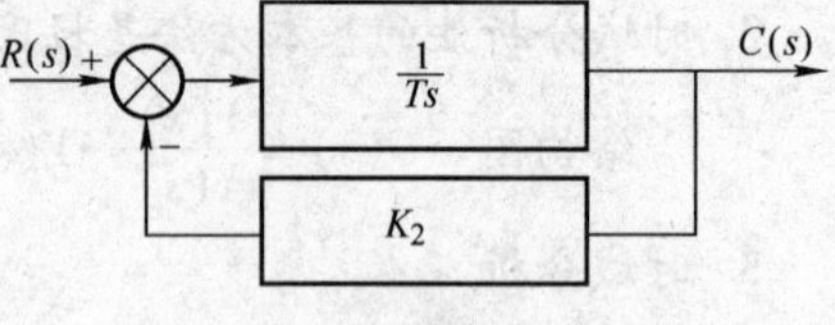

图 3-26　习题 3-4 图

3-5　已知单位反馈控制的开环传递函数为 $G(s)=\dfrac{K}{s(Ts+1)}$，试求下列条件下系统单位阶跃响应的超调量和调整时间。

（1）$K=4.5$，$T=1s$　（2）$K=1$，$T=1s$　（3）$K=0.16$，$T=1s$

（4）$K=4.5$，$T=2s$　（5）$K=4.5$，$T=3s$

3-6　已知单位反馈二阶系统的开环传递函数为 $G(s)=\dfrac{\omega_n^2}{s(s+2\xi\omega_n)}$，用实验方法求得其零初始状态下的阶跃响应如图 3-27 所示。经测量知，$\sigma_p=0.096$，$t_p=0.2\text{s}$。试确定传递函数中的参量 ξ 和 ω_n。

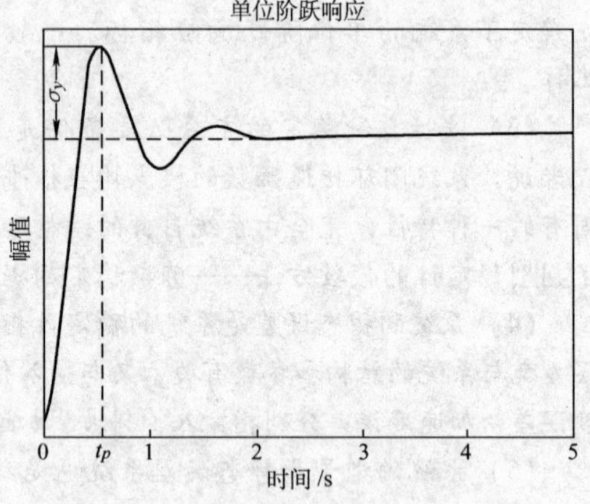

图 3-27　习题 3-6 图

3-7　设单位反馈控制系统的开环传递函数为

$$G(s)=\frac{10}{s(s+3)(s+4)}$$

试用拉普拉斯变换法和主导极点法求取系统的单位阶跃响应，并对结果进行比较分析。

3-8　控制系统框图如图 3-28 所示。要求系统单位阶跃响应的超调量 $\sigma_p=9.5\%$，且峰值时间 $t_p=0.5\text{s}$。试确定 K_1 与 τ 的值，并计算在此情况下系统的上升时间 t_r 和调整时间 t_s（取 ±2% 误差带）。

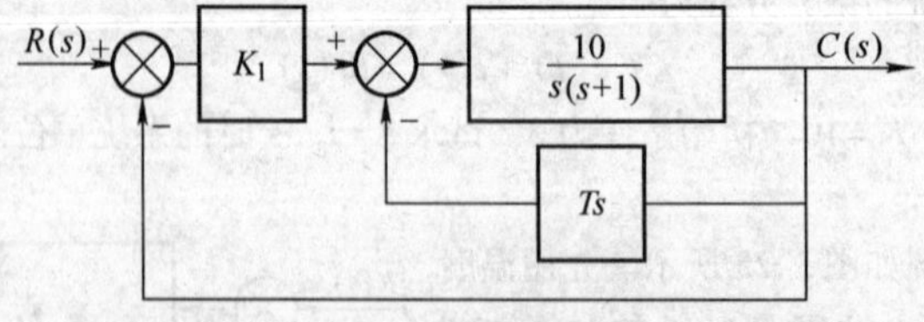

图 3-28　习题 3-8 图

3-9　已知控制系统的特征方程式如下。试用劳斯稳定判据判断其稳定性；如不稳定，请指出其具有正实部的根的个数；如有对称于 s 平面原点的根，请求出这些根。

（1）$s^4+3s^3+3s^2+2s+1=0$

（2）$2s^4+10s^3+3s^2+5s+1=0$

(3) $s^4+3s^3+s^2+3s+1=0$

(4) $s^6+2s^5+8s^4+12s^3+20s^2+16s+1=0$

(5) $s^5+2s^4+s+2=0$

3-10 设单位反馈控制系统的开环传递函数为

$$G(s)=\frac{K}{s(s+4)(s+10)}$$

(1) 确定使系统稳定的 K 的取值范围。

(2) 要使系统闭环极点的实部不大于 -1，试确定 K 的取值范围。

3-11 已知单位反馈控制系统的闭环传递函数如下，试求其静态位置、速度和加速度误差系数。

(1) $G(s)=\dfrac{50(s+2)}{s^3+2s^2+51s+100}$

(2) $G(s)=\dfrac{2(s+2)(s+1)}{s^4+3s^3+2s^2+6s+4}$

3-12 某控制系统的框图如图 3-29 所示。试求在输入信号为 $r(t)=1(t)$ 时系统的稳态响应和稳态误差。

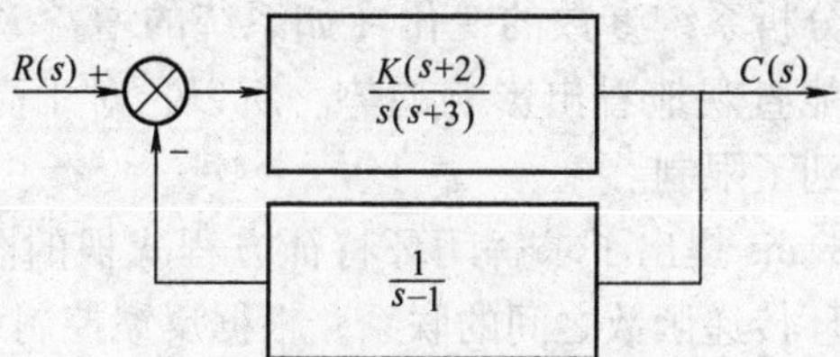

图 3-29 习题 3-12 图

4

第 4 章

根轨迹分析法

由前面的章节可知，闭环控制系统的稳定性和动态性能与其闭环特征方程式的根的分布密切相关，稳定性取决于其极点，静态精度取决于其比例系数，动态性能取决于其极点与零点。因此，要分析控制系统就必须求解出特征方程的根。但是，当使用分析法求解二阶以上的特征方程时，其计算量大，求解过程很困难；而且如果要同时分析系统参数的变化（如系统的增益 K 等）对闭环特征方程式根的影响，就不能直观地看出影响趋势。所以，对于高阶自动控制系统而言，解析法的应用受到了限制。

1948 年，W. R. Evans 提出了求解闭环特征方程式根的图解方法——根轨迹法。它基于开环、闭环传递函数之间的联系，根据反馈控制系统的开环传递函数极点和零点的分布，依据一些简单的规则，在复平面（简称 s 平面，又称根平面）用作图的方法求出闭环极点的分布，从而避免了复杂的数学计算，而且也是设计和校正控制系统的一种简便的方法，因而在工程上得到了广泛的应用。

4.1 根轨迹的基本知识

4.1.1 根轨迹图

根轨迹法是指当控制系统某一参数由 0→∞ 连续变化时，运用图解的方法在 s 平面上画出对应的、连续变化的闭环特征方程所有的根，即根轨迹。例如，某控制系统如图 4-1 所示。

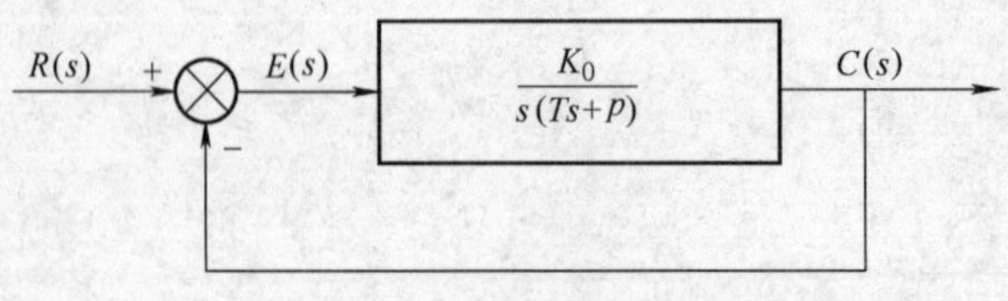

图 4-1 某控制系统

系统的开环传递函数是

$$G_0(s)=\frac{K_0}{s(Ts+p)} \tag{4-1}$$

系统对应的闭环传递函数是

$$G(s)=\frac{C(s)}{R(s)}=\frac{K_0}{Ts^2+ps+K_0} \tag{4-2}$$

系统的特征方程是

$$D(s)=Ts^2+ps+K_0=0 \tag{4-3}$$

所以，系统的特征根是

$$s_{1,2}=-\frac{p}{2T}\pm\sqrt{\left(\frac{p}{2T}\right)^2-\frac{K_0}{T}} \tag{4-4}$$

该控制系统有两个开环极点，即 $p_1=0$，$p_2=-\frac{p}{T}$，无开环零点。设 T、p 均等于1，当系统的开环增益 K_0 由 $0\to\infty$ 连续变化时，可以用解析法求解出闭环极点的全部数值，见表4-1。将其标注在 s 平面上，并连接成光滑的粗实线，就称为闭环控制系统的根轨迹，如图4-2所示。

表4-1 用解析法求解出的闭环极点数值

K	0	0.1	0.25	0.5	…	∞
s_1	0	-0.113	-0.5	-0.5+j0.5	…	-0.5+j∞
s_2	-1	-0.887	-0.5	-0.5-j0.5	…	-0.5-j∞

图4-2中的开环极点 p_i 用符号“×”在 s 平面上表示；开环零点 z_j 用符号“●”在 s 平面上表示。根轨迹上的箭头表示随着开环增益 K_0 的增大，根轨迹的变化趋势；根轨迹旁边则标注与闭环极点相对应的根轨迹增益 K_g（或 K^*）的数值。

注意：根轨迹增益 K_g 与开环增益 K_0 之间一般相差一个比例系数，很容易进行换算。例如，图4-2中，$K_g=\frac{K_0}{T}$。如果要绘制控制系统多个参数变化（如 K_0、T 和 p 等）时，其根轨迹图将不再简单，而是根轨迹簇。

4.1.2 根轨迹的作用

根轨迹图不但直观地给出闭环控制系统的时间响应信息，据此能够分析控制系统所具有的性能；而且指出了如何改变系统参数，相应地改变开环零、极点，从而满足给定的闭环控制系统的性能指标要求。下面以图4-2为例进行说明。

1. 稳定性

随着系统的开环增益 K_0 由 0→∞ 连续变化，图 4-2 上的根轨迹不会超越虚轴而进入 s 平面的右半部分，所以该系统对 $K_0 \in [0, \infty)$ 都是稳定的。如果在分析系统的根轨迹图时，根轨迹与虚轴相交并且进入 s 平面的右半部分，则由交点处的 K_g 可得到临界开环增益 K_{cro}。因此，必须合理设置 K_0，否则会导致控制系统的不稳定。

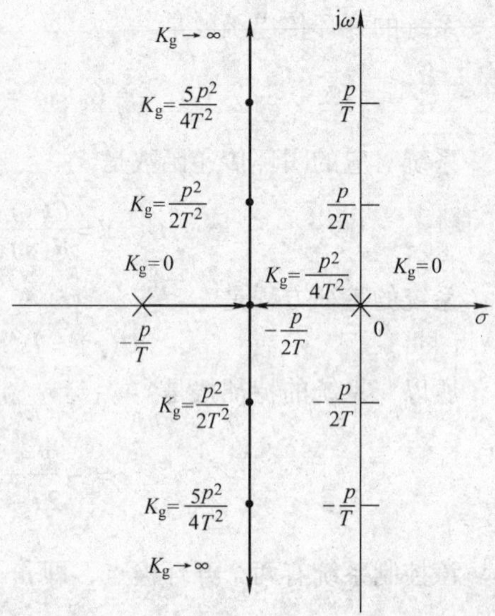

图 4-2 $G_c(s)=\dfrac{C(s)}{R(s)}=\dfrac{K_0}{Ts^2+ps+K_0}$的根轨迹图

2. 稳态性

如果系统要求的稳态误差已经给定，则由根轨迹图可以确定闭环极点的容许区间。由图 4-2 可知，该系统在 s 平面的原点处有一个极点，所以属于Ⅰ型系统，其静态速度误差系数能由根轨迹图上对应的 K_g 计算出来。

3. 动态性能

(1) 当 $K_0=\left[0, \dfrac{p^2}{4T}\right]$时，特征根均为负实根，系统处于过阻尼状态。

(2) 当 $K_0=\dfrac{p^2}{4T}$时，特征根为相同的负实根，系统处于临界阻尼状态。

(3) 当 $K_0>\dfrac{p^2}{4T}$时，特征根为一对共轭复根，系统处于欠阻尼状态。

此外，还可以根据系统性能指标的要求，先确定出对应的闭环特征根，再求出对应的系统参数值（如 K_0、T、p 等）。

在本例中，对应于不同的 K_0 值解出特征方程的根 s_1、s_2，再连成曲线。对于复杂系统，则需要有一套简单的规则，以便不解特征方程就能画出根轨迹，就可以根据闭环极点以及零点与系统的性能指标的关系来分析和设计控制系统。

4.2 根轨迹的数学描述

4.2.1 开环零、极点与闭环零、极点

基于开环零、极点和闭环零、极点的内在联系，当开环零、极点的大小已知

时，将会方便地由此绘制出闭环系统的根轨迹图和推导出相应的根轨迹方程。对于图4-3所示的控制系统，其前向通道传递函数、反馈通道传递函数以及闭环传递函数可以表述为以下形式：

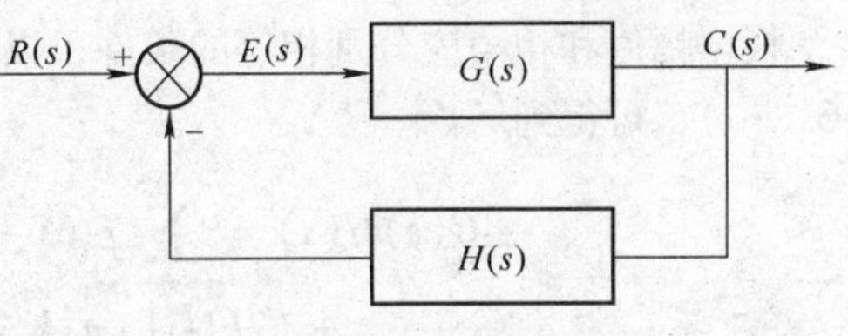

图4-3　控制系统

$$G(s) = \frac{K_{\mathrm{G}}(\tau_1 s+1)(\tau_2^2 s^2+2x_1\tau_2 s+1)\cdots}{s^n(T_1 s+1)(T_2^2 s^2+2x_2 T_2 s+1)\cdots} = K_{\mathrm{G}}^* \frac{\prod_{j=1}^{e}(s-z_j)}{\prod_{i=1}^{p}(s-p_i)} \tag{4-5}$$

$$K_{\mathrm{G}}^* = K_{\mathrm{G}}\frac{\tau_1\tau_2^2\cdots}{T_1 T_2^2\cdots} \tag{4-6}$$

$$H(s) = K_{\mathrm{H}}^* \frac{\prod_{j=1}^{f}(s-z_j)}{\prod_{i=1}^{q}(s-p_i)} \tag{4-7}$$

$$G_{\mathrm{c}}(s) = \frac{G(s)}{1+G(s)H(s)} = \frac{K_{\mathrm{G}}^*\prod_{j=1}^{e}(s-z_j)\prod_{i=1}^{q}(s-p_i)}{\prod_{i=1}^{n}(s-p_i)+K^*\prod_{j=1}^{m}(s-z_j)} \tag{4-8}$$

式中，K_{G}、K_{G}^*是前向通道的增益，但K_{G}^*用零极点形式表示前向通道增益；K_{H}^*是反馈通道的增益；$K^*=K_{\mathrm{G}}^*K_{\mathrm{H}}^*$是开环系统的增益；$m=e+f$，是系统开环零点的总数；$n=p+q$，是系统开环极点的总数。

根据上述数学表达式，可得到以下结论：

（1）闭环零点由开环前向通道传递函数的零点和反馈通道传递函数的极点所组成。

（2）闭环极点与开环的零点、开环的极点和开环系统的增益K^*有关。

（3）闭环系统的增益就是前向通道的增益。

4.2.2　根轨迹方程

由根轨迹的定义可知，根轨迹上的任意一点都满足系统的闭环特征方程。所以，从分析系统的闭环特征方程出发，能方便地绘制出控制系统的根轨迹图和推导出对应的根轨迹方程。

由于根轨迹方程本质上是一个向量方程，对于系统闭环特征方程的一般形式为

$$1+G(s)H(s)=0 \text{ 或 } G(s)H(s)=-1 \tag{4-9}$$

根据幅值和相角应分别相等的条件，以及 $-1=1\cdot e^{(2k+1)\pi}$ （$k=0$, ±1, ±2, ±3, …），可得到

$$\angle G(s)H(s) = \sum_{j=1}^{m}\angle(s-z_j) - \sum_{i=1}^{n}\angle(s-p_i) = \pm(2k+1)\pi, k=0,1,2,3,\cdots \tag{4-10}$$

$$|G(s)H(s)|=1 \tag{4-11}$$

或

$$K^*\frac{\prod_{j=1}^{m}(s-z_j)}{\prod_{i=1}^{n}(s-p_i)}=1,\ K^*=\frac{\prod_{i=1}^{n}(s-p_i)}{\prod_{j=1}^{m}(s-z_j)} = \frac{|(s-p_1)||(s-p_2)|\cdots|(s-p_n)|}{|(s-z_1)||(s-z_2)|\cdots|(s-z_m)|} \tag{4-12}$$

式（4-10）、式（4-11）或式（4-12）分别被称为相角条件和幅值条件。其中，相角条件是绘制 s 平面上的根轨迹的充分必要条件，只要利用式（4-10）就可以画出根轨迹。当需要确定根轨迹上各点的 K^* 时，需用幅值条件式（4-11）或式（4-12）。

下面举例说明相角条件和幅值条件的应用。

【例 4-1】 在图 4-4 所示的根轨迹图中，当 $T=1$、$p=1$ 时，判断 $s_1(-1,\ j)$、$s_2(-0.5,\ -j)$ 是否在根轨迹上，如果在根轨迹上，则求出对应的 K^*。

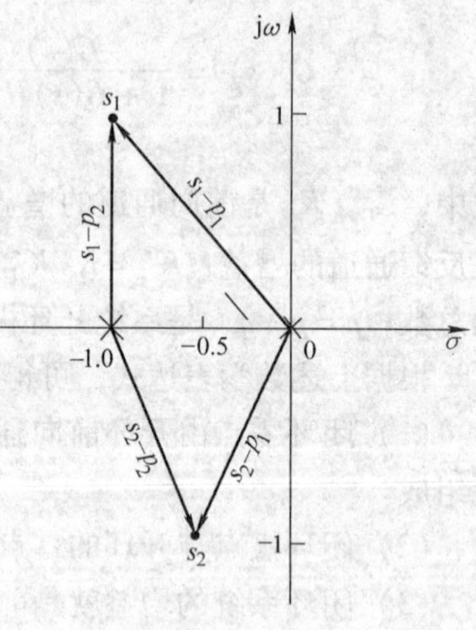

图 4-4　例题 4-1

【解】 观察图 4-4 可知，系统无开环零点，仅有两个开环极点：$p_1=0$、$p_2=-1$。过两个极点分别向测试点 s_1、s_2 连线，分别做出向量 $(s_1-p_1)=s_1$，$(s_1-p_2)=s_1+1$，$(s_2-p_1)=s_2$，$(s_2-p_2)=s_2+1$，如图 4-4 所示。相角的计算，规定以逆时针为正值，顺时针为负值。

所以，由测试点 s_1 导出的向量角是

$$\angle s_1=135°、\angle(s_1+1)=90°$$

由相角条件公式计算出 s_1 点的总相角是

$$\sum_{i=1}^{m}\angle(s_1-z_i)-\sum_{j=1}^{n}\angle(s_1-p_j) = -\angle s_1-\angle(s_1+1) = -225°$$

不满足相角条件，所以 s_1 点不在根轨迹上，即 s_1 不是本系统的闭环极点。

同理，由测试点 s_2 导出的向量角是

$$\angle s_2=-116.6°、\angle(s_2+1)=-63.4°$$

由相角条件公式计算出 s_2 点的总相角是

$$\sum_{i=1}^{m}\angle(s_2-z_i)-\sum_{j=1}^{n}\angle(s_2-p_j)=-\angle s_2-\angle(s_2+1)=+180°$$

满足相角条件，所以 s_2 点在根轨迹上，即 s_2 是本系统的闭环极点。

通过相角条件判断测试点是否属于根轨迹的方法，称为根轨迹绘制试探法，或称为 180°根轨迹绘制法。

测试点 s_1 不在根轨迹上，故不存在对应的增益 K^*。

运用幅值条件式（4-11）或式（4-12），测试点 s_2 的根轨迹增益 K^* 为

$$K^*=\frac{\prod_{i=1}^{n}(s-p_i)}{\prod_{j=1}^{m}(s-z_j)}=\frac{|(s-p_1)||(s-p_2)||(s-p_n)|}{|(s-z_1)||(s-z_2)||(s-z_m)|}$$
$$=|s_2-p_1||s_2-p_2|=1.118\times1.118\approx1.25$$

4.3　根轨迹绘制的基本规则

上述用分析法和测试点法求解系统的根轨迹，对于高阶系统而言，其根轨迹的绘制过程较繁琐。基于开环零、极点、根轨迹方程与根轨迹的内在关系以及根轨迹的一些重要特性（如共性、特征点等），能较快、较准确地绘制出复杂系统的根轨迹图。下面在假定系统的变化参数是根轨迹增益 K^* 的条件下，简要阐述绘制根轨迹图的 8 条基本规则，相关的详细论证不再赘述。当可变参数是其他参数时，这些规则仍然适用。

1. 根轨迹的分支数、起始点和终止点

设控制系统的开环传递函数为

$$G_0(s)=\frac{K_0N(s)}{D(s)} \tag{4-13}$$

式中，$N(s)$ 和 $D(s)$ 分别是 s 的 m 次和 n 次多项式，而且 $n\geqslant m$，则闭环特征方程是

$$K_0N(s)+D(s)=0 \tag{4-14}$$

由式（4-8）可得系统的闭环特征方程

$$\prod_{i=1}^{n}(s-p_i)+K^*\prod_{j=1}^{m}(s-z_j)=0 \tag{4-15}$$

当 $K^*=0$ 时，$s=p_i$，$i=1,2,3,\cdots,n$。表明系统的闭环特征方程根就是开环极点 p_i，所以根轨迹起始于开环极点。

当 $K^*=\infty$ 时，将式（4-15）改写为下列形式

$$\frac{1}{K^*}\prod_{i=1}^{n}(s-p_i)+\prod_{j=1}^{m}(s-z_j)=0 \tag{4-16}$$

能得到 $s=z_j$，$j=1$，2，3，…，m。表明系统的闭环特征方程根就是开环零点 z_j，所以根轨迹终止于开环零点。

注意，当开环传递函数 $G(S)H(S)$ 的分子多项式的次数 m 与分母多项式的次数 n 之间满足 $m \leqslant n$ 时，将有 $n-m$ 条根轨迹的终点在无穷远处。有时会出现 $m>n$（如绘制其他系统参数变化下的根轨迹），这时将有 $m-n$ 条根轨迹的起点在无穷远处。

2. 根轨迹的对称性和连续性

由于闭环特征方程式的根仅有实根和共轭复根两种形式，所以根轨迹必对称于实轴，利用对称的特点，只需绘制实轴上半平面的根轨迹即可。因为系统的开环增益 K_0 是由 $0\to\infty$ 连续变化的，所以闭环特征方程根也是连续变化的，对应的特征根的集合——根轨迹也是连续的。

3. 实轴上的根轨迹分布

位于实轴上的某一区域，当其右边开环实数零、极点的数目总和等于奇数，即 $2k+1$，$k=0$，1，2，…时，则该区域必为根轨迹。

因为对于实轴上的某个测试点 s 而言，当开环零、极点是共轭复根时，其对应的向量角 $\angle s-z_j$、$\angle s-p_i$ 分别大小相等，符号相反，在相角条件公式中互相抵消，不会影响该测试点 s 的相角条件。当开环零、极点是实数，且位于该测试点 s 的左方实轴时，其对应的向量角 $\angle s-z_j$、$\angle s-p_i$ 都是 0°，对相角条件公式也无影响；当开环零、极点是实数，且位于该测试点 s 的右方实轴时，其对应的向量角 $\angle s-p_i$、$\angle s-z_j$ 都是 180°。如果零、极点的数目总和等于 $(2k+1)\pi$，$k=0$，±1，±2，…，$\pm(m+n)$ 时，即满足相角条件公式，则该区域必为根轨迹，如图 4-5 所示。因此，实轴上的根轨迹只能是那些在其右侧开环实数极点、实数零点总数为奇数的线段。共轭复数开环极点、零点对确定实轴上的根轨迹无影响。

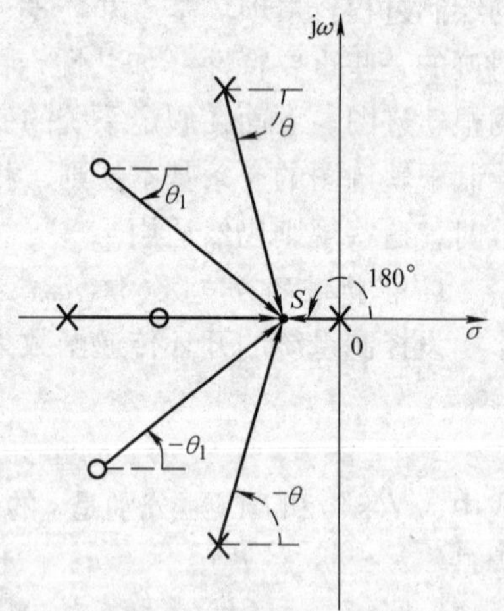

图 4-5　实轴上的根轨迹

4. 根轨迹的渐近线分布

当开环极点数 n 大于开环零点数 m 时，随着 K_0 或 $K^*\to\infty$，有 $(n-m)$ 条根轨迹的分支沿着与实轴正方向夹角为 θ，截距为 $-\sigma$ 的一组渐近线趋向无穷远处。其中，渐近线与实轴正方向的夹角 θ、截距 $-\sigma$ 为

$$\theta=\frac{(2k+1)\pi}{n-m}\quad k=0,1,2,\cdots,n-m-1 \tag{4-17}$$

$$-\sigma=\frac{\sum_{i=1}^{n}p_i-\sum_{j=1}^{m}z_j}{n-m} \tag{4-18}$$

5. 根轨迹的分离点与会合点

两条根轨迹在 s 平面上的某点相遇，然后又分离的点称作根轨迹的分离点与会合点，如图4-6所示的 a、b 点。这个点对应特征方程的二重根，表现为实数或共轭复数对（由于根轨迹具有共轭对称性）。在分离点与会合点上，根轨迹的切线与正实轴的夹角称为分离角（或会合角）。理论上可证明，实轴上分离点的分离角（或实轴上会合点的会合角）恒为±90°。

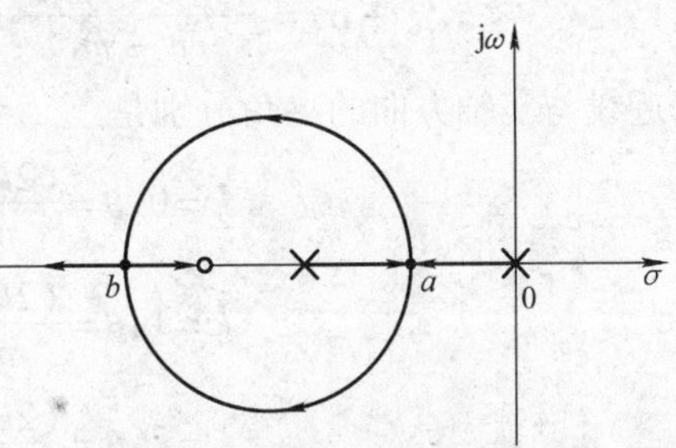

图4-6　根轨迹的分离与会合

一般情况下，如果实轴上两个相邻开环极点之间存在根轨迹，则它们之间必有分离点与会合点；如果实轴上两个相邻开环零点（其中一个可能是无穷远零点）之间存在根轨迹，则它们之间必有会合点与分离点；如果实轴上两个相邻开环零、极点之间存在根轨迹，则它们之间可能有（或无）分离点与会合点。下面给出求取分离点和会合点的方法。

当特征方程为 $1+K_0\dfrac{N(s)}{D(s)}=0$ 时，分离点和会合点可由方程

$$\frac{\mathrm{d}K_0}{\mathrm{d}s}=0 \tag{4-19}$$

的根来确定。需要注意的是，此处用来确定分离点和会合点的条件只是必要条件，而不是充分条件。如果 $\mathrm{d}K_0/\mathrm{d}s=0$ 的根 $s=s_1$ 相应的 K_0 值为正值，则 $s=s_1$ 就是实际的分离点或会合点。如果 K_0 值为负值，或者说，所求得 $s=s_1$ 不在根轨迹上，则 $s=s_1$ 就不是实际的分离点或会合点。

【例4-2】 已知反馈系统的开环传递函数为

$$G(s)H(s)=\frac{K_0}{s(s+1)(s+2)}$$

试绘制系统的根轨迹。

【解】 令 $s(s+1)(s+2)=0$，解得3个开环极点

$$p_1=0,\ p_2=-1,\ p_3=-2$$

1）根轨迹分支数等于3。

2）3 条根轨迹的起点分别是（0，j0）、（−1，j0）、（−2，j0），终点均为无穷远处。

3）根轨迹的渐近线：由于 $n=3$，$m=0$，所以该系统的根轨迹共有 3 条渐近线，它们在实轴上的交点坐标是

$$-\sigma=\frac{\sum_{i=1}^{n}p_i-\sum_{j=1}^{m}z_j}{n-m}=\frac{(0-1-2)-0}{3}=-1$$

渐近线与实轴方向的夹角分别是

$$k=0:\theta=\frac{(2k+1)\pi}{n-m}=\frac{\pi}{3}=60°$$

$$k=1:\theta=\frac{(2k+1)\pi}{n-m}=\frac{3\pi}{3}=180°$$

$$k=2:\theta=\frac{(2k+1)\pi}{n-m}=\frac{5\pi}{3}=-60°$$

4）实轴上的根轨迹：［−∞，−2］段及［−1，0］段。

5）根轨迹与实轴的分离点坐标

闭环系统特征方程为 $f(s)=s^3+3s^2+2s+K$

由 $\frac{\mathrm{d}f}{\mathrm{d}s}=3s+6s+2=0$

解得 $s_1=-0.422$，$s_2=-1.578$

由前面的讨论可知，s_2 不是根轨迹上的点，故舍去。s_1 是根轨迹与实轴分离点坐标。根据以上分析所绘制出的根轨迹如图 4-7 所示。

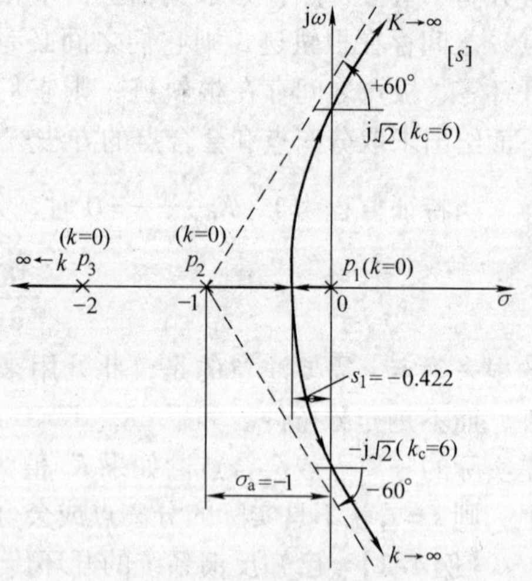

图 4-7　例 4-2 的根轨迹图

6. 根轨迹的出射角（或称起始角）和入射角（或称终止角）

根轨迹的出射角是指起始于开环极点的根轨迹在起点处的切线与正实轴的夹角 θ_{p_i}；而根轨迹的入射角是指终止于开环零点的根轨迹在终点处的切线与正实轴的夹角 φ_{z_j}，如图 4-8 所示。其计算公式

$$\theta_{p_i}=\mp(2k+1)\pi+\sum_{j=1}^{m}\varphi_{z_j,p_i}-\sum_{\substack{i'=1\\i'\neq 1}}^{n}\theta_{p_{i'},p_i}\tag{4-20}$$

$$\varphi_{z_j} = \mp (2k+1)\pi - \sum_{i=1}^{n} \theta_{p_i, z_j} + \sum_{\substack{j'=1 \\ j' \neq j}}^{m} \varphi_{z_{j'}, z_j} \tag{4-21}$$

7. 根轨迹与虚轴的交点

根轨迹与虚轴相交，表明系统正处于临界稳定状态，交点处的根轨迹增益 K^* 就是临界开环增益 K_{CRO}。因此，须合理设置 K_0，满足 $K^* \leqslant K_{CRO}$，否则会导致控制系统不稳定。

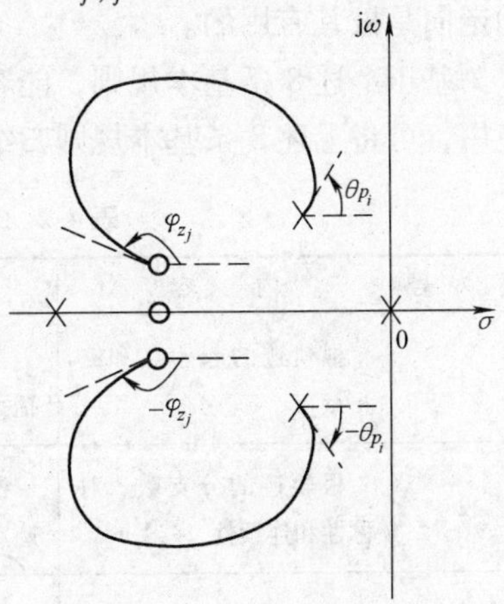

图 4-8　根轨迹的出射、入射角

通过分析得知根轨迹与虚轴相交，这意味着闭环特征方程的根 $s = j\omega$。所以，可以将其代入特征方程中，再令其实部、虚部分别等于零，就可以求出对应的根轨迹增益 K^* 和交点坐标值。也可以用劳斯稳定判据去求取根轨迹增益 K^* 和交点坐标值，二者结果是一样的。

在例 4-2 中，将 $s = j\omega$ 代入特征方程

$$f(s) = s^3 + 3s^2 + 2s + K = 0$$

得到以下方程组

$$\begin{cases} -\omega^3 + 2\omega = 0 \\ -3\omega^2 + K = 0 \end{cases}$$

解得

$\omega = 0$，$K = 0$；或 $\omega = \pm\sqrt{2}$，$K = 6$。

显然，$\omega = \pm\sqrt{2}$是根轨迹与虚轴交点的坐标值。$K = K_{CRO} = 6$ 是系统的临界根轨迹增益值。

8. 闭环特征方程的根之和

在满足 $n > m$ 的条件下，闭环特征方程能表述为

$$\prod_{i=1}^{n} (s - p_i) + K^* \prod_{j=1}^{m} (s - z_j) = s^n + a_1 s^{n-1} + \cdots + a_{n-1} s + a_n$$

$$= s^n + \left(-\sum_{i=1}^{n} s_i\right) s^{n-1} + \cdots + \prod_{i=1}^{n} (-s_i) = 0 \tag{4-22}$$

当 $n - m \geqslant 2$ 时，无论 K^* 取何值，开环 n 个极点之和始终等于闭环特征方程的 n 个根之和，即

$$\sum_{i=1}^{n} s_i = \sum_{i=1}^{n} p_i = \text{const ant} \tag{4-23}$$

式（4-23）表明，在开环极点数确定的情况下，随着根轨迹增益 K^* 的增

大，如果一些特征根增大，则其余的特征根必然减小。即根轨迹的一些分支在 s 平面上向右移动，则其余的分支必然在 s 平面上向左移动。该规则对判断根轨迹的走向是极其有用的。

基于上述 8 条基本规则，能容易地绘制出概略的根轨迹图。为了便于查阅、使用，可将上述 8 条基本规则归纳于表 4-2 中。

表 4-2　绘制根轨迹图的基本规则

序　号	内　容	规　则
1	根轨迹的起始点和终止点	根轨迹源于开环极点（包括无限极点），止于开环零点（包括无限零点）
2	根轨迹的分支数、对称性和连续性	根轨迹的分支数等于闭环极点数，亦等于开环极点数；根轨迹对称于实轴，并且是连续的
3	实轴上的根轨迹分布	实轴上的某一区域，如果其右侧零、极点的数目总和等于奇数时，则该区域必为根轨迹
4	根轨迹的渐近线分布	$(n-m)$ 条渐近线与实轴的交角和截距分别为 $\theta=\dfrac{(2k+1)\pi}{n-m}$；$k=0,\ 1,\ \cdots,\ n-m-1$ $\sigma=\dfrac{\sum\limits_{i=1}^{n}p_i-\sum\limits_{j=1}^{m}z_j}{n-m}$
5	根轨迹的分离点与会合点	分离点和会合点可由方程 $\dfrac{\mathrm{d}K}{\mathrm{d}s}=0$ 求得。实轴上分离点的分离角（或实轴上的会合点的会合角）恒为 ±90°
6	根轨迹的出射角和入射角	出射角 $\theta_{p_i}=(2k+1)\pi+\sum\limits_{j=1}^{m}\varphi_{z_j,p_i}-\sum\limits_{\substack{i'=1\\ i'\neq i}}^{n}\theta_{p_{i'},p_i}$ 入射角 $\varphi_{z_j}=(2k+1)\pi-\sum\limits_{i=1}^{n}\theta_{p_i,z_j}+\sum\limits_{\substack{j'=1\\ j'\neq j}}^{m}\varphi_{z_{j'},z_j}$
7	根轨迹与虚轴的交点	交点处的根轨迹增益 K^* 就是临界开环增益 K_{CRO}，以 $s=\mathrm{j}\omega$ 代入特征方程式求解或用劳斯稳定判据求取
8	闭环特征方程的根之和	当 $n-m\geqslant 2$ 时，$\sum\limits_{i=1}^{n}s_i=\sum\limits_{i=1}^{n}p_i=\text{constant}$

一些常见开环控制系统的零、极点分布及其对应的根轨迹图见表 4-3。

表 4-3　开环零、极点分布及其对应的根轨迹

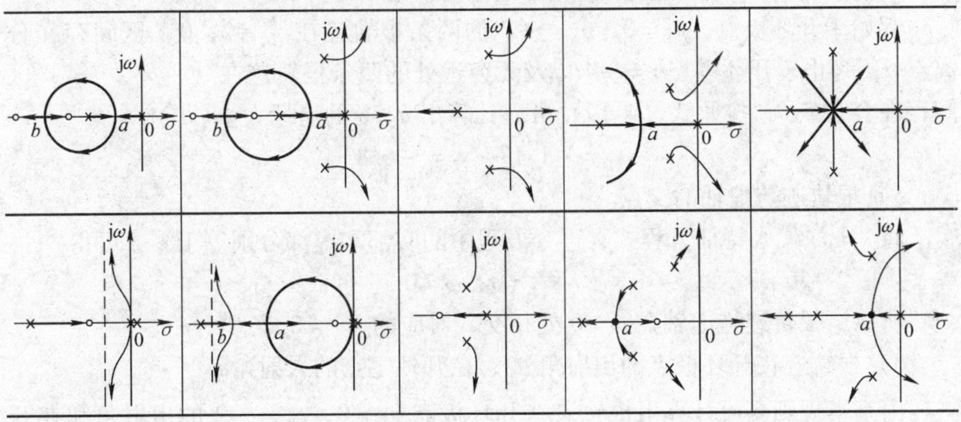

4.4　根轨迹绘制的应用举例

根据上述绘制根轨迹的基本规则，本节首先采用常规方法绘制一些常见闭环控制系统的根轨迹图，然后再应用 MATLAB 软件绘制相应的根轨迹图，比较对照，熟悉绘制闭环控制系统根轨迹的方法，加深对根轨迹的理解，了解 MATLAB 软件的使用。

【例 4-3】　已知系统开环传递函数是

$$G_0(s)=\frac{K(s+4)}{s(s+2)}$$

试绘制其根轨迹。

【解】　系统有两个开环极点 $p_1=0$，$p_2=-2$；1 个开环零点 $z=-4$；$K^*=K$；$n=2$，$m=1$。

1. 常规方法绘制根轨迹

基于上述根轨迹绘制基本规则，该系统的根轨迹绘制步骤如下：

1）根轨迹的起始点、终止点和分支数。

根轨迹的起始点、终止点分别是开环极点，$p_1=0$，$p_2=-2$ 和 1 个开环零点 $z=-4$ 以及无穷远处。由基本规则 2 得知，根轨迹的分支数为 2。

2）实轴上的根轨迹分布。

由基本规则 3 得知，实轴上的根轨迹区间是 $[-2, 0]$ 和 $[-\infty, -4]$。

3）渐近线。

由基本规则 4 得知，该系统的根轨迹渐近线有 $(n-m)=1$，按照式 (4-17) 和式 (4-18) 可计算出它与实轴的夹角 θ 和截距 $-\sigma$ 为

$$\theta=180°,\quad -\sigma=-2$$

4）根轨迹的分离点与会合点。

起始于开环极点，$p_1=0$，$p_2=-2$ 的两条根轨迹在［-2，0］区间存在分离点 a；终止于开环零点 $z=-4$ 以及无穷远处的两条根轨迹在［$-\infty$，-4］区间存在会合点 b，按照式（4-19）可以计算出 a、b 的坐标大小。

$$s_1=-1.17,\ s_2=-6.83$$

5）根轨迹与虚轴的交点。

将 $s=j\omega$ 代入特征方程式，再令方程中的实部和虚部分别等于零，可得

$$K^*=0,\ \omega=0$$

所以，根轨迹与虚轴在 $\omega=0$ 处相交，对应的 $K^*=0$。

6）根轨迹在开环极点的出射角 θ_{p_i}、在开环零点的入射角 φ_{z_j}。

由基本规则 6 可计算出根轨迹在开环极点 $p_1=0$，$p_2=-2$ 的出射角和在开环零点 $z=-4$ 的入射角

$$\theta_{p_i}=180°,\ 0;\ \varphi_{z_j}=0°$$

基于上述步骤，就能绘制出系统完整的根轨迹图，如图 4-9 所示。

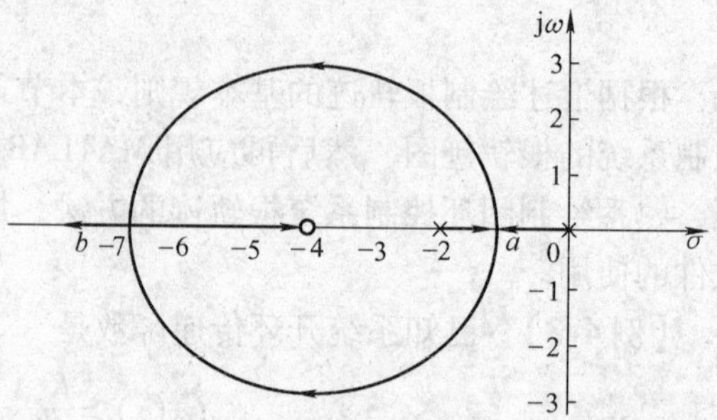

图 4-9　$G_0(s)=\dfrac{K(s+4)}{s(s+4)}$ 的根轨迹（常规方法）

上述计算方法受到系统阶次的限制，如果碰到高次代数方程时，这种方法就不适用了。目前，计算机科学得到了飞速发展，特别是 MATLAB 语言及其相应的工具箱，具有强大的数值计算和图形绘制功能，利用 MATLAB 语言相关函数绘制系统根轨迹及求根会变得异常简便。下面介绍用 MATLAB 语言求解根轨迹的方法。

2. 使用 MATLAB 绘制根轨迹

在 MATLAB Command Window 下执行%lt4_3. m MATLAB 程序，可得到图 4-10所示的根轨迹，即零点 z 与极点 p。

```
%lt4_3. m
num = [1 4];
den = [1 2 0];
rlocus(num,den)    %绘制根轨迹
z = roots(num)     %求解零点
p = roots(den)     %求解极点
```

程序执行后得到如下结果：

z =

　　-4

p =

　　0

　　-2

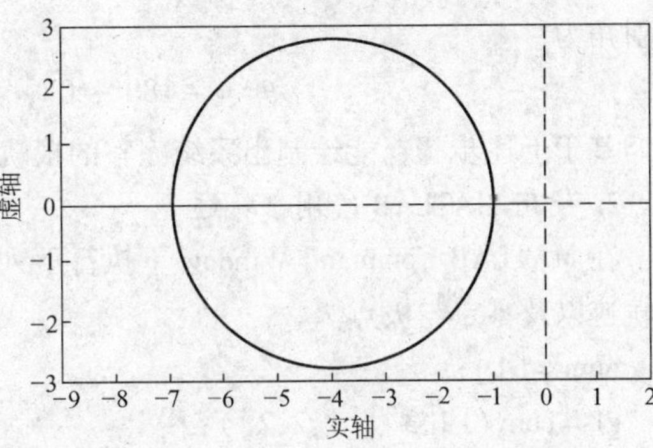

图 4-10　$G_0(s)\dfrac{K(s+4)}{s(s+2)}$的根轨迹（MATLAB）

【例 4-4】 已知系统开环传递函数是

$$G_0(s)=\frac{K}{s(s+3)(s^2+2s+2)}$$

试绘制其根轨迹。

【解】 系统有 4 个开环极点 $p_1=0$，$p_2=-3$，$p_{3,4}=-1\pm\mathrm{j}$；无开环零点；$K^*=K$；$n=4$，$m=0$。

1. *常规方法绘制根轨迹*

基于上述根轨迹绘制基本规则，该系统的根轨迹绘制步骤如下：

1）根轨迹的起始点、终止点和分支数。

根轨迹的起始点、终止点分别是开环极点 $p_1=0$，$p_2=-3$，$p_{3,4}=-1\pm\mathrm{j}$ 和无穷远处。由基本规则 2 得知，根轨迹的分支数 l 等于 $\max(m, n)=4$，趋向无穷远处。

2）实轴上的根轨迹分布。

由基本规则 3 得知，实轴上的根轨迹区间是 $[-3, 0]$。

3）渐近线。

由基本规则 4 得知，该系统的根轨迹渐近线有 $(n-m)=4$，按照式（4-17）和式（4-18）可计算出它与实轴的夹角 θ 和截距 $-\sigma$：

$$\theta=45°, 135°, 225°, 315°;\quad -\sigma=-1.25$$

4）根轨迹的分离点与会合点。

起始于开环极点 $p_1=0$，$p_2=-3$ 的根轨迹在 $[-3, 0]$ 区间存在分离点 a；按照式（4-19）可计算出 a 的坐标大小。

$$s_1=-2.28$$

5）根轨迹与虚轴的交点。

将 $s=\mathrm{j}\omega$ 代入特征方程式，再令方程中的实部和虚部分别等于零，可得

$$K_1^*=0,\ \omega_1=0;\ K_{2,3}^*=8.16,\ \omega_{2,3}=\pm1.1$$

所以，根轨迹与虚轴在 $\omega=0$ 处相交，对应的 $K^*=0$；在 $\omega=\pm1.1$ 处相交，对应的 $K^*=8.16$。

6）根轨迹在开环极点的出射角 θ_{p_i}。

由基本规则 6 可计算出根轨迹在开环极点 $p_1=0$，$p_4=-3$，$p_{3,4}=-1\pm\mathrm{j}$ 的

出射角为

$$\theta_{p_i} = -180°,\ 0°,\ \pm 71.6°$$

基于上述步骤，能绘制出系统完整的根轨迹图，如图 4-11 所示。

2. 使用 MATLAB 绘制根轨迹

在 MATLAB Command Window 下执行下列程序语句，可得到图 4-12 所示的根轨迹以及零点与极点。

```
num = [1];
g1 = conv([1,3],[1,2,2]);
g4 = conv([1,0],[g1]);
den = g4;
rlocus(num,den);
z = roots(num)
p = roots(den)
```

程序运行后得到如下结果：

```
z =      Empty matrix:0-by-1
p =      0
       -3.0000
       -1.0000 + 1.0000i
       -1.0000 - 1.0000i
```

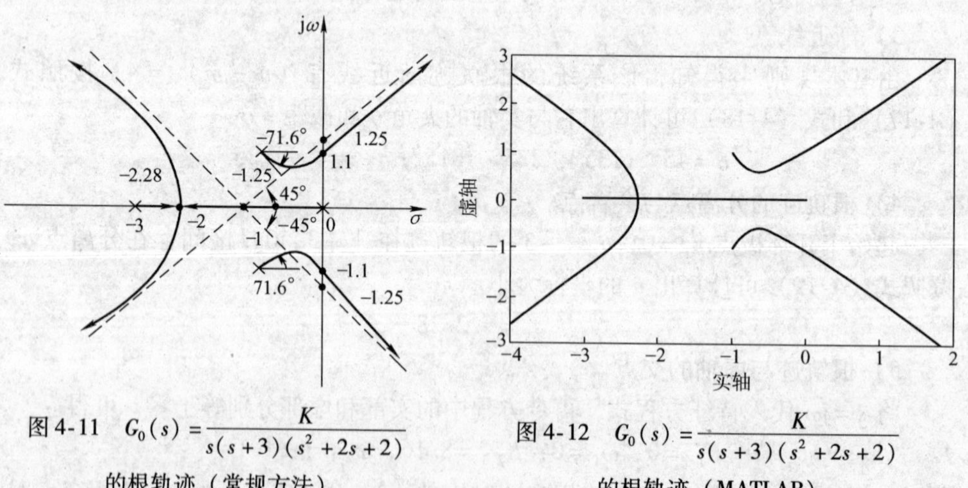

图 4-11 $G_0(s) = \dfrac{K}{s(s+3)(s^2+2s+2)}$ 的根轨迹（常规方法）

图 4-12 $G_0(s) = \dfrac{K}{s(s+3)(s^2+2s+2)}$ 的根轨迹（MATLAB）

【例 4-5】 已知系统开环传递函数是

$$G_0(s) = \frac{K(s+1.5)(s^2+4s+5)}{s(s+2.5)(s^2+s+2.5)}$$

试绘制其根轨迹。

【解】 系统有 4 个开环极点：$p_1=0$，$p_2=-2.5$，$p_{3,4}=-0.5\pm1.5\mathrm{j}$；3 个开环零点 $z_1=-1.5$，$z_{2,3}=-2\pm1\mathrm{j}$；$K^*=K$，$n=4$，$m=3$。

1. 常规方法绘制根轨迹

基于上述的根轨迹绘制基本规则，该系统的根轨迹绘制步骤如下：

1）根轨迹的起始点、终止点和分支数。

根轨迹的起始点、终止点分别是开环极点 $p_1=0$，$p_2=-2.5$，$p_{3,4}=-0.5\pm1.5\mathrm{j}$ 和 3 个开环零点 $z_1=-1.5$，$z_{2,3}=-2\pm1\mathrm{j}$ 以及无穷远处。由基本规则 2 得知，根轨迹的分支数 l 等于 $\max(m,\ n)=4$。

2）实轴上的根轨迹分布。

由基本规则 3 得知，实轴上的根轨迹区间是 $[-1.5,\ 0]$、$[-\infty,\ -2.5]$。

3）渐近线。

由基本规则 4 得知，该系统的根轨迹渐近线有 $(n-m)=1$，按照式（4-17）和式（4-18）可计算出它与实轴的夹角 θ 和截距 $-\sigma$ 是

$$\theta=180°;\ \ -\sigma=-2$$

4）根轨迹的分离点与会合点。

起始于开环极点 $p_1=0$，$p_2=-2.5$，$p_{3,4}=-0.5\pm1.5\mathrm{j}$ 的 4 条根轨迹分别终止于 3 个开环零点 $z_1=-1.5$，$z_{2,3}=-2\pm1\mathrm{j}$ 以及无穷远处。所以，本例无根轨迹的分离点与会合点。

5）根轨迹与虚轴的交点。

将 $s=\mathrm{j}\omega$ 代入特征方程式，再令方程中的实部和虚部分别等于零，可得

$$K^*=0;\ \ \omega=0$$

所以，根轨迹与虚轴在 $\omega=0$ 处相交，对应的 $K^*=0$。

6）根轨迹在开环极点的出射角 θ_{p_i}、在开环零点的入射角 φ_{z_j}。

由基本规则 6 可计算出根轨迹在开环极点 $p_1=0$，$p_2=-2.5$，$p_{3,4}=-0.5\pm1.5\mathrm{j}$ 的出射角，在开环零点 $z_1=-1.5$，$z_{2,3}=-2\pm1\mathrm{j}$ 的入射角

$$\theta_{p_i}=180°,\ 180°,\ 79°,\ -79°;\ \varphi_{z_j}=180°,\ 149.5°,\ -149.5°$$

基于上述步骤，能绘制出系统完整的根轨迹图，如图 4-13 所示。

2. 使用 MATLAB 绘制根轨迹

在 MATLAB Command Window 下执行下列程序语句。

```
%lt4_5.m
num=conv([1,1.5],[1,4,5]);
g1=conv([1,0],[1,4.5]);
den=conv([g1],[1,1,4.5]);
rlocus(num,den);
```

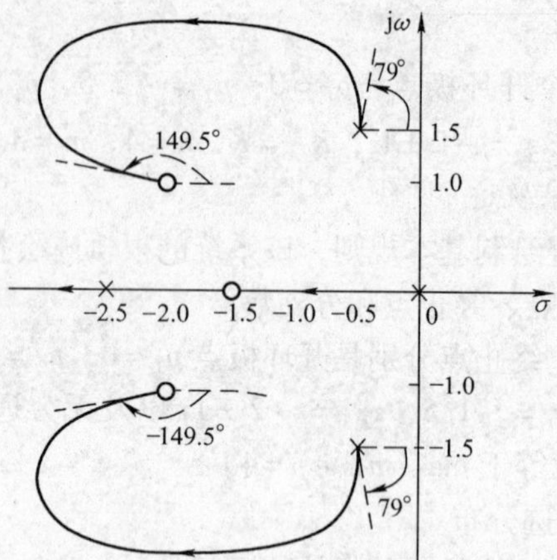

图4-13 $G_0(s)=\dfrac{K(s+1.5)(s^2+4s+5)}{s(s+2.5)(s^2+s+2.5)}$的根轨迹（常轨方法）

```
z = roots(num)
p = roots(den)
```

执行% lt4_5. m MATLAB 程序，得到图 4-14 所示的根轨迹以及零点与极点。

```
z =    -4.0000 + 1.0000i
       -4.0000 - 1.0000i
       -1.5000
p =     0
       -4.5000
       -0.5000 + 1.5000i
       -0.5000 - 1.5000i
```

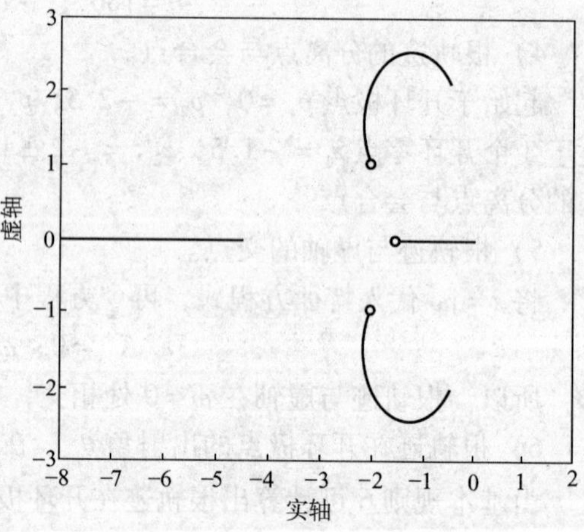

图 4-14 $G_0(s)=\dfrac{K(s+1.5)(s^2+4s+5)}{s(s+2.5)(s^2+s+2.5)}$的根轨迹（MATLAB）

如果在上述 MATLAB 程序的最后添加 [k, r] = rlocfind (num, den)。随后再用鼠标点击根轨迹上相应的点 p，就能得到该闭环极点 p 对应的 K^* 值和 p 值。例如，若在例4-5 中的 MATLAB 程序中添加 [k, r] = rlocfind (num, den)，用鼠标点击根轨迹上相应的点 p_1、p_2后，便可得到下列结果：

```
k = 6.0446                      k = 1.5154
r = -4.4341                     r = -3.0040
    0.0040 + 1.4185i                -0.4849 + 0.7365i
    0.0040 - 1.4185i                -0.4849 - 0.7365i
```

4.5　参量根轨迹的绘制

前面是以开环增益 K 为可变参数讨论系统根轨迹的绘制方法，即系统常规根轨迹的绘制方法，但在实际工程中有时需要研究除开环增益外的其他可变参量（如时间常数、反馈系数和开环零、极点等）对系统性能的影响。例如，空调区域温度对象的控制精度与时间常数 T 有关，控制系统的控制精度越高，要求对象的时间常数越小。对象的时间常数越小，则空调区域的换气次数越大，导致空调系统能耗越大。因此，根据控制精度合理地选择换气次数是非常必要的。下面举例说明以 T（或 α）为可变参量绘制根轨迹的方法。

【例4-6】　已知某单位反馈控制系统开环传递函数为

$$G_0(\mathrm{s})=\frac{\frac{1}{4}(s+\alpha)}{s^2(s+1)}$$

试绘制参数 α 从零连续变化到正无穷时，闭环系统的根轨迹。

【解】　系统的闭环特征方程为

$$D(s)=1+G(s)H(s)=1+\frac{\frac{1}{4}(s+\alpha)}{s^2(s+1)}=0$$

即

$$s^3+s^2+\frac{1}{4}s+\frac{1}{4}\alpha=0$$

以不含 α 的项（$4s^3+4s^2+s$）除以上式得

$$1+\frac{\alpha}{4s^3+4s^2+s}=0$$

其等效开环传递函数

$$G'(s)=\frac{\alpha}{s(4s^2+4s+1)}$$

把参数 α 视为常规根轨迹的根轨迹增益，即可按常规根轨迹的绘制方法绘制出 α 变化系统的根轨迹。

1）根轨迹的起始点、终止点和分支数。

根轨迹的起始点是开环极点 $p_1=0$，$p_2=p_3=-0.5$，终止于 s 平面无穷远处。由基本规则2得知，根轨迹的分支数 l 等于 $\max(m,\ n)=4$。

2）实轴上的根轨迹分布。

由基本规则3得知，实轴上的根轨迹为含坐标原点在内的整个负实轴。

3）渐近线。

由基本规则 4 得知，该系统的根轨迹渐近线有 $(n-m)=3$，按照式（4-17）和式（4-18）可计算出它与实轴的夹角 θ 和截距 $-\sigma$ 是

$$\theta=60°,\ -60°,\ 180°;\ -\sigma=-1/3$$

4）根轨迹的分离点与会合点。

3 条根轨迹分别终止于无穷远处，所以，本例题无根轨迹的会合点。按照式（4-19）可计算出分离点 $s_1=-1/6$，$s_2=-1/2$ 的坐标大小。

5）根轨迹与虚轴的交点坐标可由劳斯判据求出。

系统的闭环特征方程可表示为

$$D(s)=4s^3+4s^2+s+\alpha=0$$

劳斯表如下：

$$\begin{array}{lll} s^3 & 4 & 1 \\ s^2 & 4 & \alpha \\ s^1 & \dfrac{4\alpha-4}{4} & \\ s^0 & \alpha & \end{array}$$

当 $\alpha=1$ 时，劳斯表中 s^1 行元素全为零。辅助方程为

$$f(s)=4s^2+1=0$$

解得，$s_{1,2}=\pm\dfrac{1}{2}\mathrm{j}$，即根轨迹与虚轴的交点分别是 $s_{1,2}=+\dfrac{1}{2}\mathrm{j}(\alpha=1)$ 与 $s_{1,2}=-\dfrac{1}{2}\mathrm{j}(\alpha=1)$。基于上述步骤，能绘制出系统完整的根轨迹图，如图 4-15 所示。图中的箭头指明了 α 的增大方向。

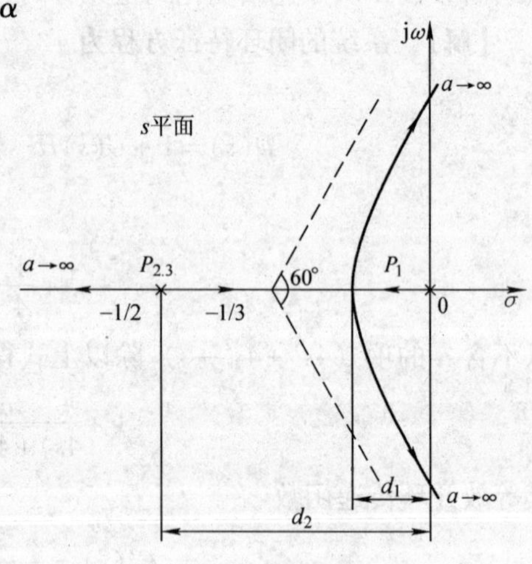

图 4-15 $G_0(s)=\dfrac{\frac{1}{4}(s+\alpha)}{s^2(s+1)}$ 的根轨迹（常规方法）

在系统设计中经常遇到两个或两个以上可变参数的情况，这类问题也可以用根轨迹方法来研究。

4.6 根据根轨迹分析系统的性能指标

绘制完毕根轨迹，当参数值 K 确定之后，即可确定闭环传递函数，分析系统的性能指标。

【例 4-7】 已知某单位反馈系统的开环传递函数为

$$G_0(s)=\frac{K}{s(0.5s+1)}$$

试用根轨迹法分析开环系数 K 对系统性能的影响，并计算 $K=5$ 时，系统的动态指标。

【解】 将开环传递函数 $G(s)$ 化为在根轨迹法中常用的形式

$$G_0(s)=\frac{K_0}{s(s+2)} \qquad K_0=2K$$

其根轨迹如图 4-16 所示。从图中可知，无论 K(或 K_0) 取何值，系统都是稳定的。$K=5(K_0=10)$ 时，由图可知系统的闭环极点为

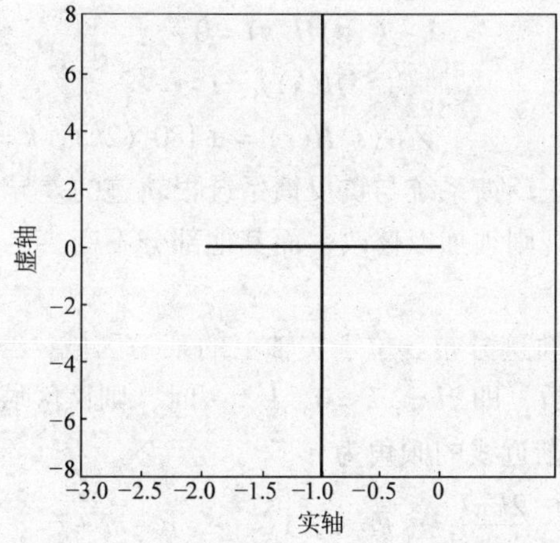

图 4-16 $G_0(s)=\dfrac{K_0}{s(0.5s+1)}$ 的根轨迹（MATLAB）

$$s_{1,2}=-\frac{p}{2T}\pm\sqrt{\left(\frac{p}{2T}\right)^2-\frac{K_0}{T}}=-\xi\omega_n\pm j\omega_n\sqrt{1-\xi^2}=-1\pm j3$$

则

$$\omega_n=\sqrt{K_0}=\sqrt{10}=3.16$$

$$\xi=\frac{1}{\omega_n}=\frac{1}{3.16}=0.316$$

于是得系统的动态性能指标如下：

最大超调量

$$\sigma_p=e^{-\frac{\pi\xi}{\sqrt{1-\xi^2}}}\times 100\%=e^{-1.05}\times 100\%=35\%$$

过渡过程时间

$$t_s=\frac{3}{\xi\omega_n}=3s(\Delta=5\%)$$

4.7 正反馈系统和非最小相位系统的根轨迹

4.7.1 正反馈系统的根轨迹

对于正反馈系统，由于其与负反馈系统的差异性，因此相应的根轨迹绘制依据、步骤必须在前述的内容基础上加以修改，以满足绘制正反馈系统根轨迹的要求。

根据正反馈系统的特点，修改的重点如下所述。

1. 绘制根轨迹的依据

其特征方程式 $1-G(s)H(s)=0$

幅值条件 $|G(s)H(s)|=1$

相角条件 $\angle G(s)H(s)=\pm 180°(2k)\quad k=0,1,2,\cdots$

通过分析可知，正反馈系统与负反馈系统根轨迹的差异是相角条件不同，所以与相角相关的绘图规则须加以修改，而其他部分不变。

2. 绘图规则

（1）实轴上的根轨迹分布。位于实轴上的某一区域，当其右边开环实数零、极点数目总和等于偶数，即 $2k\pi$，$k=0$，1，…时，则该区域必为根轨迹。

（2）$(n-m)$ 条渐近线的倾角为

$$\theta=\frac{2k\pi}{n-m};\quad k=0,1,\cdots,n-m-1$$

（3）根轨迹的出射角、入射角分别为

$$\theta_{p_i}=\mp 2k\pi+\sum_{j=1}^{m}\varphi_{z_j,p_i}-\sum_{\substack{i'=1\\ i'\neq i}}^{n}\theta_{p_{i'},p_i}$$

$$\varphi_{z_j}=\mp 2k\pi+\sum_{i=1}^{n}\theta_{p_i,z_j}-\sum_{\substack{j'=1\\ j'\neq j}}^{m}\varphi_{z_{j'},z_j}$$

所以，考虑上述异同点，按照前述负反馈系统的绘制方法（常规法、MATLAB）就能够简捷、准确地绘制出所求正反馈系统的根轨迹。

【例 4-8】 某正反馈控制系统，其开环传递函数是

$$G_{O,P}(s)=\frac{K}{(s^2+2s+6)}$$

试绘制其根轨迹。

【解】 系统有 4 个开环极点 $p_{1,2}=-1\pm\sqrt{5}\mathrm{j}$；无开环零点；$K^*=K$，$n=2$，$m=0$。

1. 常规方法绘制根轨迹

基于上述的根轨迹绘制基本规则，该系统的根轨迹绘制步骤如下：

1）根轨迹的起始点、终止点和分支数。

根轨迹的起始点、终止点分别是开环极点 $p_{1,2} = -1 \pm \sqrt{5}\mathrm{j}$ 和无穷远处。由基本规则2得知，根轨迹的分支数为2，趋向无穷远处。

2）实轴上的根轨迹分布。

由正反馈绘图规则（1）得知，实轴上的根轨迹区间是整个实轴。

3）渐近线。

该系统的根轨迹渐近线有 $(n-m)=2$，按照正反馈绘图规则（2）和式（4-18）可计算出它与实轴的夹角 θ 和截距 $-\sigma$ 是

$$\theta=0°,\ 180°;\ -\sigma=-1$$

4）根轨迹的分离点与会合点。

起始于开环极点 $p_1 = -1+\sqrt{5}\mathrm{j}$，$p_2 = -1-\sqrt{5}\mathrm{j}$ 的4条根轨迹在实轴存在分离点 a；按照式（4-18）可计算出 a 的坐标大小。

$$s_1 = -1$$

5）根轨迹与虚轴的交点。

将 $s=\mathrm{j}\omega$ 代入特征方程式，再令方程中的实部和虚部分别等于零，可得

$$K^* =6,\ \omega=0$$

所以，根轨迹与虚轴在 $\omega=0$ 处相交，对应的 $K^*=6$。

6）根轨迹在开环极点的出射角 θ_{p_i}。

由正反馈绘图规则（3）可计算出根轨迹在开环极点 $p_1 = -1+\sqrt{5}\mathrm{j}$，$p_2 = -1-\sqrt{5}\mathrm{j}$的出射角

$$\theta_{p_i}=90°,\ -90°$$

基于上述步骤，能绘制出系统完整的根轨迹图，如图4-17所示。

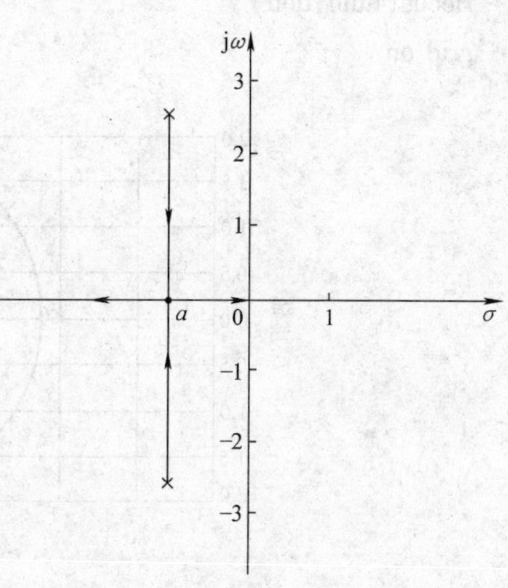

图4-17　$G_{O,P}(s)=\dfrac{K}{(s^2+2s+6)}$的根轨迹（常规方法）

2. 使用MATLAB绘制根轨迹

在MATLAB Command Window下执行下列程序语句，可得到如图4-18所示的根轨迹。

```
num=[-1];
den=[1,2,6];
rlocus(num,den);
grid on
```

4.7.2 非最小相位系统的根轨迹

所谓非最小相位系统，是指控制系统至少有一个开环零点或极点位于 s 的右半平面，或者其开环传递函数有延迟环节 $e^{-\tau s}$。关于非最小相位系统的根轨迹绘制，与前述所不同的是相角条件的变化。下面通过实例来阐述。

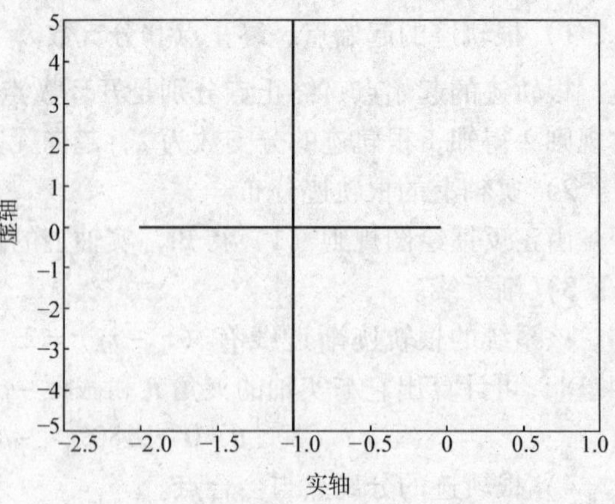

图 4-18 $G_{O,P}(s)=\dfrac{K}{(s^2+2s+6)}$的根轨迹（MATLAB）

【例 4-9】 某非最小相位系统的开环传递函数是

$$G_{o,n}(s)=\frac{K(1-s)}{s^2+2s}$$

试绘制其根轨迹。

【解】 在 MATLAB Command Window 下执行下列程序语句，就可以得到如图 4-19 所示的根轨迹。

```
%lt4_9. m
num=[-1,1];
den=[1,2,0];
rlocus(num,den);
grid on
```

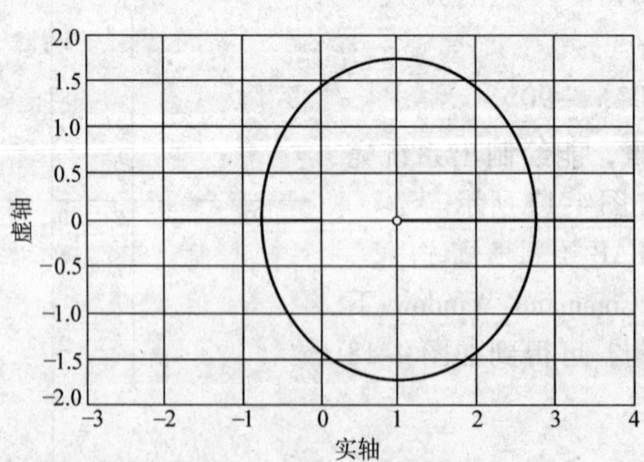

图 4-19 $G_{o,n}(s)=\dfrac{K(1-s)}{s^2+2s}$的根轨迹（MATLAB）

小 结

本章主要介绍了分析控制系统的一种图解方法——根轨迹分析法，即根据反馈控制系统的开环传递函数极点和零点的分布，依据相应的规则，在复平面用作图的方法求出闭环极点的分布，避免了复杂的数学计算，便于分析、设计和校正控制系统，并结合 MATLAB 这个有效的控制系统分析和设计工具，重点介绍了以下几个问题。

(1) 根轨迹的概念和作用。依据规则，运用图解的方法在复平面上画出对应的、连续变化的闭环特征方程所有的根，即根轨迹。其作用是直观地描述闭环控制系统的时间响应信息，据此能够分析控制系统所具有的性能；而且指出了如何改变系统参数，相应地改变开环零、极点，从而满足给定的闭环控制系统的性能指标要求。

(2) 根轨迹图绘制的基本原则。在理解根轨迹方程的基础上，依据开环零、极点、根轨迹方程与根轨迹的内在关系，基于表 4-2 和表 4-3，就可以用常规方法准确地绘制出控制系统的根轨迹图。当然，借助于 MATLAB 编程，也可以便捷地得到所分析的控制系统的根轨迹图。本章给出了用常规方法和 MATLAB 编程得到的同一实例的根轨迹图，便于比对。

(3) 根据根轨迹分析系统的性能指标，完成根轨迹的绘制。当某一参数值（如 K 等）确定之后，即可确定闭环传递函数，分析系统的性能指标，如最大超调量 σ_p 和过渡过程时间 t_s。

(4) 正反馈系统和非最小相位系统的根轨迹。对于正反馈（非最小相位）系统，由于其与负反馈（最小相位）系统的差异性，其根轨迹绘制依据、步骤做相应的修改，就能满足绘制正反馈（非最小相位）系统根轨迹的要求。本章同样给出了实例的应用，便于比对前面所述实例的负反馈（最小相位）系统的根轨迹。

复习思考题

4-1 设开环系统的零、极点分布如图 4-20 所示，试绘制相应的根轨迹图。

4-2 已知单位负反馈系统的开环传递函数是

$$G_0(s)=\frac{K_g}{s(s^2+8s+20)}$$

当开环增益 K_g 变化时，试分别用常规法和 MATLAB 编程，绘制该系统的根轨迹图。

4-3 已知系统的开环传递函数是

$$G(s)H(s)=\frac{K_g(s+5)}{s(s^2+4s+8)}$$

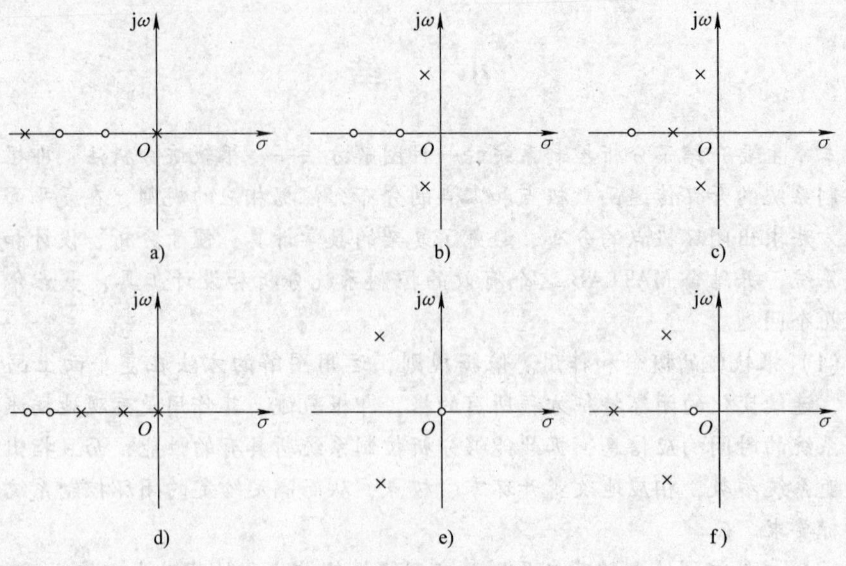

图 4-20　题图 4-1

当开环增益 $K_g=0\to\infty$ 时，判断下面各点是否在根轨迹上。

点 $a(-6,\ \mathrm{j}0)$；点 $b(-1.5,\ \mathrm{j}4)$；点 $c(-4,\ \mathrm{j}3)$；点 $d(1,\ \mathrm{j}1.5)$；点 $e(0,\ \mathrm{j}4)$

4-4　已知系统的开环传递函数是

$$G(s)H(s)=\frac{K_g(s+2)}{(s+3)(s^2+4s+8)}$$

试用 MATLAB 编程，绘制出正、负反馈时的根轨迹图。比对分析，将会得出什么结论？

4-5　设单位负反馈系统的开环传递函数是

$$G_0(s)=\frac{K_g(2-s)}{s(s+1)}$$

试用 MATLAB 编程，绘制出该系统的根轨迹图，并求解出系统处于临界稳定时的 K_g 值。

4-6　某控制系统的框图如图 4-21 所示。

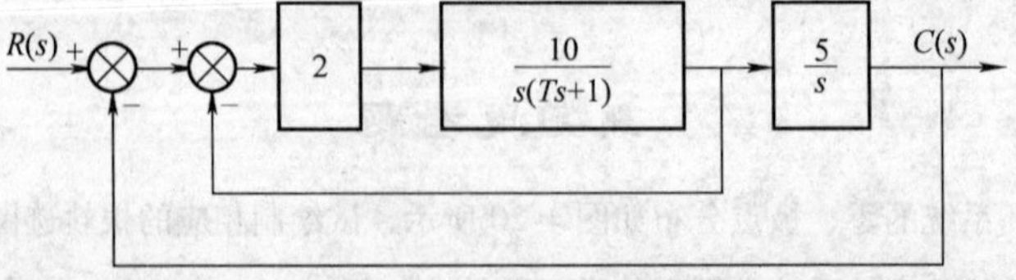

图 4-21　题图 4-6

当时间常数 T 变化时，试用 MATLAB 编程，绘制出该系统的根轨迹图，并分析系统的稳定性。

4-7　试用根轨迹法求解下面多项式的根，并用 MATLAB 编程验证。

$$3s^4+10s^2+21s^2+24s-16=0$$

4-8　设单位负反馈系统的开环传递函数是

$$G_0(s)=\frac{K_g(s+z)}{s(s+2)(s^2+4s+16)}$$

试用 MATLAB 编程，当开环极点 $z=-1$ 和 1 时，分别绘制出该系统的根轨迹图。比对分析，将会得出什么结论？

第 5 章 频率特性分析法

5

根据前面的讨论可知，一个控制系统的全部性质都取决于其闭环传递函数，而且闭环传递函数的零点与开环传递函数的零点相同，比例系数也有简单的关系。但是闭环传递函数的极点，即闭环特征方程的根，直接计算起来是比较困难的。因此，工程上很重视间接研究的方法，即在给定开环传递函数的极点、零点和开环增益后，无需求出闭环传递函数的极点，便能分析闭环系统的性质，甚至可以根据要求的性质，选择闭环系统的某些参数。上一章所述的根轨迹法就是这样的间接方法，本章将要介绍的频率响应法也是这样一种间接方法。

频域响应法的基本思想是：把控制系统中的各个变量看成一些信号，而这些信号又是由许多不同频率的正弦信号合成的；各个变量的运动就是系统对各个不同频率的信号的响应总和。这种观察问题和处理问题的方法起源于通信科学。在通信科学中，各种音频信号和视频信号都被看做是由不同频率的正弦信号成分合成的，并按此观点进行处理和传递。20 世纪 30 年代，这种观点被引进控制科学，对控制理论的发展起了强大的推动作用。它克服了直接用微分方程研究系统的种种困难，解决了许多理论问题和工程问题，迅速形成了分析和综合控制的一整套方法，即频率响应法。频率法具备下列特点：

1）仅求出系统的开环频率特性，即可判断出闭环控制系统的稳定性、某些参数对系统性能的影响。

2）不但可以对基于机理模型的控制系统进行分析，而且对于实验建模的控制系统也能有效地解析，适用于线性定常系统和部分非线性系统等。

3）由于系统的频率特性与控制系统的结构、参数密切相关，频域指标与时域指标对应，所以能够根据合理的频率特性指标去选择、确定控制系统的结构和参数，使其满足规定的时域指标要求。

4）它是一种图解法，主要有极坐标图（Nyquist 图）和博德图（Bode 图），能够由传递函数（机理建模）、实验方法、数据（实验建模）获取。

所以，频率法是经典控制理论的重要内容，也是其他复杂控制系统（如参数不确定等）的重要工具，但频率法目前还不能成为研究和设计非线性控制系统的得力公共工具。

5.1 频率特性的基本知识

5.1.1 频率特性的定义

设对传递函数 $G(s)$ 的线性系统输入一谐波信号，即

$$x_i(t)=X_i\sin\omega t$$

根据微分方程的理论，系统的输出 $c(t)$ 也为同一频率的谐波信号，只是幅值和相位发生了变化。那么，对于给定的系统，当 ω 一定时，输出的幅值和相位也就确定了。其输出谐波的幅值 $X_0(\omega)$ 正比于输入谐波的幅值 X_i，而且是输入谐波的频率 ω 的非线性函数；其输出谐波的相位与 X_i 无关，而与输入谐波的相位之差是 ω 的非线性函数 $\phi(\omega)$，即线性系统的稳态输出为

$$c(t)=X_0(\omega)\cdot\sin[\omega t+\phi(\omega)]=X_i\cdot A(\omega)\cdot\sin[\omega t+\phi(\omega)] \tag{5-1}$$

显然，频率响应只是时间响应的一个特例。不过，当谐波的频率 ω 不同时，式（5-1）中的幅值与相位 $\phi(\omega)$ 也不同。这恰好提供了有关系统本身特性的重要信息。因此，频率特性或频率响应是系统或部件对于不同频率的正弦波输入信号的稳态响应特性，它表述了在不同频率下，系统或部件传递正弦波的能力。如图5-1所示的某系统，设其开环传递函数可以表述为以下形式，即

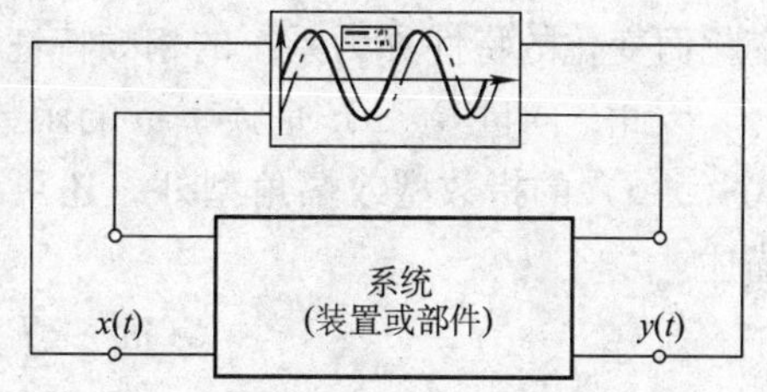

图5-1 某系统及其输入、输出响应波形

$$G(s)=\frac{Y(s)}{X(s)}=\frac{K(s+z_1)(s+z_2)\cdots(s+z_m)}{(s+p_1)(s+p_2)\cdots(s+p_n)},n\geqslant m \tag{5-2}$$

由微分方程解的理论可以证明，系统的频率特性就是其传递函数 $G(s)$ 中复变量 $s=\sigma+\mathrm{j}\omega$ 在 $\sigma=0$ 时的特殊情况。由此得到一个极为重要的结论与方法：将式（5-2）中的 s 用 $\mathrm{j}\omega$ 替代，就能得到系统的频率特性，即 $G(\mathrm{j}\omega)=G(s)\big|_{s=\mathrm{j}\omega}$，得

$$G(\mathrm{j}\omega)=\frac{K(\mathrm{j}\omega+z_1)(\mathrm{j}\omega+z_2)\cdots(\mathrm{j}\omega+z_m)}{(\mathrm{j}\omega+p_1)(\mathrm{j}\omega+p_2)\cdots(\mathrm{j}\omega+p_n)},n\geqslant m \tag{5-3}$$

令 $\omega=\omega_1$，则 $\mathrm{j}\omega_1$ 就是 s 平面虚轴上的一点，$\mathrm{j}\omega_1+z_1(l=1, 2\cdots, m)$ 和 $\mathrm{j}\omega_1+p_i(i=1, 2, \cdots, n)$ 就表示该点与所有零、极点连接的向量，于是

$$j\omega_1 + z_l = A_l e^{j\varphi_l} \qquad (l=1,\ 2,\ \cdots,\ m)$$

$$j\omega_1 + p_i = B_i e^{j\theta_i} \qquad (i=1,\ 2,\ \cdots,\ n)$$

将上述向量代入式（5-3），得到

$$G(j\omega_1) = \frac{KA_1 e^{j\varphi_1} A_2 e^{j\varphi_2} \cdots A_m e^{j\varphi_m}}{B_1 e^{j\theta_1} B_2 e^{j\theta_2} \cdots B_n e^{j\theta_n}} = \frac{K\prod_{l=1}^{m} A_l}{\prod_{i=1}^{n} B_i} e^{j\left(\sum_{l=1}^{m}\varphi_l - \sum_{i=1}^{n}\theta_i\right)} \tag{5-4}$$

所以，由式（5-4）能够得到 $G(j\omega_1)$ 对应的幅值和相角（或相位），即

$$|G(j\omega_1)| = \frac{K\prod_{l=1}^{m} A_l}{\prod_{i=1}^{n} B_i} \tag{5-5}$$

$$\phi(\omega_1) = \sum_{l=1}^{m} \varphi_l - \sum_{i=1}^{n} \theta_i \tag{5-6}$$

当频率 ω 在 $[\omega_L,\ \omega_H]$ 变化时，可以得到对应的幅值和相位。其中，幅值 $|G(j\omega)|$ 随频率 ω 变化而变化的特性称为系统的幅频特性；相位 $\phi(\omega)$ 随频率 ω 变化而变化的特性称为系统的相频特性。

因此，向量 $G(j\omega)$ 是频率 ω 的函数。其数学表达形式较多，除了式(5-4)～式（5-6）的指数型或幅角型外，还可以用式（5-7）～式（5-10）的复数型来描述。

$$G(j\omega) = P(\omega) + jQ(\omega) \tag{5-7}$$

$$P(\omega) = \sqrt{P^2(\omega) + Q^2(\omega)}\cos\phi(\omega) \tag{5-8}$$

$$Q(\omega) = \sqrt{P^2(\omega) + Q^2(\omega)}\sin\phi(\omega) \tag{5-9}$$

$$\phi(\omega) = \arctan\frac{Q(\omega)}{P(\omega)} \tag{5-10}$$

其中，$P(\omega)$、$Q(\omega)$ 分别是系统的实频特性和虚频特性。

【例 5-1】 某系统的传递函数是

$$G(s) = \frac{10(s+1)}{s^2+4s+13} = \frac{10(s+1)}{(s+2+j3)(s+2-j3)}$$

试求解该系统的幅频特性与相频特性。

【解】 $G(s)$ 的零、极点分布如图 5-2 所示。

令 $s=j2$，并代入 $G(s)$ 的表达式，得到

$G(j2) = \dfrac{10(j2+1)}{(j2+2+j3)(j2+2-j3)} = \dfrac{10\sqrt{5}\angle 63.4^\circ}{\sqrt{29}\angle 68.2^\circ \sqrt{5}\angle -26.6^\circ} = 1.857\angle 21.8^\circ$，即频率 $\omega=2$ 时，频率特性的幅值 $|G(j2)| = 1.857$，相位 $\phi = 21.8^\circ$。如果使频率 ω

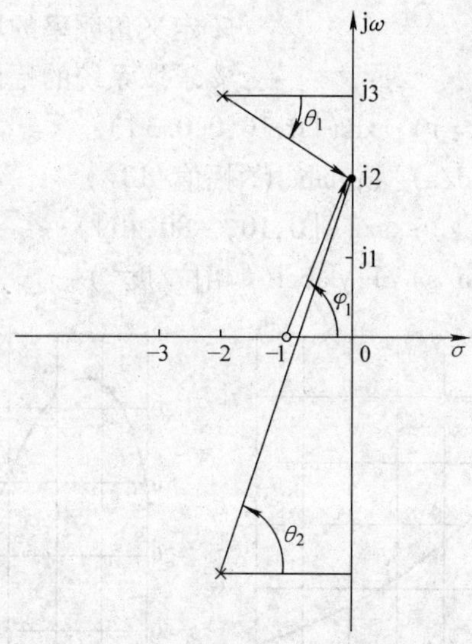

图 5-2 在复平面上确定频率响应

在 $[\omega_L, \omega_H]$ 变化时，重复上述计算步骤，就能够得到对应的一组 $|G(j\omega)|$ 和 $\phi(\omega)$，如表 5-1 所示。将其光滑地连接，就得到该系统的幅频特性曲线、相频特性曲线。

表 5-1 例 5-1 所示传递函数的频率响应

ω	$\|G\|$	φ	ω	$\|G\|$	φ
0	0.769	0°	5	2.186	−42.3°
1	1.118	26.6°	6	1.830	−53.2°
2	1.875	21.8°	7	1.550	−60.3°
3	2.5	0°	8	1.339	−65°
3.5	2.569	−12.9°	10	1.050	−71°
4	2.533	−24.7°	…	…	…

当然，借助 MATLAB 软件也可以简便地绘制出该系统的幅频特性曲线和相频特性曲线，在 MATLAB Command Window 下执行下列程序语句，可得到图 5-3 所示的幅、相频特性曲线。

```
%lt5_1.m
num=[1,1];
den=[1 4 13];
G=tf(num,den);
X=[];Y=[];                         %幅值、相位空矩阵生成
```

```
w = logspace( -1,1);                          %定义角频率的取值范围为 0 ~ 10rad/s
[x,y,w] = bode(G);                            %求取系统的幅值与相角
figure(1),plot(w,x(:));axis([0,10,0,0.3]);
xlabel('角频率/(rad/s)');ylabel('幅值/dB')
figure(2),plot(w,y(:));axis([0,10,-80,40]);
xlabel('角频率/(rad/s)');ylabel('相位/度')
```

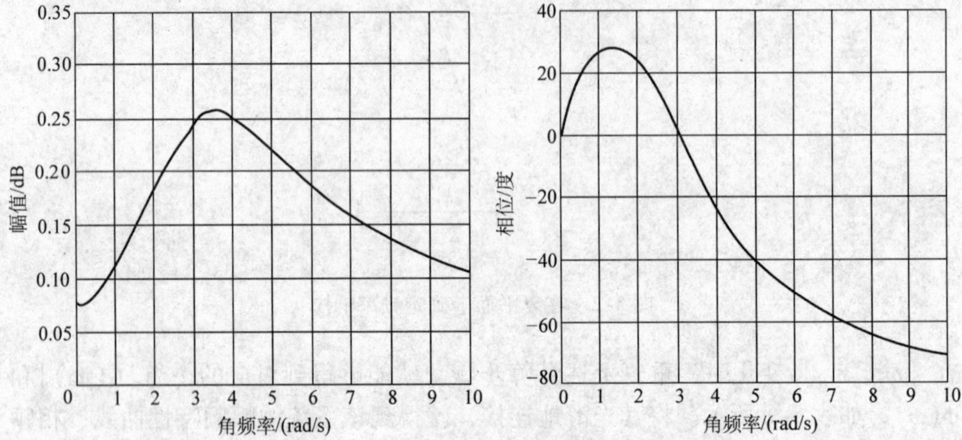

图 5-3 例 5-1 所示系统的幅频特性和相频特性

5.1.2 用实验方法求取

如果不知道系统或部件的传递函数或微分方程，基于频率特性的定义，系统或部件的频率特性就可以通过实验法求得，如图 5-4 所示。

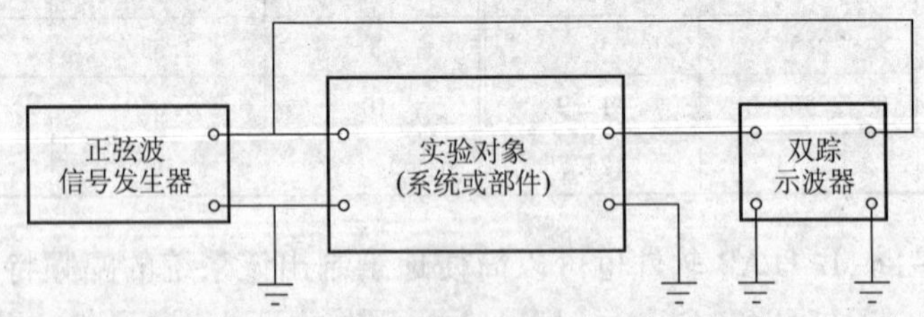

图 5-4 实际系统频率特性求解的实验方法

在系统的输入端，通过正弦波发生器施加一个频率可变的正弦波信号 $r(t)=R\sin\omega t$。连续地改变输入频率 ω，借助示波器实时地测量对应的输出信号 $c(t)=C\sin(\omega t+\phi)$，将每个 ω 对应的 R、C、φ 记录下来，计算出振幅比 $A=R/C$，绘制出 $A(\omega_i)$ 与 ω_i的曲线（幅频特性曲线）；绘制出相位差 $\phi(\omega_i)$ 与 ω_i的曲线（相频特性曲线）。

一般而言，系统的输入信号 $r(t)$ 和输出信号 $c(t)$ 的频率相同，但它们的幅角、相角却不一样。

由上可知，一个系统可以用微分方程或传递函数来描述，也可以用频率特性来描述。它们之间的相互关系如图5-5所示。将微分方程的微分算子 p 换算成 s 后，就可获得传递函数；而将传递函数中的 s 再换算成 $j\omega$，传递函数就变成了频率特性；反之亦然。

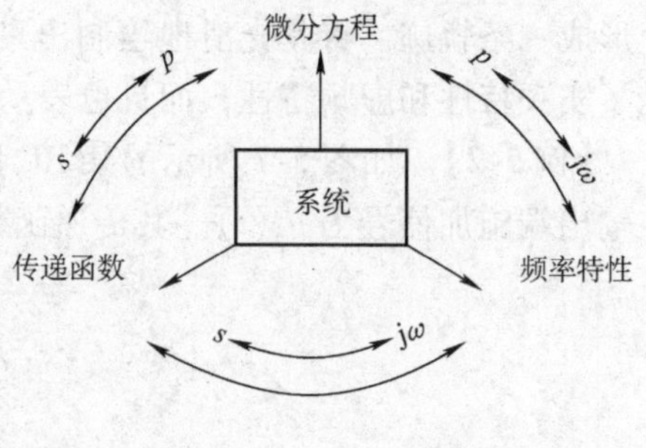

图5-5　$p-s-j\omega$ 的关系

5.2　频率特性的基本图示方法

频率特性的数学描述有许多，如前所述的指数型、幅角型、复数型表达式。从实际应用的角度出发，一般不侧重其数学表达式，而是将频率特性绘制成曲线，分析、研究这些曲线的特性，即控制工程中所用的图解分析法。所以，有必要理解频率特性的图解运算过程和常用的图形表述形式。目前，控制工程中常用的3种频率特性图解法见表5-2。

表5-2　控制工程中常用的3种频率特性图解法

序　号	名　称	图形名称	坐标系
1	幅相频率特性曲线	极坐标图、奈奎斯特图	极坐标
2	对数幅频特性曲线 对数相频特性曲线	对数坐标图、博德图	半对数坐标
3	对数幅相特性曲线	对数幅相图、尼柯尔斯图	对数幅、相坐标

5.2.1　幅相频率特性曲线

幅相频率特性曲线是在 s 平面上描述当 ω 由 $0\to\infty$ 变化时，$G(j\omega)$ 随之相应变化而形成的轨迹，又称为奈奎斯特（Nyquist）曲线（简称奈氏图）、极坐标图。

设系统的频率特性是 $G(j\omega)=A(\omega)e^{j\phi(\omega)}$。对于某个确定的 ω_i，对应有 $G(j\omega_i)$，可以在 s 平面上找到对应的向量，其 $|G(j\omega)|=A(\omega_i)$，与实轴的夹角为 $\varphi(\omega_i)$。这里规定取逆时针方向作为相角的正值。$A(\omega_i)$、$\phi(\omega_i)$ 和 $G(j\omega_i)$ 的几何表述如图5-6所示。

由于 $G(j\omega)$、$A(\omega)$ 和 $\phi(\omega)$ 都是 ω 的函数，所以当 ω 由 $0\to\infty$ 变化时，$G(j\omega)$的幅值 $A(\omega)$ 和相角 $\phi(\omega)$ 随之变化，向量 $G(j\omega)$ 的端点随之在 s 平面

上形成一条轨迹，将其光滑地绘制出来，就是 Nyquist 图或极坐标图。它不仅表示了实频特性和虚频特性，而且也表示了幅频特性和相频特性。

【例 5-2】 如图 5-7 所示的某 RC 网络，在输入端施加信号 $u_i(t)=U_i\sin\omega t$，在输出端施加信号为 $u_o(t)$。其传递函数为

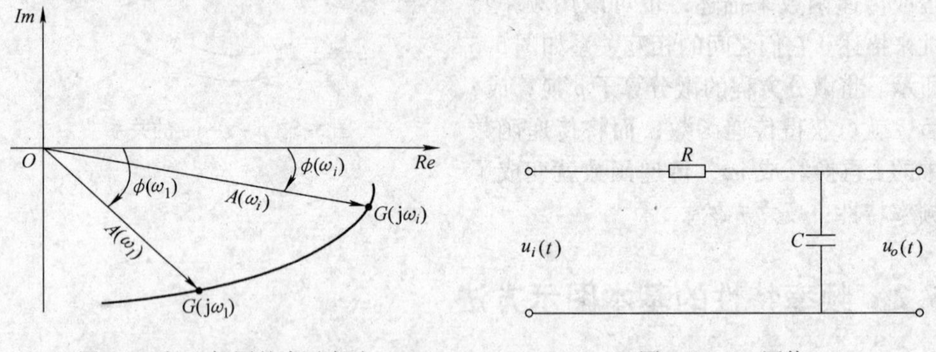

图 5-6 极坐标图的表示方法　　图 5-7 RC 网络

$$G(s)=\frac{U_o(s)}{U_i(s)}=\frac{1}{1+RCs}$$

幅频特性

$$A(\omega)=\frac{1}{\sqrt{1+T^2\omega^2}} \tag{5-11}$$

相频特性

$$\phi(\omega)=-\arctan T\omega \tag{5-12}$$

实频特性

$$P(\omega)=\frac{1}{(T\omega)^2+1} \tag{5-13}$$

虚频特性

$$Q(\omega)=\frac{T\omega}{(T\omega)^2+1} \tag{5-14}$$

式中，$T=RC$ 为网络的时间常数。

根据式（5-11）~式(5-14）可列出表 5-3。根据 $\angle G(j\omega)$ 和 $|G(j\omega)|$ 随频率 ω 的变化可知极坐标图在第 4 象限，如图 5-8 所示。

表 5-3 例 5-2 的幅频、相频、实频与虚频特性值

ω	$\angle G(j\omega)$	$\lvert G(j\omega)\rvert$	Re	Im
0	0°	1	1	0
$1/T$	−45°	$1/\sqrt{2}$	1/2	−1/2
∞	−90°	0	0	0

该 RC 网络的 Nyquist 图如图 5-8 所示。图中的箭头方向为 ω 从小到大的方向。

在 MATLAB Command Window 下执行下列程序语句，可得到图 5-9 所示的幅、相频特性曲线。

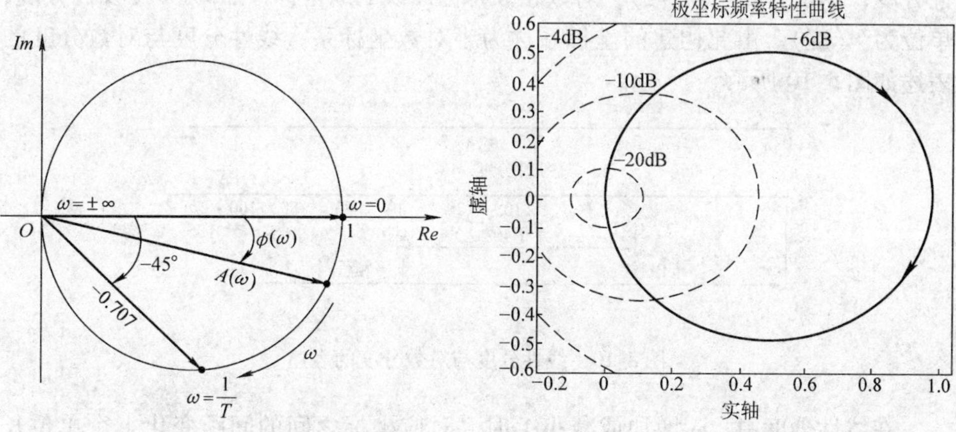

图 5-8 某 RC 网络的幅相频率特性曲线（常规法）

图 5-9 某 RC 网络的幅相频特性曲线（MATLAB）

```
%lt5_2. m
num = 1;
den = [0. 5 1];
G = tf(num,den);
nyquist(G)      %绘制系统开环极坐标频率特性曲线,频率范围为(-∞ ~ +∞)
grid on
title('极坐标频率特性曲线')
xlabel('实轴')
ylabel('虚轴')
```

注意：因为 $A(\omega)=A(-\omega)$，$\phi(\omega)=\phi(-\omega)$，所以，当由 $-\infty\to0$ 变化和由 $0\to\infty$ 变化时，相应的 Nyquist 曲线 $A(-\omega)$ 必然与 $A(\omega)$ 关于 s 平面的实轴上下对称；而相应的 $\phi(-\omega)$ 与 $\phi(\omega)$ 则大小相等，符号相反。虽然 ω 在 $-\infty\to0$ 区间变化没有实际物理意义，但几何意义明显，对于进一步分析控制系统经常是必要的。

5.2.2 对数频率特性曲线

对数频率特性曲线又称博德（Bode）图，由对数幅频特性和对数相频特性两条曲线构成，是目前实际应用最广泛的一组图解方法。

Bode 图的横坐标一律按照 $\lg\omega$ 分度，但是标注的却是 ω 的实际值，单位为 rad/s（弧度/秒），所以对 ω 而言，刻度是不均匀的；对 $\lg\omega$ 而言，刻度是均匀的。其中，对数幅频特性曲线的纵坐标按照 $L(\omega)=20\lg|G(j\omega)|=20\lg A(\omega)$ 线性分度，单位为 dB（分贝）；对数相频特性曲线的纵坐标按照 $\phi(\omega)$ 线性分度，单位为°（度）。由此构建的坐标系称为半对数坐标系，线性分度与对数分度的表述如图 5-10 所示。

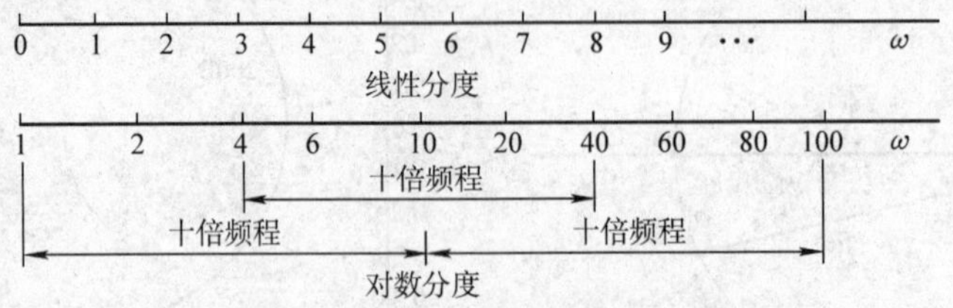

图 5-10 线性分度与对数分度的表述

在线性分度中，ω 增加或减小 1 时，对应坐标之间的间距变化 1 个单位长度；但是在对数分度中，ω 增加或减小 10 倍（又称为十倍频程或十进程，标记为 *dec*）时，对应坐标之间的间距变化 1 个单位长度。

Bode 图的横坐标按照 $\lg\omega$ 分度，实现了对横坐标的压缩，利于在较大的频率区间（尤其是低频段）研究频率特性的变化情况。对数幅频特性曲线的纵坐标按照 $20\lg|G(j\omega)|$ 线性分度，将幅值的乘除运算转换为加减运算，能简化曲线的绘制，而且均可以采用分段直线近似表示。如果对分段直线加以必要的修正，就可以得到精确的对数幅频特性曲线。如果将通过实验获取的频率特性数据进行整理，采用分段直线画出其对数频率特性曲线，就能够容易地写出实验系统的频率特性数学表达式。

【例 5-3】 对于图 5-7 所示的某 RC 网络，当 $T=0.5$ 时，绘制其对数坐标图（Bode 图）。

【解】 根据式（5-11），可得出对数幅频特性为

$$20\lg|G(j\omega)|=20\lg\frac{1}{\sqrt{1+T^2\omega^2}}=-20\lg\sqrt{(T\omega)^2+1} \tag{5-15}$$

由式（5-15）可知，对数幅频特性是一条比较复杂的曲线。为了简化起见，一般用直线近似代替曲线。当 $\omega<<1/T$ 时，可略去 $T\omega$，式（5-15）变成

$$20\lg|G(j\omega)|\approx-20\lg1=0\text{dB} \tag{5-16}$$

这是与横轴重合的直线。当 $\omega>>1/T$ 时，可略去 1，式（5-15）变成

$$20\lg|G(j\omega)|\approx-20\lg T\omega=-20\lg T-20\lg\omega \tag{5-17}$$

这是一条斜率为 −20dB/dec 的直线，它在 $\omega=1/T$ 处穿越 0dB 线。上述两条直线

在0dB线上的$\omega=1/T$处相交，称角频率$\omega=1/T$为转折频率或交接频率，并称这两条直线形成的折线为惯性环节的渐近线或渐近幅频特性。幅频特性曲线与渐近线的图形如图5-11所示。它们在$\omega=1/T$处的误差最大，近似等于-3.03dB。这是因为

$$\Delta=(-20\lg\sqrt{(T\omega)^2+1})-(-20\lg1)=-3.03\text{dB}$$

由于渐近线易于绘制，且与精确线的误差较小，所以在绘制惯性环节的对数幅频特性时，一般都绘制渐近线。绘制渐近线的关键是找到转折频率$\omega=1/T$。低于转折频率的频段，渐近线是0dB线；高于转折频率的频段，渐近线是斜率为-20dB/dec的直线。

相频特性按式（5-12）绘制，如图5-11所示。相频特性有3个关键处：$\omega=1/T$时，$\angle G(\text{j}\omega)=-45°$；$\omega\to0$时，$\angle G(\text{j}\omega)\to0°$；$\omega\to\infty$时，$\angle G(\text{j}\omega)\to-90°$。

在MATLAB Command Window下执行下列程序语句，可得到如图5-11所示的Bode图。

```
num=[1];
den=[0.5,1];
w=logspace(-2,2);        %频率范围为10^-2~10^2
bode(num,den,w);         %绘制系统Bode图
grid on
```

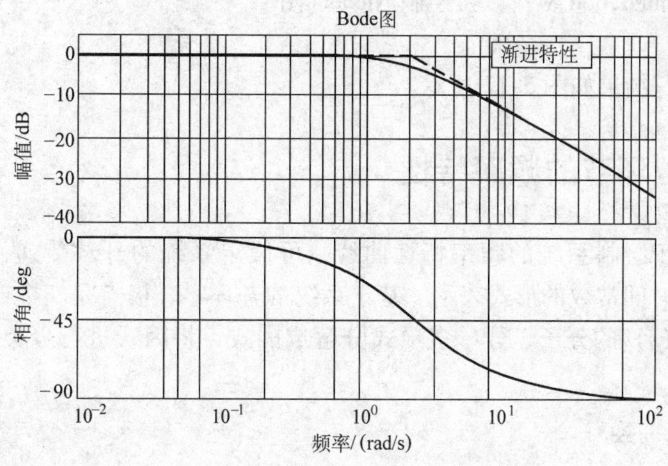

图5-11 某RC网络的Bode图(MATLAB)

5.2.3 对数幅相特性曲线

对数幅相特性曲线又称尼柯尔斯（Nichols）曲线，它是由Bode图的幅频特

性、相频特性合并而成的曲线。其横坐标轴为相角 $\phi(\omega)$，单位为°（度），纵坐标轴为 $20\lg|G(j\omega)|$，单位为 dB（分贝），横、纵坐标均是线性刻度。只需要读取 Bode 图中各个频率 ω 下对应的 $L(\omega)=20\lg|G(j\omega)|=20\lg A(\omega)$、$\phi(\omega)$ 的值，然后在对数幅相坐标系中以 ω 作为参变量，得到一系列表述点（旁边标注对应的 ω 值），将它们光滑地连接起来，即可得到所求的 Nichols 曲线。

采用 Nichols 曲线可以方便地分析系统的闭环频率特性和求解相关的特性参数，作为评价系统性能的依据。

【例 5-4】 图 5-7 所示的某 RC 网络，当 $T=0.5$ 时，绘制其 Nichols 图。

【解】 在 MATLAB Command Window 下执行下列程序语句

```
%lt5_3
num=[1];
den=[0.5,1];
w=logspace(-2,2);
nichols(num,den,w);   %绘制 Nichols 图
grid on
```

程序执行结果如图 5-12 所示。

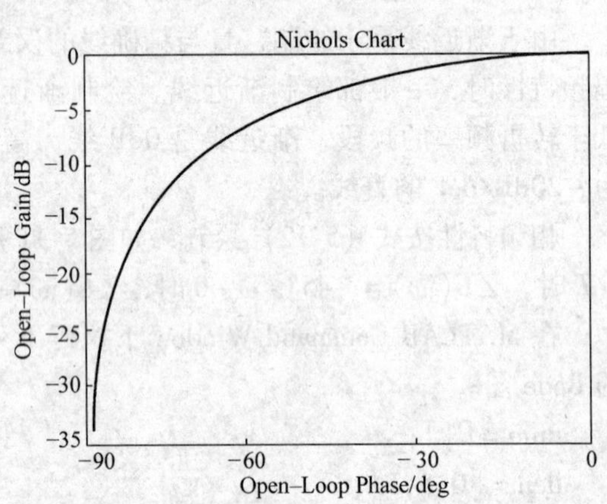

图 5-12 某 RC 网络的 Nichols 图（MATLAB）

5.3 典型环节的频率特性

为了便于绘制系统的频率特性曲线，可假定系统的开环传递函数 $G(s)H(s)$ 能够以时间常数的形式表示。基于系统的开环零、极点是实数或共轭复数，能将 $G(s)H(s)$ 的分子、分母多项式分解成因式，将因式进行分类，就得到典型环节。

5.3.1 典型环节

典型环节分为两大类型，即最小相位环节与非最小相位环节。最小相位环节是指环节的传递函数的极点和零点的实部全都小于零或等于零；非最小相位环节是指环节至少有一个开环零点或极点位于 s 的右半平面，或者其开环传递函数有延迟环节 $e^{-\tau s}$。最小相位环节有 7 种；非最小相位环节有 5 种。典型环节的分类见表 5-4。

表5-4　典型环节的分类

序　号	最小相位环节/非最小相位环节	数学表达式
1	比例环节/比例环节	$K(K>0)$；$K(K<0)$
2	一阶惯性环节/一阶惯性环节	$\frac{1}{(Ts+1)}$，$T>0$；$\frac{1}{(Ts+1)}$，$(T<0)$
3	一阶微分环节/一阶微分环节	$Ts+1(T>0)$；$-Ts+1(T<0)$
4	振荡环节/振荡环节	$1/(T^2s^2+2\xi Ts+1)$，$\left(\omega_n=\frac{1}{T}>0,\ 0<\xi<1\right)$ $1/(T^2s^2-2\xi Ts+1)$，$\left(\omega_n=\frac{1}{T}>0,\ 0<\xi<1\right)$
5	二阶微分环节/二阶微分环节	$T^2s^2+2\xi Ts+1$，$\left(\omega_n=\frac{1}{T}>0,\ 0\leqslant\xi<1\right)$ $T^2s^2-2\xi Ts+1$，$\left(\omega_n=\frac{1}{T}>0,\ 0<\xi<1\right)$
6	积分环节/积分环节	$\frac{1}{s}$
7	微分环节/微分环节	s
8	延迟环节/延迟环节	$e^{-\tau s}(\tau>0)$

5.3.2　典型环节的频率特性

典型环节的极坐标频率特性与对数频率特性见表5-5。

5.3.3　最小相位环节的频率特性曲线

根据表5-4和频率特性的定义，令$\omega\in(0,\ \infty)$，就可以绘制典型环节的Nyquist图和Bode图。下面以最小相位环节为例介绍其Nyquist图、Bode图的形式，见表5-6。非最小相位环节与最小相位环节对应，只是某个参数的符号相反。

5.3.4　最小相位系统与非最小相位系统

对于闭环系统，如果它的开环传递函数的极点和零点的实部全都小于零或等于零，则称它是最小相位系统；如果它的开环传递函数至少有一个开环零点或极点位于s的右半平面，或者其开环传递函数有延迟环节$e^{-\tau s}$，则称它是非最小相位系统。例如，

$$G_1(s)=\left(\frac{2(2s+1)}{s(5s+1)}\right)$$

表 5-5　典型环节的极坐标频率特性与对数频率特性

序号	环节	极坐标频率特性	对数频率特性：幅频特性	对数频率特性：相频特性
1	一阶惯性环节	$G(\mathrm{j}\omega)=\dfrac{1}{\sqrt{(T\omega)^2+1}}\mathrm{e}^{-\mathrm{j}\arctan T\omega}$	$20\lg\lvert G(\mathrm{j}\omega)\rvert$ $=-20\lg\sqrt{(T\omega)^2+1}$	$\phi(\omega)=-\arctan\dfrac{\omega}{\omega_n}$ $\omega_n=\dfrac{1}{T}$
2	一阶微分环节	$G(\mathrm{j}\omega)=\sqrt{(T\omega)^2+1}\,\mathrm{e}^{\mathrm{j}\arctan T\omega}$	$20\lg\lvert G(\mathrm{j}\omega)\rvert$ $=20\lg\sqrt{(T\omega)^2+1}$	$\phi(\omega)=\arctan\dfrac{\omega}{\omega_n}$
3	积分环节	$G(\mathrm{j}\omega)=\dfrac{1}{\omega}\mathrm{e}^{-\mathrm{j}\frac{\pi}{2}}$	$20\lg\lvert G(\mathrm{j}\omega)\rvert$ $=20\lg\dfrac{1}{\omega^n}=-20n\lg\omega$	$\angle G(\mathrm{j}\omega)=-n\cdot 90°$ n 个积分环节
4	微分环节	$G(\mathrm{j}\omega)=\omega^n\mathrm{e}^{\mathrm{j}\frac{\pi}{2}n}$	$20\lg\lvert G(\mathrm{j}\omega)\rvert$ $=20n\lg\omega$	$\angle G(\mathrm{j}\omega)=n\cdot 90°$
5	振荡环节	$G(\mathrm{j}\omega)=\dfrac{1}{\sqrt{\left(1-\left(\frac{\omega}{\omega_n}\right)^2\right)^2+\left(2\xi\frac{\omega}{\omega_n}\right)^2}}\mathrm{e}^{-\mathrm{j}\arctan\frac{2\xi\frac{\omega}{\omega_n}}{1-\left(\frac{\omega}{\omega_n}\right)^2}}$	$20\lg\lvert G(\mathrm{j}\omega)\rvert$ $=-20\lg\sqrt{\left(1-\left(\frac{\omega}{\omega_n}\right)^2\right)^2+\left(2\xi\frac{\omega}{\omega_n}\right)}$	$\angle G(\mathrm{j}\omega)$ $=\begin{cases}-\arctan\dfrac{2\xi\omega/\omega_n}{1-(\omega/\omega_n)^2}, & \omega<\omega_n\\ \pi+\arctan\dfrac{2\xi\omega/\omega_n}{(\omega/\omega_n)^2-1}, & \omega\geqslant\omega_n\end{cases}$
6	二阶微分环节	$G(\mathrm{j}\omega)=\sqrt{\left(1-\left(\frac{\omega}{\omega_n}\right)^2\right)^2+\left(2\xi\frac{\omega}{\omega_n}\right)^2}\,\mathrm{e}^{\mathrm{j}\arctan\frac{2\xi\frac{\omega}{\omega_n}}{1-\left(\frac{\omega}{\omega_n}\right)^2}}$	$20\lg\lvert G(\mathrm{j}\omega)\rvert$ $=20\lg\sqrt{\left(1-\left(\frac{\omega}{\omega_n}\right)^2\right)^2+\left(2\xi\frac{\omega}{\omega_n}\right)^2}$	$\angle G(\mathrm{j}\omega)$ $=\begin{cases}\arctan\dfrac{2\xi\omega/\omega_n}{1-(\omega/\omega_n)^2}, & \omega<\omega_n\\ \pi-\arctan\dfrac{2\xi\omega/\omega_n}{(\omega/\omega_n)^2-1}, & \omega\geqslant\omega_n\end{cases}$

（续）

序号	环节	极坐标频率特性	对数频率特性	
			幅频特性	相频特性
7	滞后因子	$e^{-j\omega\tau}=\dfrac{1}{1+j\omega\tau+\dfrac{1}{2!}(j\omega\tau)^2+\cdots}$ 当 $\omega\tau \ll 1$ 时，$e^{-j\omega\tau}=\dfrac{1}{1+j\omega\tau}$	$\lvert G(j\omega)\rvert=1$	$\angle G(j\omega)=-\tau\omega$
8	比例环节	$G(j\omega)=K$	$20\lg\lvert G(j\omega)\rvert=20\lg K$	$\angle G(j\omega)=0°$

表 5-6　最小相位环节的 Nyquist 图、Bode 图的形式

序号	名　称	Nyquist 图	Bode 图
1	比例环节	Im; $K>0$; O; Re	K=20; 幅值/dB; 相角/deg; 频率/(rad/s)
2	惯性环节	Im; Re; $(\omega=\infty)0$; 0.5; $1(\omega=0)$; ω	T=1; 幅值/dB; 相角/deg; 频率/(rad/s)
3	一阶 微分环节	Im; $(\omega=\infty)$; ω; 0; 0.5; $1(\omega=0)$ Re	T=1; 幅值/dB; 相角/deg; 频率/(rad/s)
4	振荡环节	Im; $(\omega=\infty)$; 0; 0.5; $1(\omega=0)$ Re; ω; $\omega_n=\frac{1}{T}$	$T=0.5,\xi=0.1$; 幅值/dB; 相角/deg; 频率/(rad/s)

（续）

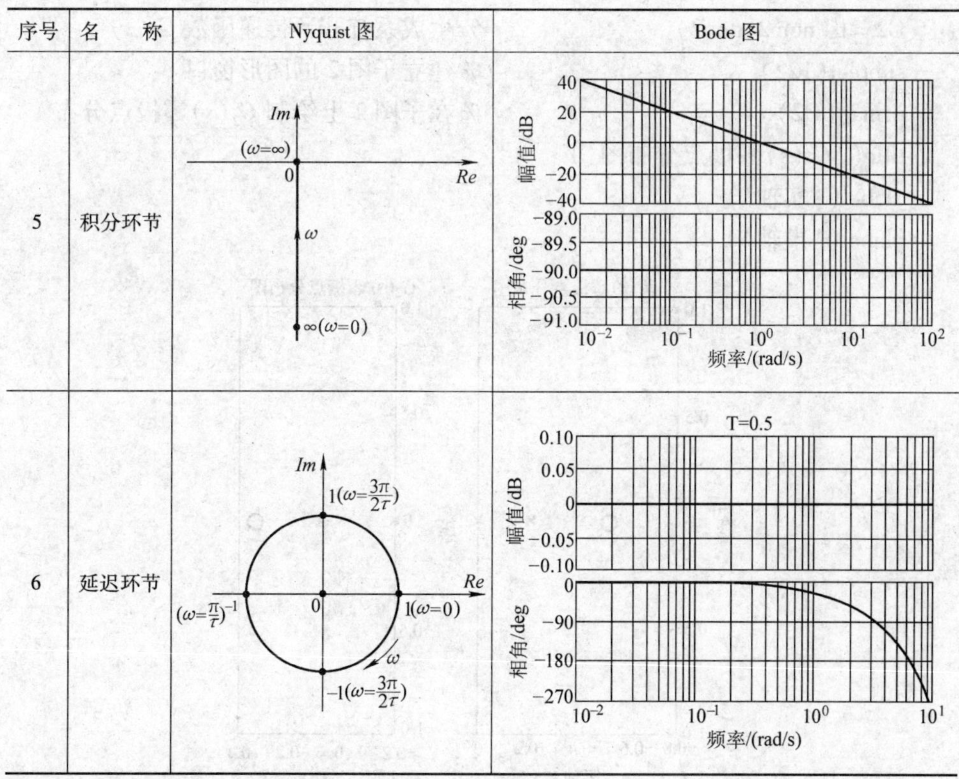

是最小相位系统，而

$$G_1(s)=\left(\frac{2(-2s+1)}{s(5s+1)}\right)$$

则是非最小相位系统。

【解】　在 MATLAB Command Window 下执行下列程序语句，可得系统的零极点分布图，如图 5-13 所示。

```
num1 = conv(2,[2 1]);
den1 = conv([1 0],[5 1]);
G1 = tf(num1,den1)                    %生成系统开环传递函数 G1(s)
subplot(121)                          %建立子图 1 的图形窗口
pzmap(G1)                             %在子图 1 上绘制 G1(s)零极点分布
title('G1(s)零极点分布图')
xlabel('实轴')
ylabel('虚轴')
num2 = conv(2,[2 1]);
```

```
den2 = conv([1 0],[5 1]);
G2 = tf(num2,den2)                    % 生成系统开环传递函数 G2(s)
subplot(122)                          % 建立子图 2 的图形窗口
pzmap(G2)                             % 在子图 2 上绘制 G2(s)零极点分布
title('G2(s)零极点分布图')
xlabel('实轴')
ylabel('虚轴')
```

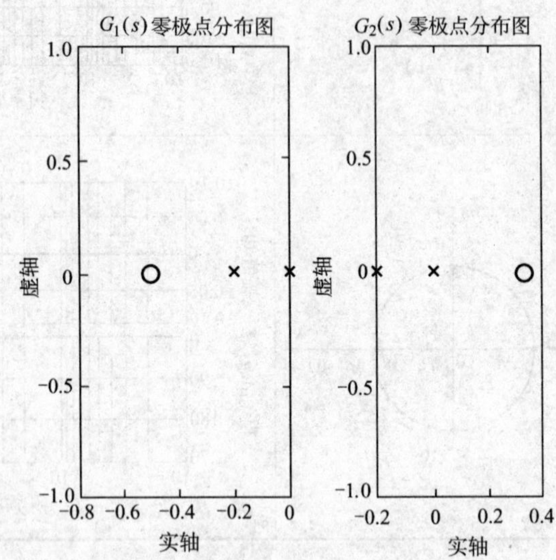

图 5-13　系统的零极点分布图

比较上面两个例子，其幅值完全相同，即

$$|G_1(j\omega)| = |G_2(j\omega)| = 2\sqrt{4\omega^2+1}/(\omega\sqrt{25\omega^2+1})$$

但它们的相位不同，即

$$\angle G_1(j\omega) = -\frac{\pi}{2} - \arctan 5\omega + \arctan 2\omega$$

而

$$\angle G_2(j\omega) = -\frac{\pi}{2} - \arctan 5\omega - \arctan 2\omega$$

对于所有的 ω 值，都有

$$|\angle G_1(j\omega)| \leqslant |\angle G_2(j\omega)|$$

数学上可以证明，稳定系统中最小相位系统的相位变化最小。而且最小相位系统的对数幅频特性和相频特性不是相互独立的，两者之间存在严格确定的对应关系。如果知道对数幅频特性，通过公式则可以计算出相频特性；反之亦然。

5.3.5　基于MATLAB绘制系统的频率特性曲线

对于绘制系统的频率特性曲线而言，可以根据其定义采用图解法进行逐点地绘制；也可以分析具体系统的传递函数，将其分解为上述典型环节的组合，采用分项绘制拟合出所求的频率曲线，即常规法。具体绘制步骤可查阅相关参考书籍，这里不再赘述。采用常规法绘制无疑是繁琐的。借助MATLAB绘制系统的频率特性曲线能明显地提高绘图精度和效率，减轻工作负荷。下面通过例题，简述MATLAB绘制频率特性曲线的步骤。

【例5-5】　振荡环节的传递函数是

$$G(s)=\frac{1}{T^2s^2+2\xi Ts+1}$$

当$T=1.25$，$\xi=0.1$，0.2，0.5，0.8，0.9时，绘制其Nyquist图、Bode图和Nichols图。

【解】　在MATLAB Command Window下执行下列程序语句，可以得到Nyquist图、Bode图和Nichols图，如图5-14、图5-15与图5-16所示。

```
%lt5_5.m
%绘制Nyquist图
figure(1)
T=1.25;
for  ξ=[0.1 0.2 0.5 0.8 0.9];
    G=tf([1],[T^2 2*ξ*T 1]);
    nyquist(G,'k');
    hold on;
end
grid on
%绘制Bode图
figure(2)
for  ξ=[0.1,0.2,0.5,0.8,0.9];
    G=tf([1],[T^2,2*ξ*T,1]);
    bode(G,'k');
    hold on;
end
grid on;
%绘制Nichols图
figure(3)
```

```
for     ξ = [0.1 0.2 0.5 0.8 0.9];
        G = tf([1],[T^2 2 * ξ * T 1]);
        nichols(G,'k');
        grid on;
        hold on;
end
```

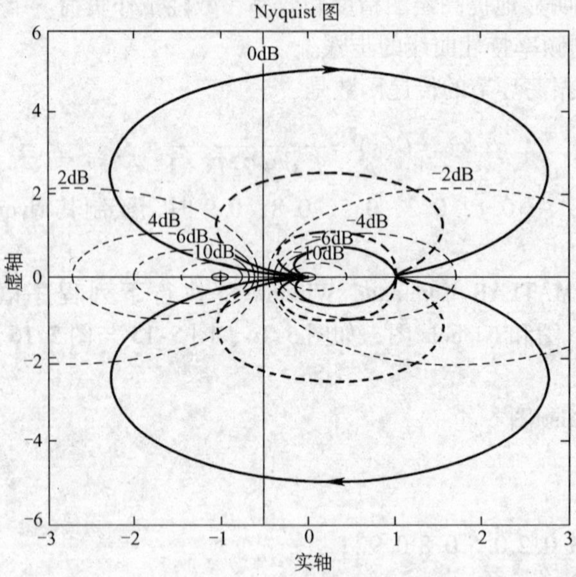

图 5-14 例 5-5 系统的 Nyquist 图

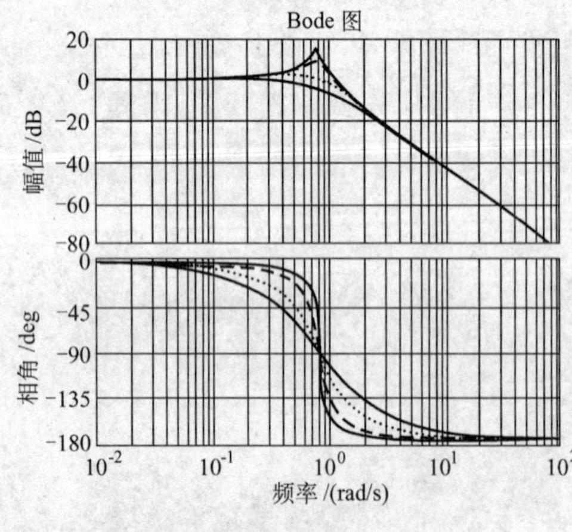

图 5-15 例 5-5 系统的 Bode 图

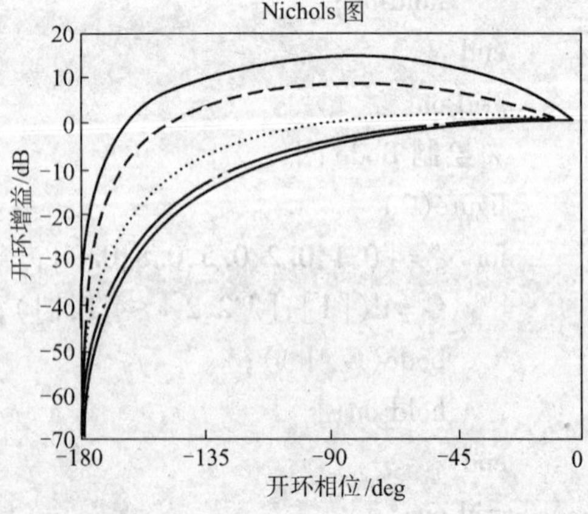

图 5-16 例 5-5 系统的 Nichols 图

5.4　奈奎斯特稳定判据

奈奎斯特稳定判据是奈奎斯特（Nyquist）1932 年提出的，是基于开环频率特性判定闭环系统稳定性的判据。它能够判断系统是否稳定（绝对稳定性）、确定系统的稳定程度（相对稳定性），还可以分析系统的性能指标和提出改善系统性能指标的途径。所以，Nyquist 稳定判据是频率分析法中一种重要、实用的判据，在工程上应用广泛。

5.4.1　辅助函数

对于图 5-17 所示的控制系统框图，其开环传递函数、闭环传递函数分别为

$$G_0(s)=G(s)H(s)=\frac{N(s)}{D(s)} \tag{5-18}$$

$$\Phi(s)=\frac{G(s)}{1+G_0(s)}=\frac{D(s)G(s)}{D(s)+N(s)} \tag{5-19}$$

其中，$N(s)$ 是开环传递函数分子多项式（m 阶）、$D(s)$ 是开环传递函数分母多项式（n 阶），$n \geqslant m$。

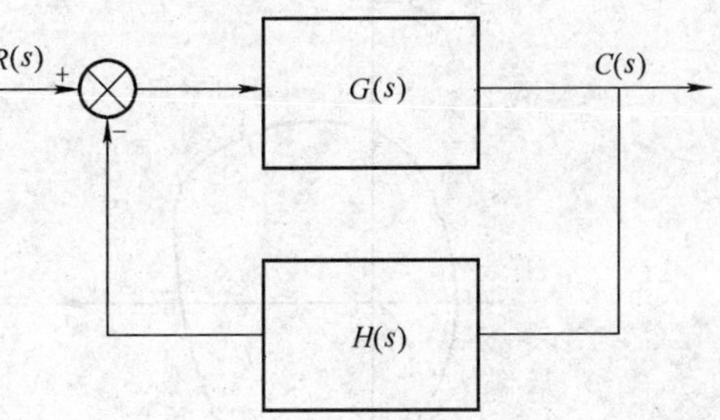

图 5-17　控制系统框图

将式（5-19）中的闭环特征式 $N(s)+D(s)$ 与式（5-18）中的开环特征式 $D(s)$ 进行相比，使之构成一个新函数-辅助函数 $F(s)$，即

$$F(s)=\frac{D(s)+N(s)}{D(s)}=1+G_0(s) \tag{5-20}$$

对于实际系统而言，其开环传递函数的 $n \geqslant m$，所以，辅助函数 $F(s)$ 的分子、分母同阶，即 $F(s)$ 的零、极点数相等。设 $F(s)$ 的零、极点表述形式是 z_i，$p_i(i=1,\ 2,\ \cdots,\ n)$，则 $F(s)$ 可表示为

$$F(s)=\frac{\sum_{i=1}^{n}(s-z_i)}{\sum_{i=1}^{n}(s-p_i)}=\frac{(s-z_1)(s-z_2)\cdots(s-z_n)}{(s-p_1)(s-p_2)\cdots(s-p_n)} \tag{5-21}$$

分析式（5-18）~式（5-21）可知，辅助函数 $F(s)$ 具备以下特点：

1）$F(s)$ 的零、极点分别是闭环极点、开环极点。

2）$F(s)$ 的零、极点个数相同，都是 n。

3）$F(s)$ 与 $G_0(s)$ 仅差常数 1，$F(s)=1+G_0(s)$ 的几何意义是：F 平面上

的坐标原点就是 $G(s)H(s)$ 平面上的 $(-1, \mathrm{j}0)$，如图 5-18 所示。

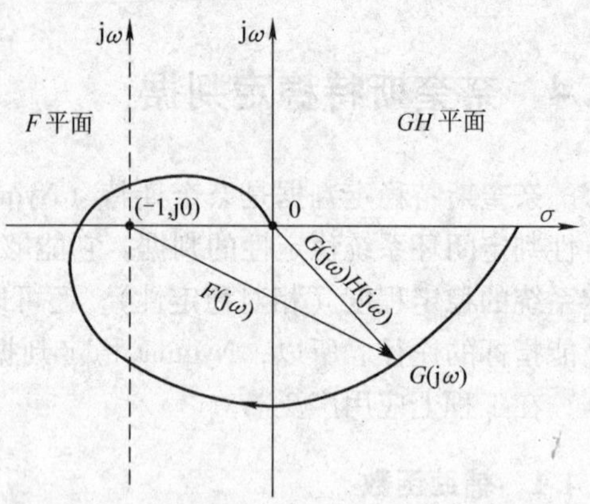

图 5-18　F 平面与 GH 平面的关系

5.4.2　幅角原理

设 $F(s)$ 是 s 的有理分式函数，其对于 s 平面上任意一点 s，在 F 平面上必有唯一的映射点（象）与之对应。所以，在 s 平面任选一条不通过 $F(s)$ 极点的闭合曲线 C_s，s 从 C_s 任意一点 A 出发，顺时针运动一周返回到 A 点；则对应地在 F 平面有映射（闭合）曲线 C_F 从点 $F(A)$ 起始，终止于 $F(A)$ 点，如图 5-19 所示。其运动方向取决于辅助函数 $F(s)$ 的相角变化。基于分析系统的稳定性，目的在于研究映射（闭合）曲线 C_F 是否包围 F 平面的坐标原点、环绕坐标原点的方向和圈数。

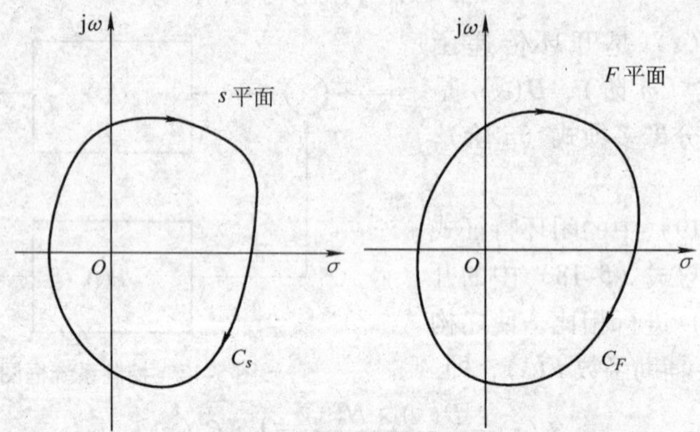

图 5-19　s 平面上的闭合曲线 C_s 与 F 平面上的映射曲线 C_F

幅角原理：设 s 平面上的闭合曲线 C_s 不经过 $F(s)$ 的任何零、极点，并且以顺时针方向包围 $F(s)$ 的 Z 个零点和 P 个极点，则其在 F 平面上的映射曲线 C_F 将环绕坐标原点 N 圈。

$$N = Z - P \tag{5-22}$$

其中，$N=0$ 时，表明 C_F 不环绕坐标原点；$N>0$ 时，表明 C_F 顺时针环绕坐标原点；$N<0$ 时，表明 C_F 逆时针环绕坐标原点。

5.4.3　奈奎斯特判据

由于 $F(s)$ 的零点是闭环极点（闭环特征根），所以判定系统的稳定性，只

需检验 $F(s)$ 是否有零点在 s 的右平面上。根据幅角定理，如何在 s 平面上选取合适的闭合曲线 C_s 包围 $F(s)$ 在 s 右平面上的 Z 个闭环极点和 P 个开环极点就很重要。一般可将闭合曲线 C_s 选取为包围整个 s 的右平面，由正虚轴 $s=\mathrm{j}\omega$: $\omega\in[0, \infty)$；右半圆 $s=R\mathrm{e}^{\mathrm{j}\theta}$: $R\to\infty$，$\theta\in[\pi/2, -\pi/2]$；负虚轴 $s=-\mathrm{j}\omega$: $\omega\in(-\infty, 0]$ 3 部分构成。这样，闭合曲线 C_s 就包括了整个 s 的右平面，C_s 被称为奈奎斯特轨线或路径，如图 5-20 所示。

对于包括了整个 s 的右平面奈奎斯特轨线而言，式（5-20）中的 N 有两种等效的提法，其一是：在 F 平面上，C_s 顺时针环绕坐标原点的圈数；其二是：在 s 平面上，Nyquist 特性曲线及其镜像顺时针环绕点（-1，j0）的圈数。

由前述知道，闭环系统稳定的充要条件是：

$F(s)$ 的零点是闭环特征根都位于 s 的左平面上，位于 s 右平面上的闭环极点数为零。所以，$F(s)$ 在 s 的右平面上的零点数 $Z=0$，式（5-20）就变为

$$N=-P \tag{5-23}$$

综上所述，奈奎斯特判据表述如下：

1）若系统是开环稳定的，即 $P=0$。

2）则闭环系统稳定的充要条件是 Nyquist 特性曲线不包围点（-1，j0）。

3）若系统是开环不稳定的，且已知有 P 个开环极点位于 s 的右平面上，则闭环系统稳定的充要条件是 Nyquist 特性曲线依照逆时针方向环绕点（-1，j0）P 周。如果系统开环的 Nyquist 特性曲线较复杂，采用“环绕点（-1，j0）周数”的概念来判定闭环系统的稳定易出错、较麻烦。此时可以采用正、负穿越的概念，如图 5-21 所示。

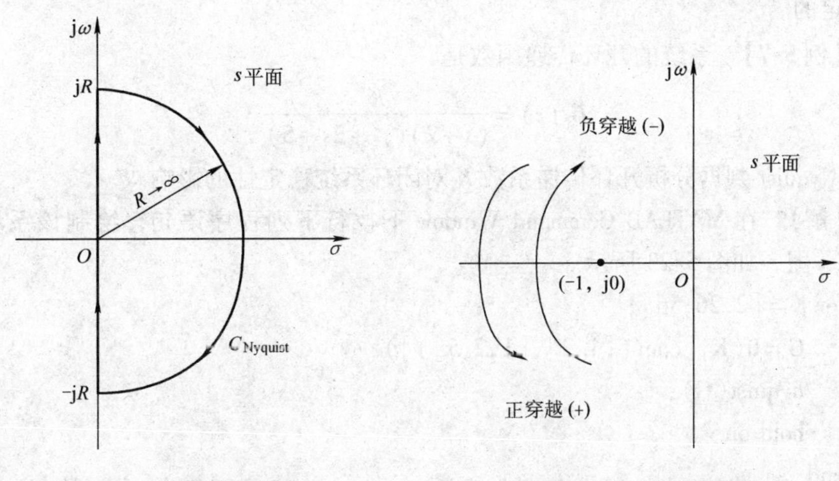

图 5-20　奈奎斯特轨线　　　　图 5-21　正、负穿越

规定开环的 Nyquist 图按逆时针方向、自上而下地穿越负实轴（相角增加），

称为正穿越；按顺时针方向、自下而上地穿越负实轴（相角减小），称为负穿越。所以，Nyquist 判据关于闭环系统稳定的充要条件也可表述为：当 ω 由 $0\to\infty$，Nyquist 图在点（-1，j0）的左方，正、负穿越负实轴的次数之差应为 $P/2$，P 是位于 s 的右平面开环传递函数的极点个数。若 $\omega=0$，$G(s)H(s)$ 位于负实轴，则当它离开负实轴时，穿越次数为 1/2 次。显然，若 Nyquist 图在点（-1，j0）的左方负穿越负实轴的次数大于正穿越的次数，则闭环系统一定不稳定。

【例 5-6】 系统的开环传递函数是

$$G_0(s)=\frac{52}{(s+2)(s^2+2s+5)}$$

试用 Nyquist 判据判定闭环系统的稳定性。

【解】 基于 Nyquist 图的定义，采用常规法绘制该系统的 Nyquist 图如图 5-22 所示。通过分析，在 s 的右平面上，系统的开环极点数为零，$P=0$。当 ω 由 $-\infty\to\infty$ 变化时，其开环频率特性曲线以顺时针方向环绕点（-1，j0）两周，即 $N=2$。所以，由 Nyquist 判据判定该闭环系统是不稳定的。同时，根据式（5-20）可计算出该闭环系统在 s 的右平面上的极点数 $Z=2$。同样，当 ω 由 $0\to\infty$，Nyquist 图在点（-1，j0）的左方正、负穿越负实轴的次数之差是 -1，不等于 $P/2=0$，所以该闭环系统是不稳定的。

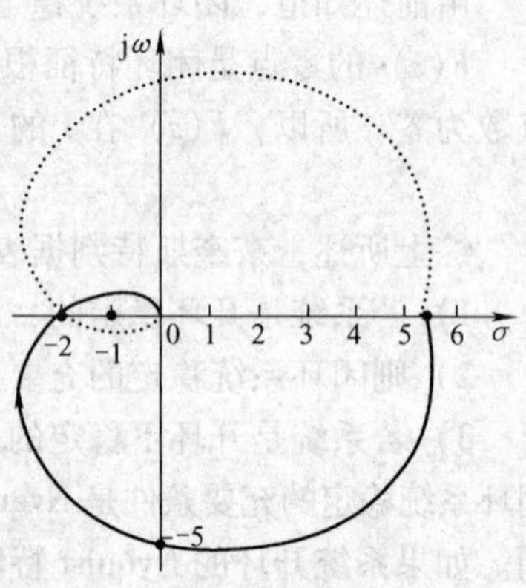

图 5-22 例 5-6 系统的 Nyquist 图

【例 5-7】 系统的开环传递函数是

$$G_0(s)=\frac{K}{(s+2)(s^2+2s+5)}$$

试用 Nyquist 判据分析开环传递系数 K 对闭环系统稳定性的影响。

【解】 在 MATLAB Command Window 下执行下列程序语句，绘制该系统的 Nyquist 图，如图 5-23 所示。

```
for K = [2,26,56];
    G = tf(K,[conv([1,2],[1,2,5])]);
    nyquist(G);
    hold on
end
grid on
```

由图 5-23 所示知，当 $K=26$ 时，曲线刚好通过点（-1，j0），系统是临界稳定状态；当 $A(\omega)>1$ 时，曲线不包围点（-1，j0），且 $P=0$，所以系统是稳定的；当 $K>26$ 时，曲线在点（-1，j0）的左方正、负穿越负实轴的次数之差是-2，不等于 $P/2=0$，所以该闭环系统是不稳定的。

5.4.4 奈奎斯特判据在博德图上的应用

如前所述，在 Nyquist 图应用奈氏稳定判据，点（-1，j0）是个关键点。系统开环的奈奎斯特轨线是如何环绕、环绕多少圈，具体分析后就能够判断出闭环系统是否稳定。

因为点（-1，j0）能够表示成 $1\angle 180°$，即 $A(\omega)=1$，$\phi(\omega)=-180°$。所以，$A(\omega)=1$ 对应 Bode 图中对数幅频特性的 $L(\omega)=0\text{dB}$ 的水平线；$\phi(\omega)=-180°$ 对应相频特性的 $\phi(\omega)=-180°$ 水平线。实际上，Nyquist 图上的负实轴（$-\infty$，0］对应于 Bode 图上的-180°水平线。在 Nyquist 图上，系统开环的奈奎斯特轨线每环绕点（-1，j0）一次，则意味着在 $A(\omega)>1$ 的条件下，正或负穿越负实轴（$-\infty$，-1）一次。这种在 Nyquist 图上的正、负穿越与在 Bode 图上的对应关系如图 5-24 所示。

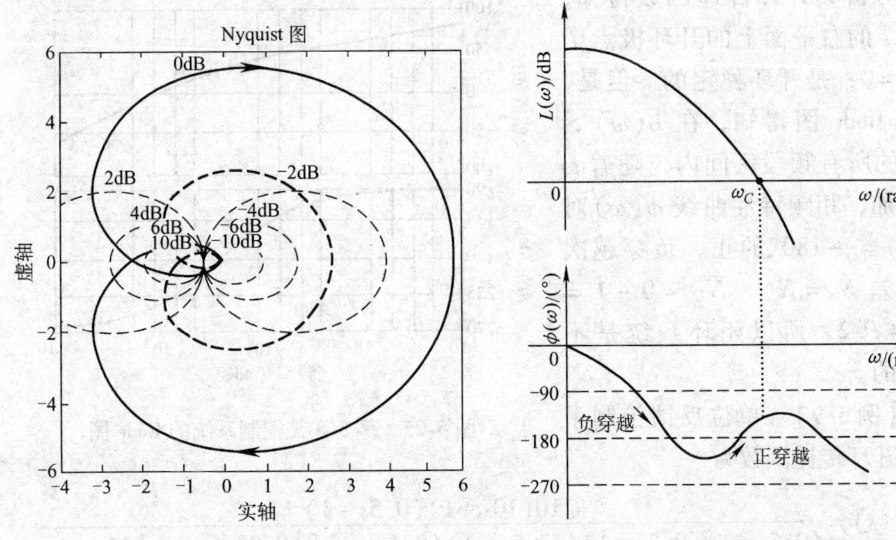

图 5-23 例 5-7 系统的 Nyquist 图

图 5-24 Bode 图上的正、负穿越

在 $L(\omega)>0\text{dB}$ 的频段区间内，随着 ω 的增加，相频特性曲线自下而上地穿越 $\phi(\omega)=-180°$ 水平线规定为正穿越；反之，相频特性曲线自上而下地穿越 $\phi(\omega)=-180°$ 水平线规定为负穿越。

因此，基于 Bode 图上频率特性曲线的正、负穿越，奈氏稳定判据表述如下：

设系统开环传递函数 $G_0(s)$ 在 s 的右平面上的极点数为 P，则闭环系统稳定的充要条件是：

在 Bode 图上，$L(\omega)>0\text{dB}$ 的所有频段区间内，随着 ω 的增加，相频特性曲线对 $\phi(\omega)=-180°$的正、负穿越次数之差 $N'=N_+-N_-$ 应为 $P/2$，N_+、N_- 分别是正、负穿越的次数。

对于不稳定的闭环系统而言，其在 s 的右平面上的极点数 $Z=P-2N'$。

【例 5-8】 某控制系统的开环传递函数是

$$G_0(s)=\frac{120}{s(0.2s+1)(s+1)}$$

试用 Bode 图判断其闭环系统的稳定性。

【解】 在 MATLAB 下执行下列程序语句，绘制该系统的 Bode 图，如图 5-25 所示。

```
w = [0,logspace( -2,2)];
G = tf([120],conv([1,0],conv([0.2,1],[1,1])));
bode(G,w);
grid on
```

分析其开环传递函数得知，其在 s 的右平面上的开环极点个数 $P=0$，是开环稳定的。但是，分析 Bode 图得知，在 $L(\omega)>0\text{dB}$ 的所有频段区间内，随着 ω 的增加，相频特性曲线 $\phi(\omega)$ 对 $\phi(\omega)=-180°$的正、负穿越次数之差 $N'=N_+-N_-=0-1=-1\neq P/2$，所以闭环系统是不稳定的。

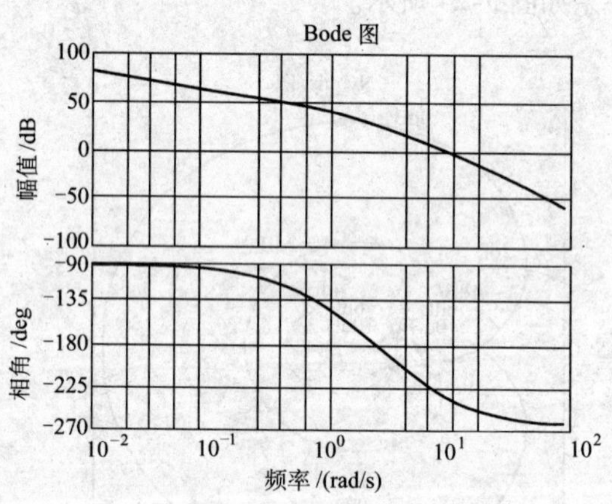

图 5-25 例 5-8 某控制系统的 Bode 图

【例 5-9】 单位反馈控制系统的开环传递函数为

$$G_0(s)=\frac{10(10s+1)(0.5s+1)}{(0.5s+1)(0.7s-1)(43.5s-1)(0.1s+1)[(0.02s)^2+0.015s+1]}$$

试用 Bode 图判断其闭环系统的稳定性。

【解】 在 MATLAB Command Window 下执行下列程序语句，绘制该系统的 Bode 图，如图 5-26 所示。

```
w = [0,logspace( -2,2)];
G = tf(10 * conv([10,1],[0.5,1]),conv([0.5,1],conv([0.7, -1],conv
([43.5, -1],conv([0.1,1],[0.02^2,0.015,1])))));
```

```
bode(G,w);
grid on
```

分析其开环传递函数得知，其在 s 的右平面上的开环极点个数 $P=2$，是开环不稳定的。但是，分析它的 Bode 图得知，在 $L(\omega)>0$ dB 的所有频段区间内，随着 ω 的增加，相频特性曲线 $\phi(\omega)$ 对 $\phi(\omega)=-180°$ 的正、负穿越次数之差 $N'=N_+-N_-=1-0=1=P/2$，所以闭环系统是稳定的。

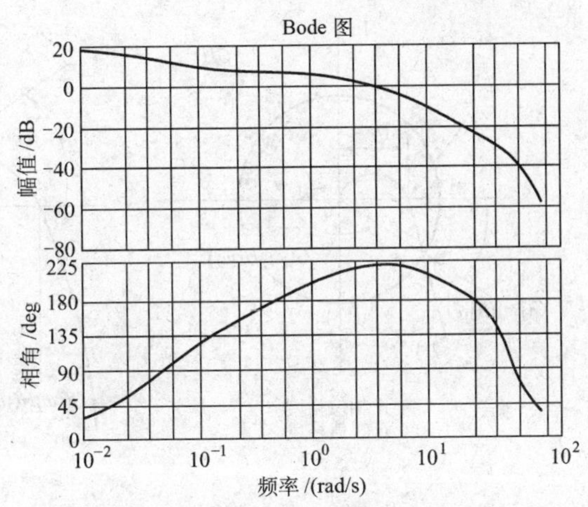

图 5-26 例 5-9 单位反馈控制系统的 Bode 图

5.5 基于频率特性的控制系统性能分析

采用频率特性法对系统进行分析、研究，是以频域指标作为依据的。但是，频域指标是一种间接的、概要的指标，不如时域指标直接、准确和易于理解。所以，本节将以工程中广泛应用的 Bode 图为基础，探讨频域指标和时域指标之间的关系，进而全面地分析控制系统的性能。

5.5.1 相位裕量与幅值裕量

1. 相位裕量

相位裕量又称相角裕量，简称相裕量。它的几何意义是指开环系统的奈氏曲线 $G(j\omega)H(j\omega)$ 的幅值 $A(\omega)=1$ 时的向量与负实轴的夹角 γ，对应的频率 ω_c 称为增益穿越频率，又称作剪切频率或交界频率，如图 5-27 所示。在 ω_c 处，系统处于临界稳定状态。负实轴逆时针绕原点转到 $G(j\omega)H(j\omega)$ 时所转过的角度为正角；顺时针所转过的角度为负角。相位裕度在极坐标图上的表示如图 5-27 所示。

在 Bode 图中，因为 $L(\omega_c)=20\lg 1=0$，所以相位裕量 γ 表示为 $L(\omega)=0$dB 处的 $\phi(\omega_c)$ 与 $-180°$ 水平线的间距大小，用 deg 或°表示，如图 5-27 所示。

2. 幅值裕量

当开环系统的奈氏曲线 $G(j\omega)H(j\omega)$ 与负实轴相交时，$\omega=\omega_g$，ω_g 称为相位穿越或交界频率。此时，$A(\omega_g)$ 的倒数称为幅值裕量或增益裕量，用 K_g 表示。在 Bode 图上，用对数幅值稳定裕度 $L_g=20\lg K_g$ 来表示，单位为 dB。若 $|G(j\omega_g)H(j\omega_g)|<1$，则 $K_g>1$，$20\lg|K_g|>0$dB，称幅值裕度为正。若

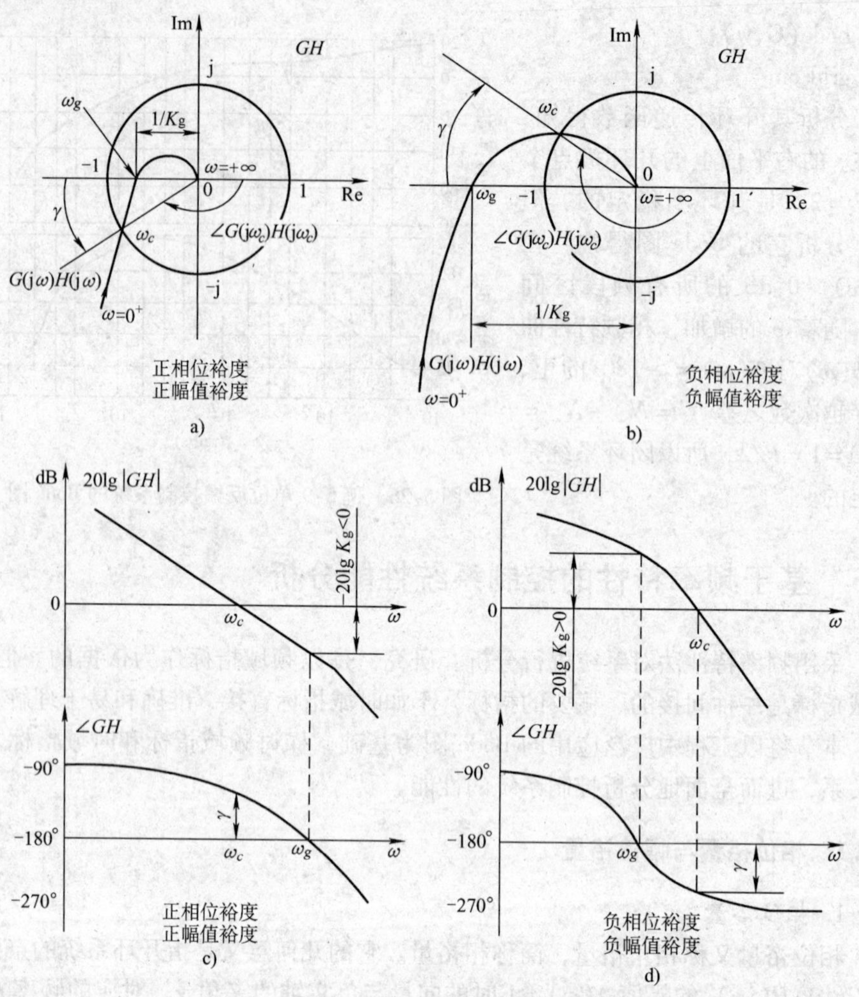

图 5-27　相位裕度与幅值裕度

$|G(j\omega_g)H(j\omega_g)|>1$，则 $K_g<1$，$20\lg|K_g|<0\text{dB}$，称幅值裕度为负，如图5-28所示。

幅值裕度表示开环系统奈氏图在负实轴上离点（−1，j0）的远近程度。由图 5-27 可知，对于开环稳定的系统，欲使闭环稳定，通常其幅值裕度应为正值。幅值裕度的物理意义是：对于闭环稳定的系统，使系统达到零界稳定时，开环放大系数可以增大的倍数。

根据相位裕量 γ 的定义，计算如下

$$\gamma=\phi(\omega)-(-180°)=180°+\phi(\omega) \tag{5-24}$$

对于最小相位系统，要想使系统稳定，就得使相位裕量 $\gamma>0$ 和幅值裕量

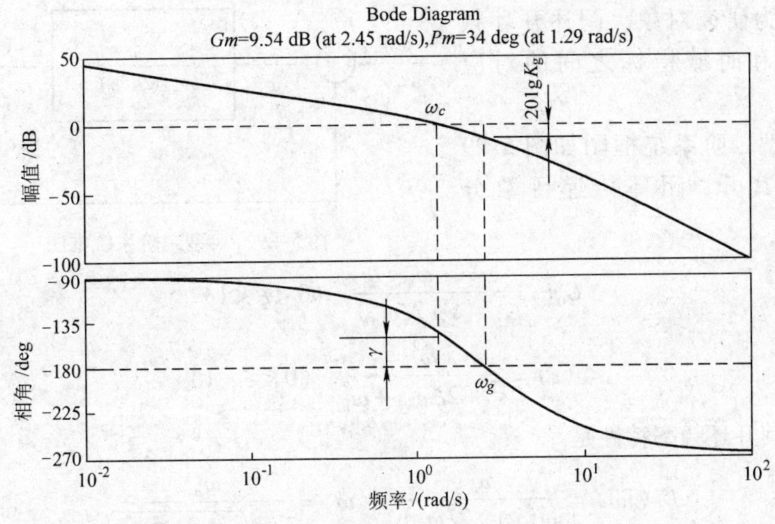

图5-28　$G_0(s)=\dfrac{K}{s(s+2)(s+3)}$的相位裕量和幅值裕量

$K_g>1$（或$L_g>1$）。一般在工程设计中，取$\gamma=30°\sim60°$，$A(\omega_g)\leqslant0.5$，即$K_g\geqslant 2$或$L_g\geqslant6\text{dB}$。

【例5-10】　某单位反馈系统的开环传递函数是

$$G_0(s)=\frac{K}{s(s+2)(s+3)}$$

试求$K=10$时，系统的相位裕量和幅值裕量。

【解】　在MATLAB Command Window下执行下列程序语句，绘制该系统的Bode图，如图5-28所示。

```
w=[0,logspace(-2,2)];
G=tf(10,conv([1,0],conv([1,2],[1,3])));
margin(G)          %绘制系统Bode图,并显示幅值裕量、相角裕量及对应的频率
```

运行结果表明，相位裕量为34°，对应的幅值穿越频率$\omega_c=1.29\text{rad/sec}$，幅值裕量为9.54dB，对应的相角穿越频率$\omega_g=2.45\text{rad/sec}$。由此可判断闭环系统是稳定的。

5.5.2　基于开环频率特性的系统性能分析

基于开环频率特性分析系统的性能，主要是指动态性能时，一般采用的相位裕量γ和剪切频率ω_c这两个重要的开环频域指标作为依据，而系统的动态性能能够由超调量$\sigma(\%)$和调节时间t_s进行简捷、直观和准确的表述。所以，必须确定出开环频域指标γ、ω_c与时域指标$\sigma(\%)$、t_s之间的关系。下面以二阶

系统作为研究对象，阐述开环频域指标和时域指标之间的对应关系。

典型二阶系统框图如图 5-29 所示。其开、闭环传递函数分别是

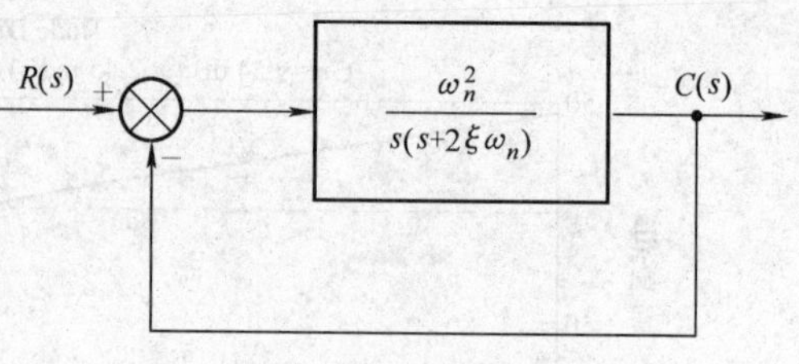

图 5-29　典型二阶系统框图

$$G_0(s)=\frac{\omega_n}{s(s+2\xi\omega_n)}\quad(0<\xi<1)$$

$$\Phi(s)=\frac{\omega_n^2}{s^2+2\xi\omega_n s+\omega_n^2}\quad(0<\xi<1)$$

所以，其开环频率特性是

$$G_0(\mathrm{j}\omega)=\frac{\omega_n}{\mathrm{j}\omega(\mathrm{j}\omega+2\xi\omega_n)},A(\omega)=\frac{\omega_n^2}{\omega\sqrt{\omega^2+4\xi^2\omega_n^2}},$$

$$\phi(\omega)=-90°-\arctan\frac{\omega}{2\xi\omega_n}\tag{5-25}$$

（1）γ 与 $\sigma(\%)$ 的关系

根据式（5-25），当 $\omega=\omega_c$时，$A(\omega)=1$，即

$$A(\omega_c)=\frac{\omega_n^2}{\omega_c\sqrt{\omega_c{}^2+4\xi^2\omega_n^2}}=1,\omega_c^4+4\xi^2\omega_n^2\omega_c^2-\omega_n^4=0$$

所以，

$$\omega_c=\omega_n\sqrt{\sqrt{4\xi^4+1}-2\xi^2}\tag{5-26}$$

当 $\omega=\omega_c$时，$\phi(\omega_c)=-90°-\arctan\frac{\omega_c}{2\xi\omega_n}$

因此，二阶系统的相位裕量 γ 是

$$\gamma=180°+\phi(\omega_c)=90°-\arctan\frac{\omega_c}{2\xi\omega_n}=\arctan\frac{2\xi\omega_n}{\omega_c}\tag{5-27}$$

将式（5-26）代入式（5-27），得到

$$\gamma=\arctan\frac{2\xi}{\sqrt{\sqrt{4\xi^4+1}-2\xi^2}}\tag{5-28}$$

由第 3 章得知，$\sigma(\%)$ 与 ξ 的关系式是

$$\sigma(\%)=\mathrm{e}^{-\pi\xi/\sqrt{1-\xi^2}}\times100\%\tag{5-29}$$

可以看出，ξ、σ_p、γ 间具有一一对应的关系。为了便于比对，可将式（5-28）和式（5-29）的函数关系曲线一起绘于图 5-30 中。

（2）γ、ω_c与 t_s的关系

由第 3 章的时域分析得知，二阶系统的调节时间 t_s（令 $\Delta=0.05$ 时）是

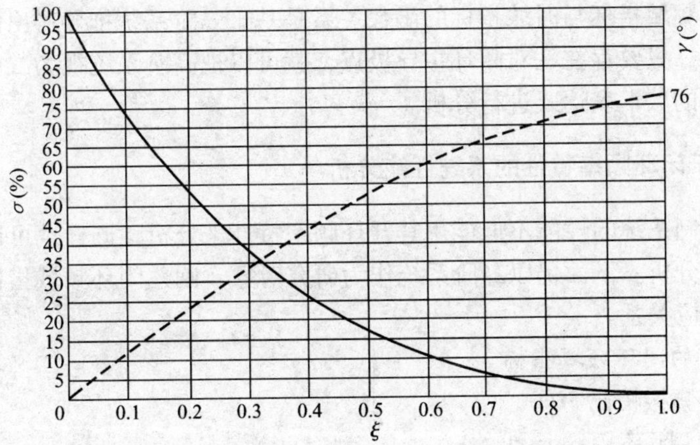

图5-30 典型二阶系统的$\sigma(\%)$、r和ξ的关系曲线

$$t_s = \frac{3}{\xi\omega_n} \tag{5-30}$$

将式（5-26）与式（5-30）相乘，得到

$$t_s\omega_c = \frac{3}{\xi}\sqrt{\sqrt{4\xi^4+1}-2\xi^2} \tag{5-31}$$

根据式（5-27）和式（5-31），可得到

$$t_s\omega_c = \frac{6}{\tan\gamma} \tag{5-32}$$

将式（5-32）的函数关系绘成曲线，如图5-31所示。

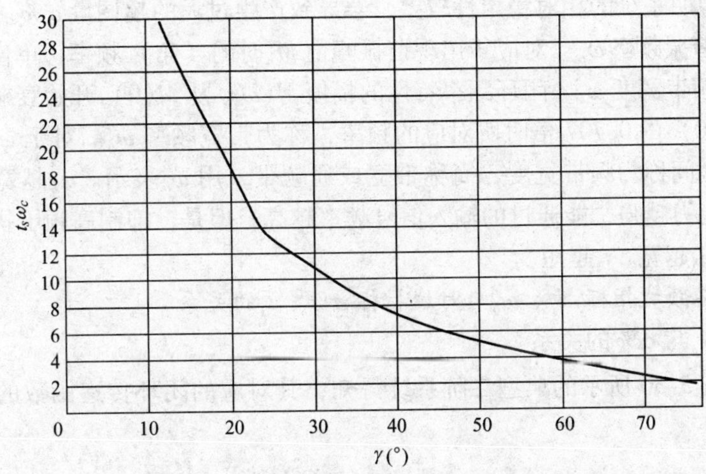

图5-31 典型二阶系统的$t_s\omega_c$和γ的关系曲线

上述的频域指标与时域指标的函数关系是基于二阶系统推导得出的。对于高阶系统而言，只要存在一对闭环主导极点，就可以把高阶系统视为二阶系统，利用二阶系统的数学表达式进行分析。

5.5.3 基于闭环频率特性的系统性能分析

反馈控制系统的性能不但能用其开环频率特性来分析，同样也可以用闭环频率特性进行分析。下面仍以二阶系统作为研究对象，阐述闭环频域指标和时域指标之间的对应关系。

1. 常用的闭环频域指标

（1）零频振幅比 $M(0)$ 当 $\omega=0$ 时，闭环幅频特性的数值。$\omega=0$ 表明信号不交变，交变信号已经变化为直流信号。$M(0)$ 直接反映系统的稳态精度，如当系统的输入信号是单位阶跃信号时，其对应的阶跃响应稳态值 $c(\infty)=1$，所以系统的稳态误差 $e_{ss}=0$。如图 5-32 所示，$M(0)$ 越接近 1，系统的稳态误差（精度）越小（越高）。

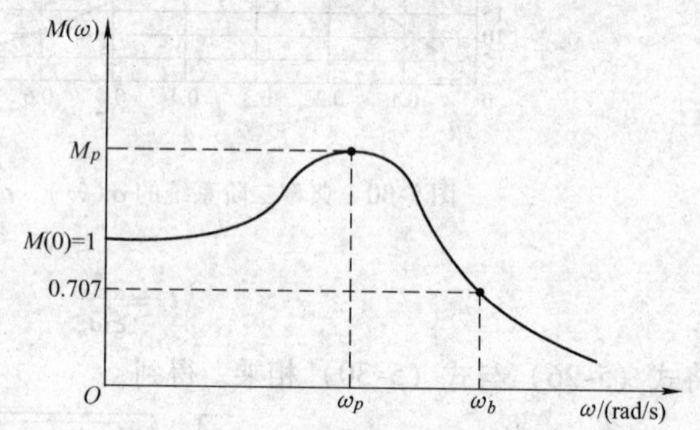

图 5-32 闭环频域指标 M_p、ω_p 和 ω_b

（2）谐振峰值 M_p 当 ω 在 $[0, \infty)$ 变化时，相应的变化曲线 $M(\omega)$ 的最大值。M_p 越大，表示系统对于频率为谐振频率的正弦输入信号反映剧烈，有谐振趋向，说明系统的相对稳定性较差，会导致产生过大的超调量 $\sigma\%$。

（3）谐振频率 ω_p 对应于出现谐振峰值 M_p 时的（角）频率，单位为 rad/s。

（4）频带宽度 ω_b 闭环频率特性的幅值 $M(\omega)$ 从 $M(0)$ 开始衰减，直到其减小到 $M(0)$ 的 0.707 倍时所对应的频率，称为带宽频率 ω_b。对于 $\omega=0 \sim \omega=\omega_b$ 的频率区间称为频带宽度，简称带宽或通频带，用 ω_b 表示。ω_b 越宽，重演输入信号的能力越强，能通过的输入信号频率越高；但是，抑制高频干扰的能力较弱，而且 ω_b 越宽，t_s 越短。

2. 闭环频域指标 M_p、ω_b 与时域指标 $\sigma\%$、t_s 的关系

（1）M_p 与 $\sigma\%$ 的关系

根据图 5-30 所示的典型二阶系统得知，其对应的闭环传递函数的频率特性形式为

$$G_c(\mathrm{j}\omega)=\frac{\omega_n^2}{(\omega_n^2-\omega^2)+\mathrm{j}2\xi\omega\omega_n} \tag{5-33}$$

所以，二阶系统的闭环幅频特性是

$$M(\omega)=\frac{\omega_n^2}{\sqrt{(\omega_n^2-\omega^2)^2+4\xi^2\omega^2\omega_n^2}} \tag{5-34}$$

对式（5-34）求极值，可以求解出M_p和ω_p，令

$$\frac{\mathrm{d}M(\omega)}{\mathrm{d}\omega}=0$$

则得到

$$\omega_p=\omega_n\sqrt{1-2\xi^2} \qquad (0\leqslant\xi\leqslant0.707) \tag{5-35}$$

将式（5-35）中的ω_p代入式（5-34），则求得M_p是

$$M_p=\frac{1}{2\xi\sqrt{1-\xi^2}} \qquad (0\leqslant\xi\leqslant0.707) \tag{5-36}$$

分析式（5-36）得知，当$\xi>0.707$时，ω_p不是实数解，则不存在M_p，闭环幅频特性$M(\omega)$单调递减；当$\xi=0.707$时，$\omega_p=0$，$M_p=1$；当$\xi<0.707$时，$\omega_p>0$，$M_p>1$。并且，当$\xi\to0$时，$\omega_p\to\omega_n$，$M_p\to\infty$。

根据式（5-29）和式（5-36）能够得到M_p与$\sigma\%$（以ξ作为中间变量）的函数对应关系曲线，如图5-33所示。

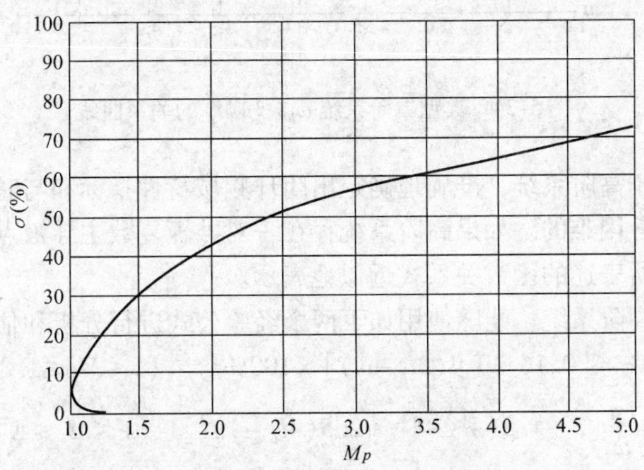

图5-33 典型二阶系统M_p、$\sigma\%$的关系曲线

控制工程中常以$M_p=1.2\sim1.5$，对应$\sigma\%=20\%\sim30\%$作为设计依据，其相应的过渡过程振荡适度、平稳性和快速性均较好。

（2）M_p、ω_b与t_s的关系

当$\omega=\omega_b$时，式（5-34）变为

$$M(\omega_b)=\frac{\omega_n^2}{\sqrt{(\omega_n^2-\omega_b^2)^2+4\xi^2\omega_b^2\omega_n^2}}=0.707$$

所以，求解出ω_b与ω_n、ξ的数学关系式是

$$\omega_b = \omega_n \sqrt{1 - 2\xi^2 + \sqrt{2 - 4\xi^2 + 4\xi^4}} \tag{5-37}$$

将式（5-30）与式（5-37）相乘，得到

$$\omega_b t_S = \frac{3}{\xi} \sqrt{1 - 2\xi^2 + \sqrt{2 - 4\xi^2 + 4\xi^4}} \tag{5-38}$$

再将式（5-38）和式（5-36）基于中间变量 ξ 联系起来，可求得 $\omega_b t_S$ 与 M_p 的关系曲线，如图 5-34 所示。

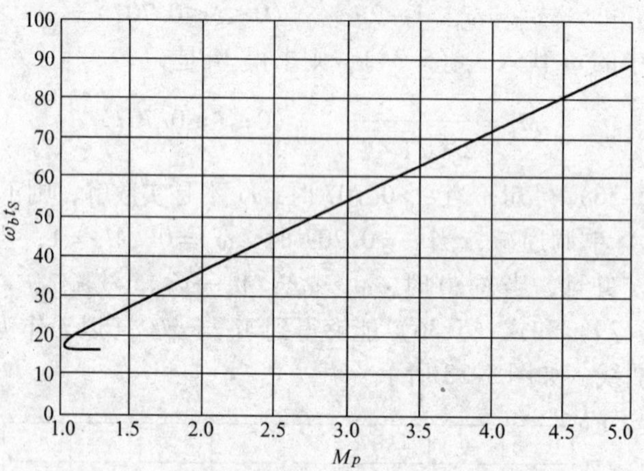

图 5-34　典型二阶系统 $\omega_b t_s$ 和 M_p 的关系曲线

同样，对于高阶系统，准确地确定出闭环频域特性指标和与时域指标之间的函数关系是十分困难的。如果高阶系统存在一对共轭复数主导极点，则可以用上述的二阶系统所表述的函数关系式近似地表示。

对于一般高阶系统，能够使用如下两个经验公式进行分析和估算。

$$\sigma\% = [0.16 + 0.4(M_p - 1)] \times 100\% \qquad (1 \leqslant M_p \leqslant 1.8) \tag{5-39}$$

$$t_S = \frac{\pi}{\omega_c}[2 + 1.5(M_p - 1) + 2.5(M_p - 1)^2] \qquad (1 \leqslant M_p \leqslant 1.8) \tag{5-40}$$

式（5-39）表明，$\sigma\%$ 与 M_p 呈线性关系；式（5-40）表明，t_S 随着 M_p 的变化单调递增。

小　结

本章主要介绍分析控制系统的另一种图解方法——频率响应分析法，即把控制系统中的各个变量看成一些信号，而这些信号又是由许多不同频率的正弦信号合成的；各个变量的运动就是系统对各个不同频率的信号的响应总和，避免了直接用分析法研究控制系统的种种困难。本章还结合 MATLAB 这个有效的控制系

统分析和设计工具，重点介绍了以下几个问题。

(1) 频率特性的概念及其基本图示方法 频率特性或频率响应是控制系统或部件对于不同频率的正弦波输入信号的稳态响应特性，是时间响应的一个特例。其基本图示方法有幅相频率特性曲线（Nyquist 图）、对数频率特性曲线（Bode 图）和对数幅相特性曲线（Nichols 图）。

(2) 典型环节的频率响应特性 基于表5-4、表5-5和表5-6，通过控制系统中典型环节的传递函数、频率特性的表述和相应的 Nyquist 图、Bode 图的直观图示，便于分析典型环节的频率响应特性的意义和作用。借助于 MATLAB 编程的实例解读，可理解频率法的特点。

(3) 奈奎斯特稳定判据 通过理论阐述和实例解读，充分理解其特性——基于开环频率特性，能够判断闭环系统是否稳定（绝对稳定性）和确定系统的稳定程度（相对稳定性）。

(4) 基于频率特性的控制系统性能分析 基于开环频率特性分析控制系统的性能，依据是采用两个重要的开环频域指标，即相位裕量 γ 和剪切频率 ω_c。通过推导，建立相位裕量 γ 和剪切频率 ω_c 与超调量 $\sigma\%$ 和调节时间 t_S 的数学关系式，从而实现简捷、直观和准确地表述闭环控制系统动态性能指标的目的。

复习思考题

5-1 试求如图5-35所示的RC网络的频率特性表达式。

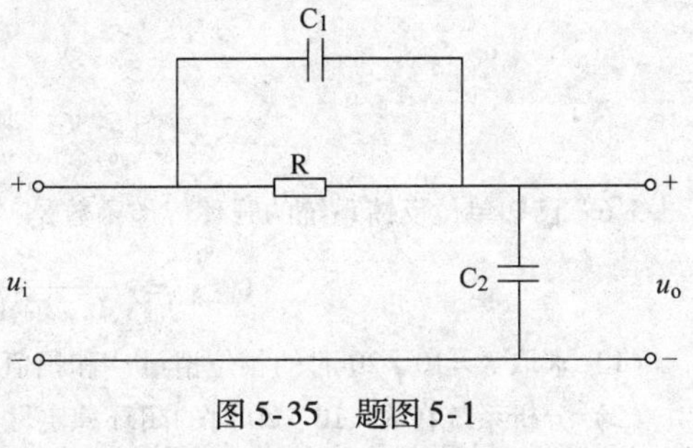

图5-35 题图5-1

5-2 已知单位反馈系统的开环传递函数是

$$G_0(s)=\frac{10}{s+5}$$

试分别求解闭环系统输入系统信号 $r(t)=\sin 2t$、$r(t)=\sin(2t+30°)$ 时系统的稳态输出。

5-3 试分别用常规法和 MATLAB 编程绘制下列传递函数的 Nyquist 图。如果存在 Nyquist 曲线穿越 s 平面的负实轴，则求解出与负实轴交点的频率及其对应的 $|G(\mathrm{j}\omega)|$。

(1) $G(s)=\dfrac{1}{s(2s^2+3s+1)}$

(2) $G(s)=\dfrac{100}{s(s^2+s+1)(6s+1)}$

(3) $G(s)=\dfrac{s+3}{(s+1)(s-1)}$

5-4 试分别用常规法和 MATLAB 编程绘制下列传递函数的 Bode 图，并求解相应的相位裕量 γ 和幅值裕量 K_g。

(1) $G_0(s)=\dfrac{2}{(2s+1)(8s+1)}$

(2) $G(s)=\dfrac{10}{(0.25s^2+0.4s+1)(0.25s+1)}$

(3) $G(s)=\dfrac{4(s+2)}{s^2(s+5)}$

5-5 试用 Nyquist 判据判定如图 5-36 所示的系统开环 Nyquist 图对应的系统稳定性（图中的 P 是开环传递函数在 s 右半平面的极点数）。

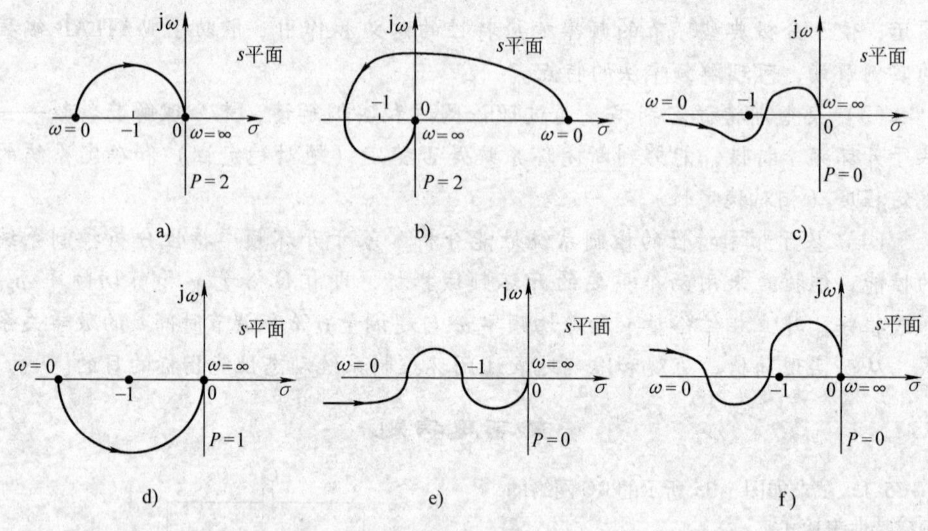

图 5-36　题图 5-5

5-6 已知单位反馈系统的开环传递函数是

$$G_0(s)=\frac{K}{s(0.2s+1)(0.02s+1)}$$

(1) 求取 $K=10$、20 时的相位裕量 γ 和幅值裕量 K_g。

(2) 分析系统在 $K=10$、20 时的闭环稳定性。

5-7 设系统的开环传递函数是

$$G(s)H(s)=\frac{(T_2s+1)}{s^2(T_1s+1)}$$

试分别绘制出 $T_1<T_2$；$T_1=T_2$；$T_1>T_2$ 时的 Nyquist 图，并判定系统的稳定性。

5-8 已知某反馈控制系统

$$G(s)=\frac{10}{s(s-1)},H(s)=1+Ks$$

试确定系统闭环稳定时的 K 值。

5-9 图 5-37 所示为闭环控制系统的框图，当 $t\geqslant0$ 时，输入信号 $r(t)=1$，试求解增益 K 在要求系统的稳态误差 $e_{ss}<2$，且增益裕量 $K_g\leqslant6\text{dB}$ 条件下的取值范围。

5-10 已知系统的开环传递函数是

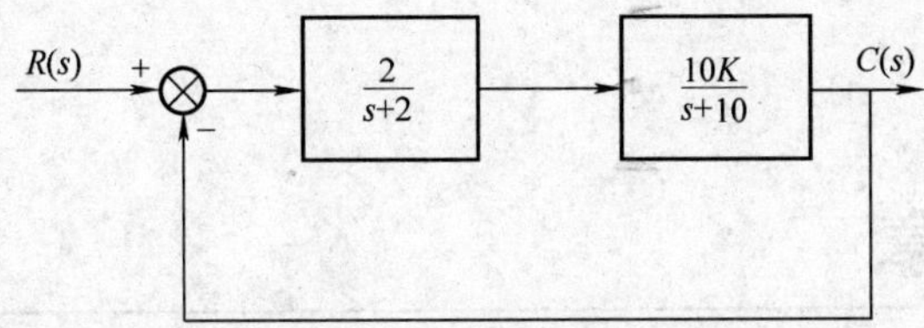

图 5-37　题图 5-9

$$G_0(s)=\frac{20(s+1)}{s(s+1)(s+2)}$$

（1）试求开环频率特性的相位裕量 γ、剪切频率 ω_c，并估算出系统的时域指标 $\sigma\%$ 和 t_s。

（2）试求闭环频率特性的谐振峰值 M_p、谐振频率 ω_p，并估算出系统的时域指标 $\sigma\%$ 和 t_s。

第 6 章 自动控制系统的设计

通过前面章节的讲述得知，自动控制系统的研究分为设计和分析两大任务。分析是指在控制系统的结构和参数已知的情况下，通过建模，基于时域法、频域法、根轨迹法对相应的静态、动态性能进行分析和指标参数的计算等的过程；而设计是指根据控制系统运行的实际需求，基于被控对象的特性，合理地确定控制方案、结构形式及其部件，计算控制参数，并以仿真和实验加以验证、修正，建立能够满足稳态、暂态过程性能指标的，经济性和可靠性好的实用控制系统的过程。

一般而言，一个基本的控制系统通常是依据反馈原理将被控对象、传感器/变送器、执行器和控制器等环节连接起来而构成的。其中，被控对象、传感器/变送器和执行器的特性是不可变的；而这样形式的基本控制系统往往不能有效地满足实际运行的性能指标要求，所以需对控制器进行再设计，添加附加环节(称为校正装置)，以求达到改善控制系统的静态、动态性能的目的。因此，控制器的再设计又称为控制系统的校正。

本章将阐述校正的基本概念、常用校正装置型式及其特性和基于根轨迹法、频率法对控制系统进行校正的主要内容和步骤。

6.1 控制系统的校正

6.1.1 校正的基本概念

在通常的控制系统设计中，实际需要控制的生产设备或过程——被控对象是已知的，根据被控对象的特点，工艺的要求（如技术性能指标、可靠性和经济性等）来对自动化仪表装置进行选型，依据反馈原理将它们连接起来从而构成基本的自动控制系统，又称作“固有系统”。

但是，在实际的控制作用过程中，“固有系统”的自身参数往往难以改变

（除了放大系数外），导致控制性能较差，不能满足生产工艺的要求。所以，要使设计的控制系统有效地满足稳态性能和动态性能的要求，必须有目的地引进其他装置（称作校正或补偿装置）来改善（称作校正）系统的特性。

校正的实质就是按照技术性能指标的要求，选择合理的校正方式，确定校正装置的型式，计算校正参数等，以达到改善控制系统性能的目的。

6.1.2　校正的方式

根据校正装置在控制系统内的位置关系，能够分为串联、并联和复合校正的方式，如图6-1所示。图中的 $G_c(s)$ 为校正环节；$G_o(s)$ 为对象环节；$H(s)$ 为反馈环节。

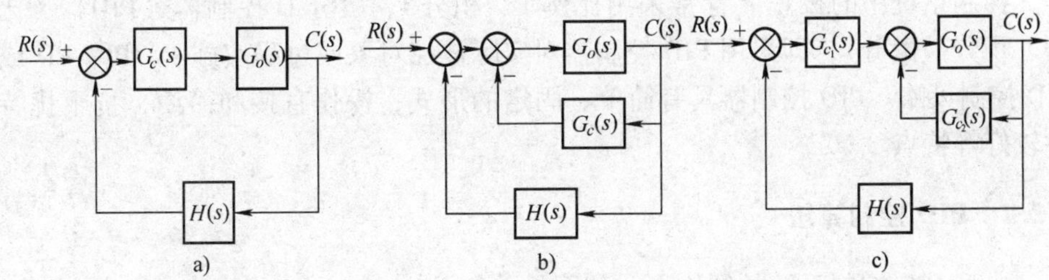

图6-1　系统的校正方式
a）串联校正结构　b）反馈校正结构　c）复合校正结构

1. 串联校正

串联校正是将校正装置放在前向通道内，使其与“固有系统”相串联。其特点是：结构简单，功耗较小。

2. 反馈校正

反馈校正是将校正装置与“固有系统”的某个环节或环节组组成局部反馈系统。其特点是：能有效地抑制系统参数的波动变化，减小非线性的影响。

3. 复合校正

复合校正是将串联、反馈校正正确地组合在一起，满足控制性能要求高的系统。其特点是：保持系统的稳定性，有效地抑制外界干扰，最大限度地减小稳态误差。

6.1.3　校正的方法

控制系统的性能指标通常包括稳态（静态）性能指标，如稳态误差系数 K_p、K_v 和 K_a，表示系统的控制精度；动态性能指标，如时域指标 $\sigma(\%)$、t_s、t_p 和频域指标 γ、K_g、ω_c、M_p、ω_p 和 ω_b，反映控制系统过渡过程的情况。在设计校正装置时，如果采用时域指标，则使用根轨迹法，其本质是假定校正后的闭环系统具备一对主导共轭极点，决定着系统的性能，属于图解的方法；如果采用频域指标，则宜使用频率法，其实质是借助校正装置来改变原系统的频率特性，从而获得期望的静态、动态性能，这是一种简便的图解法。当然，随着计算机技术的发展，也可采用计算机辅助设计来实现。它基于计算机仿真的系统响应特性，将设计人员的分析、判断、决策和推理与计算机的迅速运算、准确处理和大容量存储有机地结合起来，从而减轻设计人员的劳动负荷，提高设计效率和质量。

6.2 PID 校正设计

控制系统中的校正装置常采用比例 P、积分 I、微分 D 控制器（PID）（比例、积分、微分），即采用 PID 控制器对实际被控对象或过程实施 P、PI、PD 或 PID 控制策略。PID 控制器具有简单、固定的形式，操作直接和简便，抗干扰特性较好等特点。

6.2.1 PID 控制算法

典型 PID 控制系统的结构形式如图 6-2 所示。

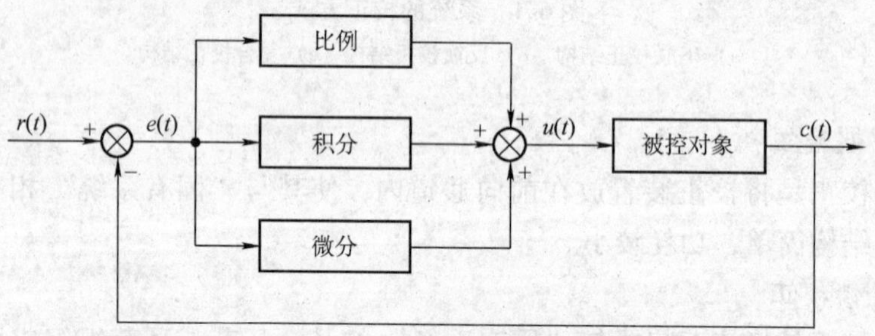

图 6-2 典型 PID 控制系统的结构形式

在模拟调节系统中，PID 控制算法的表达式为

$$u(t)=K_P\left[e(t)+\frac{1}{T_I}\int_0^t e(t)\mathrm{d}t+T_D\frac{\mathrm{d}e(t)}{\mathrm{d}t}\right] \tag{6-1}$$

或

$$u(t)=K_Pe(t)+K_I\int_0^t e(t)\mathrm{d}t+K_D\frac{\mathrm{d}e(t)}{\mathrm{d}t}$$

连续 PID 控制器的传递函数模型为

$$G_C(s)=K_P+\frac{K_P}{T_Is}+K_pT_Ds \tag{6-2}$$

在设计上为了避免微分计算，通常用一个超前的一阶环节来近似微分环节，此时PID控制器传递函数模型可表示为

$$G_C(s) = K_P + \frac{K_P}{T_I s} + \frac{K_P T_D s}{\frac{T_D}{N} + 1} \tag{6-3}$$

式中，N趋于无穷大时，则为纯微分运算。实际的仿真设计中，N不必过大，取$N=10$就可以逼近实际的微分效果。

式中 $u(t)$——控制器的输出信号；

$e(t)$——控制器的输入偏差信号，$e(t)=r(t)-c(t)$；

K_P——控制器的比例增益；

T_I——控制器的积分时间常数，积分系数$K_I=K_P/T_I$；

T_D——控制器的微分时间常数，微分系数$K_D=K_p T_D$；

$r(t)$、$c(t)$——控制器的给定值、测量值。

由式（6-1）可知，PID控制其实质是由比例P、积分I、微分D作用及其相应的组合而构成的。PID控制质量与其参数K_P、T_I、T_D的整定密切相关。K_P、T_I、T_D的整定分为理论计算和工程整定。理论计算法往往繁琐、复杂、不易掌握，且计算结果与实际情况出入很大，整定效果不理想。本节简要地阐述了PID参数整定的基本原理以及K_P、T_I、T_D的工程整定方法。

1. 比例P控制及性能分析

在PID控制器中，当$T_I \to \infty$，$T_D=0$，K_P为某个值时，则为纯P调节，其传递函数是

$$G_C(s) = K_P \tag{6-4}$$

由式（6-4）可知，比例控制器是一种简单的控制器，它的输出与输入误差成比例关系，其特点是：

1）比例作用及时、成比例地反映控制系统的偏差信号$e(t)$，偏差一旦产生，控制器随即产生控制作用，以减小偏差，当偏差等于零时，控制器输出也为零，因此纯比例控制器属于有差调节。

2）控制系统能整定的参数是K_P，比例作用的强弱取决于K_P。比例系数不仅影响稳态误差，而且影响上升时间和稳定性。增大比例系数K_P可提高系统的开环增益，减小系统的稳态误差，加快系统的快速性，但增大比例系数会使最大超调量增大，同时降低系统的稳定性。

3）实际工程中常用比例度$\delta = \frac{1}{K_P} \times 100\%$来描述比例作用的强弱。

【例6-1】 已知某单位反馈系统的传递函数为

$$G_K(s) = \frac{1}{(2s+1)(3s+1)}$$

如果采用比例（P）控制器进行控制，试绘制比例系数 K_P 分别为 0.5、1、4、6、50 时的单位阶跃响应曲线，并分析比例系数对控制系统的影响。

【解】 求解命令如下：

```
%lt6_1.m 比例控制
num = 1;
den = conv([2 1],[3 1]);
GK = tf(num,den);                       %开环传递函数
KP = 0.5;
sys = feedback(KP * GK,1, -1)           %生成 KP = 0.5 的闭环传递函数
step(sys,'b:')                          %绘制比例控制作用下的阶跃响应曲线
gtext('KP = 0.5 '),pause(2),hold on
KP = 1;
sys = feedback(KP * GK,1, -1)           %生成 KP = 1 的闭环传递函数
step(sys,'b:')                          %绘制比例控制作用下的阶跃响应曲线
gtext('KP = 1 '),pause(2),hold on
KP = 4;
sys = feedback(KP * GK,1, -1)           %生成 KP = 4 的闭环传递函数
step(sys,'k -')                         %绘制比例控制作用下的阶跃响应曲线
gtext('KP = 4 '),pause(2),hold on
KP = 6;
sys = feedback(KP * GK,1, -1)           %生成 KP = 6 的闭环传递函数
step(sys,'g --')                        %绘制比例控制作用下的传递函数
gtext('K_P = 6 '),pause(2),hold on
KP = 50;
sys = feedback(KP * GK,1, -1)           %生成 KP = 50 的闭环传递函数
step(sys,'r --')                        %绘制比例控制作用下的阶跃响应曲线
gtext('K_P = 50 '),xlabel('时间/s '),ylabel('幅值')
```

从图 6-3 可知，随着比例系数的增加，上升时间缩短，调节次数增大，超调量增大，闭环系统稳态误差减小，但不能消除误差。

2. 比例积分（PI）控制及性能分析

积分控制一般不单独使用，通常以 PI 控制器的形式出现。为了研究积分环节对系统性能的影响，可固定比例系数为常值。在 PI 控制器中，当 $T_D = 0$ 时，为 PI 调节，其传递函数为

$$G_C(s) = K_P\left(1 + \frac{1}{T_I s}\right)$$

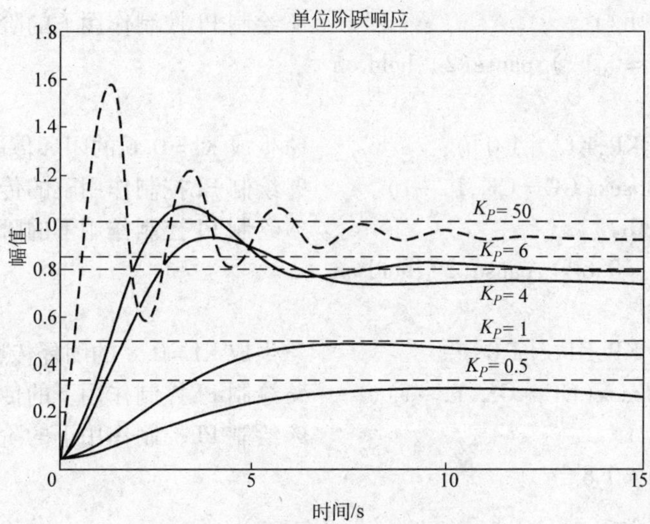

图 6-3 比例控制性能分析图

或

$$G_C(s) = K_P + \frac{K_I}{s} \tag{6-5}$$

由式（6-5）可看出，积分系数 K_I越大（或积分时间 T_I越小），积分作用越弱；反之亦然。积分特点如下：

1）积分作用主要用于消除稳态误差，实现无差控制。

2）积分作用的强弱取决于 T_I（或 K_I），能整定的参数是 T_I。

3）积分作用存在滞后问题（或调节不及时），所以将其与 P 作用组合起来，可构成 PI 调节。

【例 6-2】 对例 6-1 的单位反馈系统采用 PI 控制器进行调节，如果采用比例积分（PI）控制器进行控制，比例控制系数 $K_P = 1$ 时，K_I分别为 0.6、0.8、1.2 时的单位阶跃响应曲线，并分析积分系数对控制系统的影响。

【解】 求解命令如下：

```
%lt6_2.m PI 控制
num = 1;
den = conv([2 1],[3 1]);
GK = tf(num,den);                      %开环传递函数
KP = 1,KI = 0.1;
GC = tf([KP,KI],[1 0]);                %生成 KI = 0.1 的闭环传递函数
sys = feedback(GC * GK,1, -1)          %绘制 PI 控制作用下的传递函数
```

```
step(sys,'b')                        %绘制 PI 控制作用下的阶跃响应曲线
gtext('KI=0.1'),pause(2),hold on
KI=0.6;
GC=tf([KP,KI],[1 0]);                %生成 KI=0.6 的闭环传递函数
sys=feedback(GC*GK,1,-1)             %绘制 PI 控制作用下的传递函数
step(sys,'b')                        %绘制 PI 控制作用下的阶跃响应曲线
gtext('KI=0.6'),pause(2),hold on
KI=0.8;
GC=tf([KP,KI],[1 0]);                %生成 KI=0.8 的闭环传递函数
sys=feedback(GC*GK,1,-1)             %绘制 PI 控制作用下的传递函数
step(sys,'r')                        %绘制 PI 控制作用下的阶跃响应曲线
gtext('KI=0.8')
pause(2)
hold on
KI=1.2;
GC=tf([KP,KI],[1 0]);                %生成 KI=1.2 的闭环传递函数
sys=feedback(GC*GK,1,-1)             %绘制 PI 控制作用下的传递函数
step(sys,'k')                        %绘制 PI 控制作用下的阶跃响应曲线
gtext('KI=1.2'),hold on
xlabel('时间/s')
ylabel('幅值')
```

执行命令后，可得到图 6-4 所示不同积分系数下的闭环系统单位阶跃响应曲线。从图 6-4 中可看出，随着积分系数的增大，闭环系统响应速度增大，调节次数增加，超调量增大，稳定性变差。同时，由于积分环节的存在，闭环系统稳态误差为零。

3. 比例微分（PD）控制及性能分析

由式（6-2）可知，微分对静态误差没有抑制作用，因此微分一般与比例控制同时作用，构成 PD 控制器。在 PID 控制器中，当 $T_I \to \infty$ 时，为 PD 控制，其传递函数为

$$G_C(s) = K_P + K_D s \tag{6-6}$$

或

$$G_C(s) = K_P(1 + T_D s)$$

因为纯 D 调节在实际中无法实现，所以实际的 D 调节传递函数是

$$G_C(s) = \frac{T_D s}{1 + \frac{T_D s}{N}}, N \geqslant 10 \tag{6-7}$$

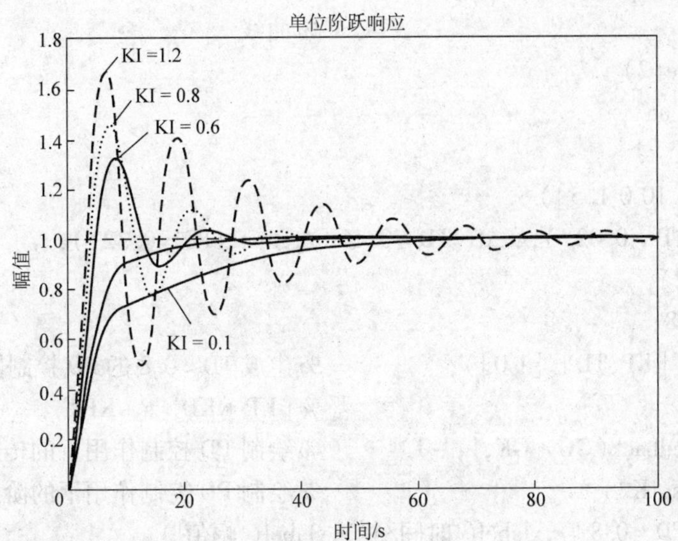

图6-4 积分控制对控制系统性能的分析

由式（6-6）可看出，当微分系数K_D增大（或微分时间T_D增大）时，微分作用强；反之亦然。微分控制在稳态时误差为零。微分作用的特点如下：

1）微分作用不能消除稳态误差，并对固定的偏差无调节作用。

2）微分作用的强弱取决于T_D，能整定的参数是T_D（或K_D）。

3）微分作用能反应偏差信号的变化趋势，产生超前调节作用，适当增大微分作用可加快系统的响应，减小超调量和调节时间。

【例6-3】 对例6-1的单位反馈系统采用PD控制器进行调节，如果采用比例微分（PD）控制器进行控制，比例控制系数$K_P=1$时，K_D分别为0.2、1.5、3.2、10时的单位阶跃响应曲线，并分析微分系数对控制系统的影响。

【解】 求解命令如下：

```
%lt6_3 PD控制
num = 1;
den = conv([2 1],[3 1]);
GK = tf(num,den);                    %开环传递函数
KP = 20;
for TD = 0.02:0.15:0.32
    GC = tf([KP * TD,KP],1);         %生成PD控制器GC(s) = [KP * KD *
                                     %s + KP]
    sys = feedback(GC * GK,1, -1);   %生成单位反馈闭环传递函数
    step(sys)                        %绘制PD控制作用下的单位阶跃响应
```

```
                                            %曲线
    pause(2)
    hold on
end
axis([0 10 0 1.5])
gtext('TD=0.02'),gtext('TD=0.15'),gtext('TD=0.32'),
pause(2)
TD=0.8;
GC=tf([KP,TD],[1 0]);                       %生成TD=0.8的PD控制器GC(s)=
                                            %[KP*KD*s+KP]
sys=feedback(GC*GK,1,-1)                    %绘制PD控制作用下的传递函数
step(sys,'K')                               %绘制PD控制作用下的阶跃响应曲线
gtext('TD=0.8'),xlabel('时间/s'),ylabel('幅值')
```

执行命令后，可得到图 6-5 所示不同微分系数下的闭环系统单位阶跃响应曲线。从图 6-5 中可看出，随着微分系数的增大，闭环系统上升时间减小，最大超调量减小，调节时间减小，稳定性变好，但比例微分控制无法消除稳态误差。

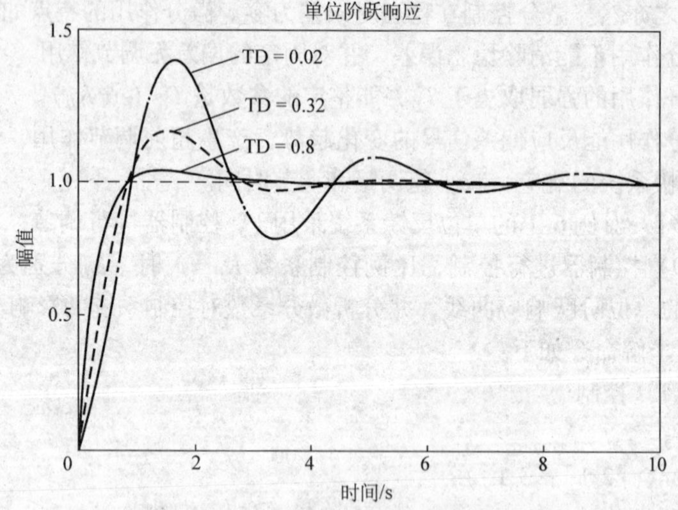

图 6-5　微分控制对闭环系统性能的影响分析

4. PID 控制

在 PID 控制器中有 3 个特征参数，即比例系数 K_P、积分时间 T_I（或积分系数 K_I）和微分时间 T_D（或微分系数 K_D），其传递函数见式（6-2）与式（6-3）。因此，PID 控制器的设计就是确定 PID 控制器的 K_P、T_I与 T_D。在比例、积分、微分的控制规律作用下，控制系统具有超前调节、消除稳态误差、减小超调量和调节时间的良好

控制性能。P、PI、PD、PID 控制对闭环系统性能的影响分析如图 6-6 所示。

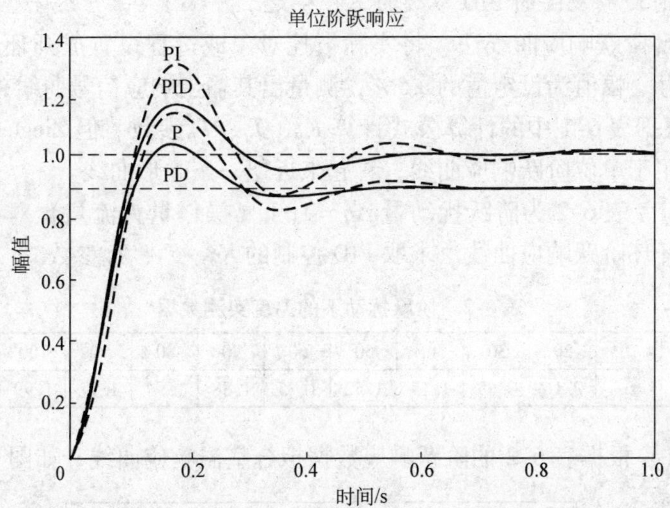

图 6-6 P、PI、PD、PID 控制对闭环系统性能的影响分析

6.2.2 PID 参数的工程整定

PID 参数的工程整定就是按照已确定的控制方案，在实际运行的控制系统中求取使得控制质量达到最佳（即满足工艺要求的期望控制质量）的 $\overset{*}{K}_P$、$\overset{*}{T}_I$、$\overset{*}{T}_D$。对于大多数的工业被控对象或过程，其数学模型可以用具有滞后时间的一阶系统近似地描述如下：

$$G(s)=\frac{K\cdot \mathrm{e}^{-\tau s}}{1+Ts} \tag{6-8}$$

只要通过相应的方法测出被控对象或过程的放大系数 K、时间常数 T 和时滞 τ，按照 Ziegler-Nichols 整定公式（见表 6-1）计算出 $\overset{*}{K}_P$、$\overset{*}{T}_I$、$\overset{*}{T}_D$，再根据设计要求适当调整 $\overset{*}{K}_P$、$\overset{*}{T}_I$、$\overset{*}{T}_D$，即可得满足性能指标的 K_P、T_I、T_D 参数。

表 6-1 PID 参数的 Ziegler-Nichols 经验整定公式

控制器类型	开环阶跃响应曲线法			闭环临界振荡曲线法		
	$\overset{*}{K}_P$	$\overset{*}{T}_I$	$\overset{*}{T}_D$	$\overset{*}{K}_P$	$\overset{*}{T}_I$	$\overset{*}{T}_D$
P	$\frac{T}{K\tau}$	∞	0	$0.5K_P'$	∞	0
PI	$0.9\frac{T}{K\tau}$	3τ	0	$0.45K_P'$	$0.883T'$	0
PID	$1.2\frac{T}{K\tau}$	2τ	$\tau/2$	$0.6K_P'$	$0.5T'$	$0.125T'$

1. 基于时域响应法的 PID 参数的工程整定

（1）开环阶跃响应曲线法　将实际被控对象或过程设置成开环系统，施加阶跃输入信号。幅值为设定值的 ±5%，测量出其输出响应信号曲线，记录 K、T 和 τ。然后根据表 6-1 中的计算公式计算 K_P、T_I、T_D参数。但 Ziegler-Nichols 整定公式仅适用于单位阶跃响应曲线，看起来近似一条 S 形曲线。

【例 6-4】 表 6-2 为阶跃扰动量 $\Delta q = 1\text{t/h}$（操作量为流量）对应的室温变化。试采用开环阶跃响应曲线法求取 PID 控制的 K_P、T_I、T_D参数。

表 6-2　阶跃扰动下的温度实测数据

时间/s	0	10	20	30	40	50	60	70	80	90	100	120	150
室温/℃	0	0	0.16	0.65	1.15	1.52	1.75	1.88	1.94	1.97	1.99	2	2

【解】 1）根据表 6-2 的阶跃响应数据拟合室温响应曲线，如图 6-7 所示。

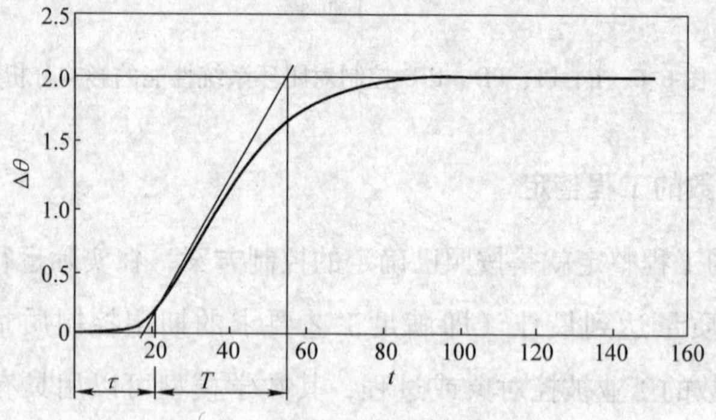

图 6-7　室温单位阶跃响应曲线

2）根据曲线拟合的室温传递函数为

$$G(s) = \frac{2\mathrm{e}^{-21s}}{34s+1}$$

3）由图 6-7 可知，被控对象单位阶跃响应曲线具有 S 形状，故可以使用 Ziegler-Nichols 整定公式。根据表 6-1，得 $\overset{*}{K}_P = 0.97\text{s}$、$\overset{*}{T}_I = 42\text{s}$、$\overset{*}{T}_D = 10.5\text{s}$。

4）利用下面的 MATLAB 命令可得到系统的 PID 闭环调节响应曲线。

```
%lt6_4.m Z-K 整定的单位阶跃响应曲线
KP = 1;                                  %比例系数
TI = 42;                                 %积分时间
TD = 10.5;                               %微分时间
s = tf('s');                             %定义拉普拉斯变量因子
Gc = KP * (1 + 1/(TI * s) + TD * s);     %定义 PID 控制器
[num1,den1] = pade(21,4);                %生成纯延迟环节的四阶近似模型
```

```
G1 = tf(num1,den1);                    %纯延迟环节的传递函数
num2 = 2;
den2 = [34 1];
G2 = tf(num2,den2);                    %生成不带延迟的被控对象传递函数
Gk = Gc * G2 * G1;
sys = feedback(Gk,1);                  %生成系统闭环传递函数
step(sys)                              %求取系统单位阶跃响应曲线
title('PID 闭环调节响应')
xlabel('时间/s ')
ylabel('幅值')
grid on
```

执行上述命令后，可得到系统的 PID 闭环调节响应曲线，如图6-8 所示。曲线1 对应参数$\overset{*}{K}_P=0.97s$、$\overset{*}{T}_I=42s$、$\overset{*}{T}_D=10.5s$。从图6-8 所示中可知，系统稳定性欠佳。校正 $K_P(0.97)$、T_D（8s）参数，可得曲线2。与曲线1 比较，曲线2 提高了系统的稳定性与快速性。曲线2 的超调量为24%，调节时间为141s，峰值时间为43.5s。

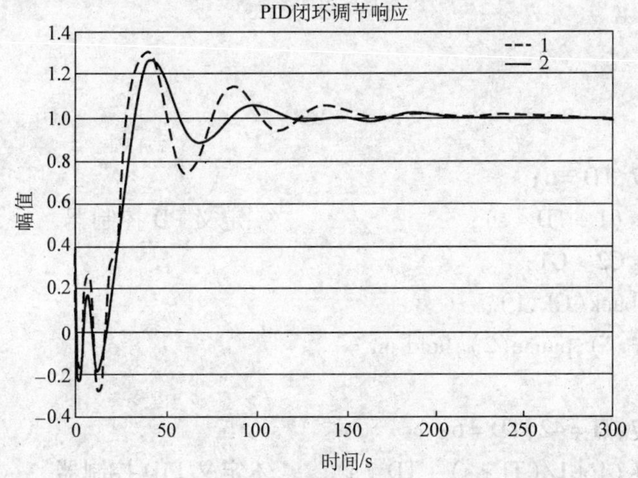

图6-8 Ziegler-Nichols 整定的 PID 闭环调节响应曲线

5）利用下面的 MATLAB 命令可得到系统不同控制规律下的闭环阶跃响应曲线。

```
% lt6_4B.m Z-K 整定的 P、PI、PD、PID 单位阶跃响应曲线
% ±P
KP = 0.97;
s = tf('s');
Gc = KP;                               %定义 P 控制器
```

```
[num1,den1] = pade(21,4);
G1 = tf(num1,den1);
num2 = 2;
den2 = [34 1];
G2 = tf(num2,den2);
Gk = Gc * G2 * G1;
sys = feedback(Gk,1);
step(sys,'k')
pause(2)
hold on
%PI
KP = 0.97,TI = 42;
Gc = KP * (1 + 1/(TI * s));                %定义 PI 控制器
Gk = Gc * G2 * G1;
sys = feedback(Gk,1);
step(sys,'g')
pause(2)
hold on
%PD
KP = 0.97,TD = 6;
Gc = KP * (1 + TD * s);                    %定义 PD 控制器
Gk = Gc * G2 * G1;
sys = feedback(Gk,1);
step(sys,'r'),pause(2),hold on
%PID
KP = 0.97,TI = 42,TD = 6;
Gc = KP * (1 + 1/(TI * s) + TD * s);       %定义 PID 控制器
Gk = Gc * G2 * G1;
sys = feedback(Gk,1);
step(sys,'b'),pause(2)
gtext('P'),gtext('PI'),gtext('PD'),gtext('PID')
title('单位阶跃响应'),xlabel('时间/s'),ylabel('幅值')
```

执行上述命令后，可得到系统不同规律下的单位阶跃响应曲线，如图 6-9 所示。从图 6-9 中可知，在比例控制的基础上，增加积分可消除静差；增加微分可提高系统的快速性与稳定性；采用 PID 控制，系统的快速性、稳定性和准确性最好。

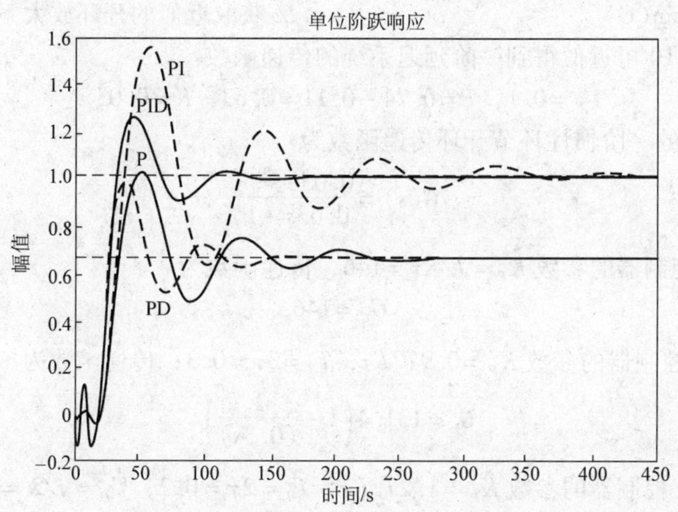

图6-9 P、PI、PD、PID控制阶跃响应

【例6-5】 某单位反馈控制系统的开环传递函数 $G_0(s)=\dfrac{1}{s^2+10s+20}$。试根据Ziegler-Nichols时域PID参数整定方法，设计一个控制器使系统的稳态误差为零。

【解】 1）对系统做阶跃响应仿真实验，测量出其输出响应信号曲线，如图6-10所示。记录 τ、T 和 K，即可将二阶惯性环节简化为带延迟的一阶惯性环节。

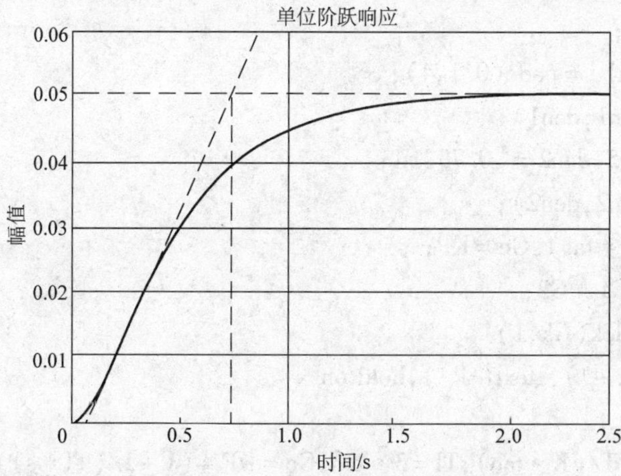

图6-10 例6-5某单位反馈控制系统的开环阶跃响应图

在MATLAB Command Window下执行下列程序语句：

```
G=tf([1],[1,10,20]);
```

```
grid on;step(G)
k = dcgain(G)                                    % 获取近似的开环放大系数
```

由图 6-10 可近似得到一阶延迟系统的传递函数：

$$\tau = 0.1,\ T = 0.74 - 0.11 = 0.63,\ K = 0.05$$

带延迟的一阶惯性环节开环传递函数为

$$G(s) = \frac{0.05e^{-0.1s}}{0.63s + 1}$$

2）P 控制器的参数 $\overset{*}{K}_P = T/K\tau = 146$，传递函数为

$$G_C = 146$$

3）PI 控制器的参数 $\overset{*}{K}_P = 0.9T/K\tau$，$\overset{*}{T}_I = 3\tau = 0.3$，传递函数为

$$G_c = 131.4\left(1 + \frac{1}{(0.3s)}\right)$$

4）PID 控制器的参数 $\overset{*}{K}_P = 1.2T/K\tau$，$\overset{*}{T}_I = 2\tau = 0.2$，$\overset{*}{T}_D = \tau/2 = 0.05$，传递函数为

$$G_c = 175.2\left(1 + \frac{1}{0.2s} + 0.5s\right)$$

在 MATLAB Command Window 下执行下列程序语句：

```
%lt6_5.m
%P
K = 0.05,T = 0.63,tao = 0.1;
s = tf('s');
[num1,den1] = pade(0.1,4);
G1 = tf(num1,den1);
num2 = 0.05,den2 = [0.73,1];
G2 = tf(num2,den2);
KP = T/(K * tao),Gc = KP;
Gk = Gc * G1 * G2;
sys = feedback(Gk,1)
step(sys,'k -'),gtext('P'),hold on
%PI
KP = 0.9 * T/(K * tao),TI = 3 * tao,Gc = KP * (1 + 1/(TI * s));
Gk = Gc * G1 * G2;
sys = feedback(Gk,1)
step(sys,'r --'),gtext('PI'),hold on
%PID
```

```
KP = 1.2 * T/(K * tao), TI = 2 * tao, TD = tao/2;
Gc = KP * (1 + 1/(TI * s) + TD * s);
Gk = Gc * G1 * G2;
sys = feedback(Gk,1)
step(sys,'g'),gtext('PID'),hold on
```

执行上述命令后，可得到系统不同规律下的单位阶跃响应曲线，如图 6-11 所示。从图 6-11 中可知，P 调节超调量较小，调节过程是衰减震荡，存在稳态误差；PI 调节超调量增大，稳定性降低，调节时间最长，无稳态误差；PID 调节时间最短，无稳态误差，综合控制质量较佳。

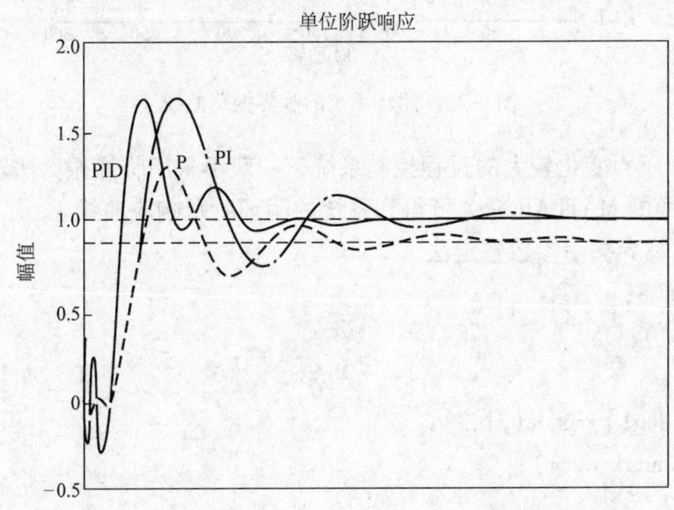

图 6-11 基于 Ziegler-Nichols 时域 PID 参数整定方法

（2）闭环临界振荡曲线法 闭环临界振荡曲线法是一种闭环的参数整定法。它是基于纯比例控制系统临界振荡的试验数据——临界比例系数 K_K 和临界振荡周期 T_K。采用经验公式获取控制器的参数整定值的具体步骤如下：

1）将实际的闭环控制系统设置为纯 P 调节的闭环系统，预置 $T_I \to \infty$，$T_D = 0$，K_P 为较小值。逐渐增大 K_P，观察实际控制系统的输出变化。当系统恰好产生临界振荡时，记录其临界振荡周期 T_K 和临界增益 K_K。图 6-12 所示为例 6-4 中对象的闭环系统的临界振荡曲线。

2）根据临界比例系数 K_K 和临界振荡周期 T_K，以及表 6-1 可计算控制器的参数整定值。例 6-4 的临界振荡参数 $K_K = 1.608$，$T_K = 49.8\text{s}$。$K_P = 0.9648$，$T_I = 24.9$，$T_D = 6.225$。

3）如果阶跃响应的性能指标不满足设计要求，则须修正计算值。例如，超调量、最大超调量较大时，应适当增加比例带。

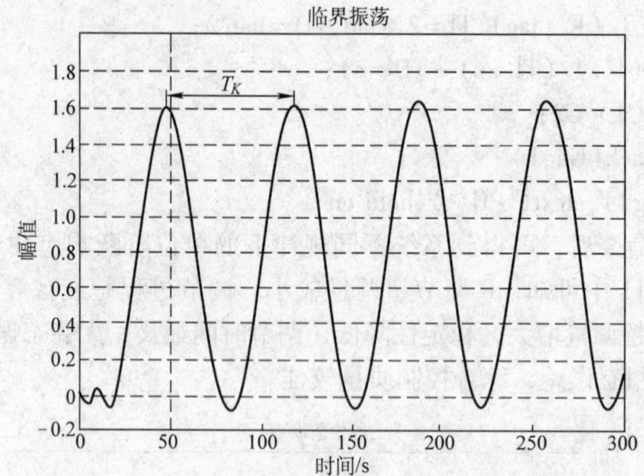

图 6-12 闭环系统的临界振荡曲线

4）对于压力变化较大的过程控制系统，一般不采用临界振荡法。

利用下面的 MATLAB 命令可得到系统的闭环阶跃响应曲线。

```
%lt6_5 临界振荡参数整定法
Kk = 1.608;
s = tf('s');
Gc = Kk;
[num1,den1] = pade(21,3);
G1 = tf(num1,den1);
num2 = 2;
den2 = [34 1];
G2 = tf(num2,den2);
Gk = Gc * G2 * G1;
sys = feedback(Gk,1);
step(sys,'k')                              %临界振荡
hold on
Tk = 49.8, KP = 0.6 * Kk, TI = 0.5 * Tk, TD = 0.125 * Tk;
s = tf('s');
Gc = KP * (1 + 1/(TI * s) + TD * s);
Gk = Gc * G2 * G1;
sys = feedback(Gk,1);                      %衰减振荡
step(sys,'r-')
xlabel('时间/s'),ylabel('幅值')
```

执行上述命令后，可得到系统的临界振荡曲线（曲线1）与PID控制曲线(曲线2)，如图6-13所示。根据曲线2可进一步计算得出，超调量为50.1%，过渡过程为167s，静差为0。

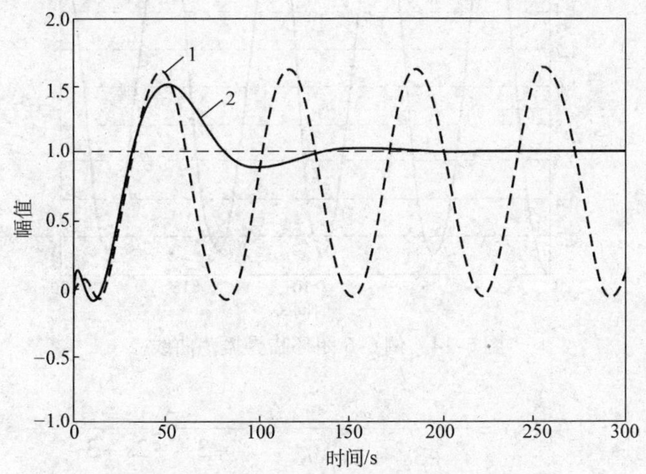

图6-13 临界振荡整定法的阶跃响应曲线

【例6-6】 某单位反馈控制系统的开环传递函数是

$$G_0(s)=\frac{1}{s(s+1)(s+2)}$$

试根据Ziegler-Nichols时域PID参数的临界振荡整定方法，设计一个控制器使系统的稳态误差为零。

【解】 1）设置纯P控制器（令 $T_I\to\infty$，$T_D=0$），组成闭环调节系统，其传递函数是

$$G(s)=\frac{K_P}{s(s+1)(s+2)+K_P}$$

对闭环系统做临界振荡响应仿真实验。通过劳斯稳定判据得到临界增益 $K_P'=6$，如图6-14所示。

利用下面的MATLAB命令可得到系统的单位阶跃响应曲线。

```
G=tf([6],[1,3,2,6]);
grid on;
step(G)
```

执行上述命令后，所得到的系统临界振荡曲线，如图6-14所示。从图6-14中可得到临界振荡周期 $T'=4.5$ 和临界增益 $K_P'=6$。

2）P调节：$\overset{*}{K}_P=0.5K_P'=3$；所以P闭环调节系统的传递函数是

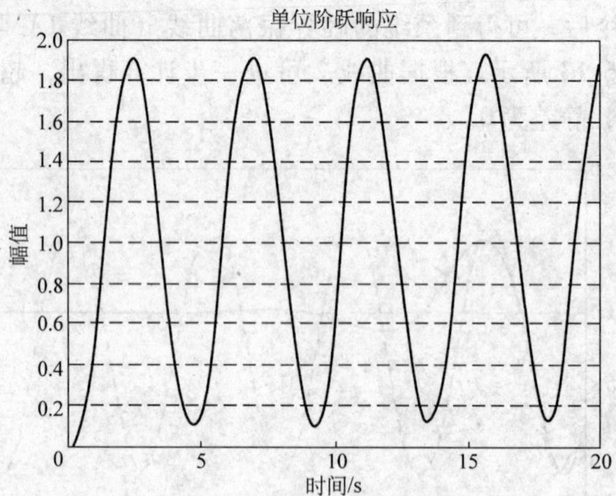

图 6-14　例 6-6 闭环临界振荡曲线

$$G_P(s)=\frac{\overset{*}{K}_P}{s^3+3s^2+2s+\overset{*}{K}_P}=\frac{3}{s^3+3s^2+2s+3}$$

3）PI 调节：$\overset{*}{K}_P=0.45K_P'=2.7$，$\overset{*}{T}_I=0.883T'=3.97$；所以 PI 闭环调节系统的传递函数是

$$\begin{aligned}G_{PI}(s)&=\frac{\overset{*}{K}_P(1+\overset{*}{T}_Is)}{\overset{*}{T}_Is(s^3+3s^2+2s)+\overset{*}{K}_P(1+\overset{*}{T}_Is)}\\&=\frac{10.72s+2.7}{3.97s^4+11.91s^3+7.94s^2+10.72s+2.7}\end{aligned}$$

4）PID：$\overset{*}{K}_P=0.6K_P'=3.6$，$\overset{*}{T}_I=0.5T'=2.25$，$\overset{*}{T}_D=0.125T'=0.563$；所以 PID 闭环调节系统的传递函数是

$$\begin{aligned}G_{PID}(s)&=\frac{(1+0.1\overset{*}{K}_P)\overset{*}{T}_D\overset{*}{T}_Is^2+\overset{*}{K}_P(0.1\overset{*}{T}_D+\overset{*}{T}_I)s+\overset{*}{K}_P}{\overset{*}{T}_Is(s^3+3s^2+2s)(1+0.1\overset{*}{T}_Ds)+(1+0.1\overset{*}{K}_P)\overset{*}{T}_D\overset{*}{T}_Is^2+\overset{*}{K}_P(0.1\overset{*}{T}_D+\overset{*}{T}_I)s+\overset{*}{K}_P}\\&=\frac{1.72s^2+8.3s+3.6}{0.13s^5+2.63s^4+7s^3+6.22s^2+8.3s+3.6}\end{aligned}$$

在 MATLAB Command Window 下执行下列程序语句，得到如图 6-15 和图6-16所示的调节过程曲线。

```
figure(1)
GP = tf([6],[1,3,2,6]);
GPI = tf([10.72,2.7],[3.97,11.91,7.94,10.72,2.7]);
GPID = tf([1.72,8.3,3.6],[0.13,2.63,7,6.22,8.3,3.6]);
step(GPI);
```

```
figure(2)
step(GPID,'r')
```

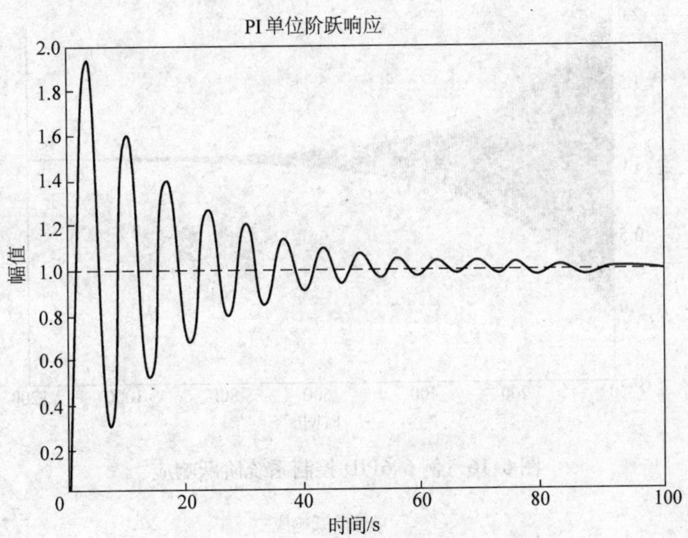

图6-15 例6-6PI控制系统阶跃响应

分析图6-15可知，PI调节超调量较大，调节过程是衰减震荡，无稳态误差，但超调量达93%，系统稳定性差，调节时间较长。分析6-16可知，PID调节质量不好，需要重新整定 $\overset{*}{K}_P$、$\overset{*}{T}_I$、$\overset{*}{T}_D$，才能达到预期的控制质量。根据 $\overset{*}{K}_P$、$\overset{*}{T}_I$、$\overset{*}{T}_D$对调节过程的影响，保持 $\overset{*}{K}_P=3.6$ 不变，适当增大 $\overset{*}{T}_I=2.9$、$\overset{*}{T}_D=0.725$，重新整定后的PID的传递函数为

$$G_{PID}(s)=\frac{(1+0.1\overset{*}{K}_P)\overset{*}{T}_D\overset{*}{T}_I s^2+\overset{*}{K}_P(0.1\overset{*}{T}_D+\overset{*}{T}_I)s+\overset{*}{K}_P}{\overset{*}{T}_I s(s^3+3s^2+2s)(1+0.1\overset{*}{T}_D s)+(1+0.1\overset{*}{K}_P)\overset{*}{T}_D\overset{*}{T}_I s^2+\overset{*}{K}_P(0.1\overset{*}{T}_D+\overset{*}{T}_I)s+\overset{*}{K}_P}$$

$$=\frac{2.86s^2+10.7s+3.6}{0.21s^5+3.53s^4+9.12s^3+8.66s^2+10.72s+3.6}$$

在MATLAB Command Window下执行下列程序语句，得到如图6-17所示的调节过程曲线。

```
Gp = tf([6],[1,3,2,6]);
GPI = tf([10.73,2.7],[3.97,11.92,7.95,10.73,2.7]);
GPID = tf([2.86,10.7,3.6],[0.21,3.53,9.12,8.86,10.7,3.6]);
step(GPI,GPID);
```

图6-17所示中的曲线1是根据公式Ziegler-Nichols计算的PID参数，曲线2是修正后的PID参数。比较两条曲线可知，曲线2的调节稳态性、快速性有所改善，但超调量仍超过50%，振荡次数仍超过一次半，PID参数仍需进一步修正。

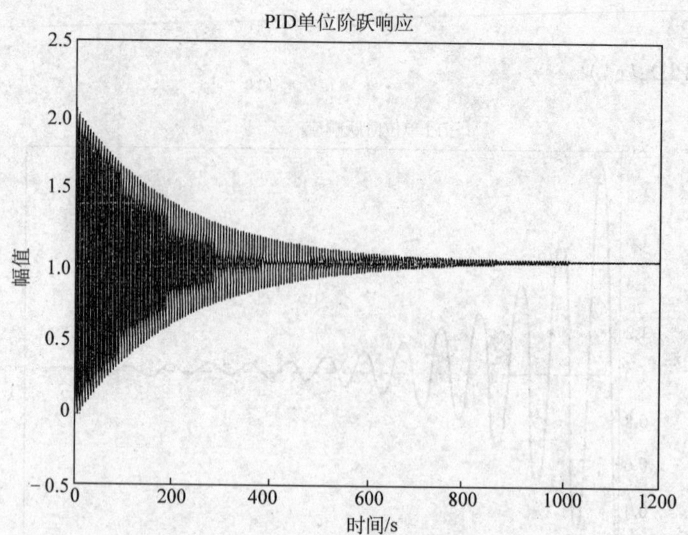

图 6-16　例 6-6PID 控制系统阶跃响应

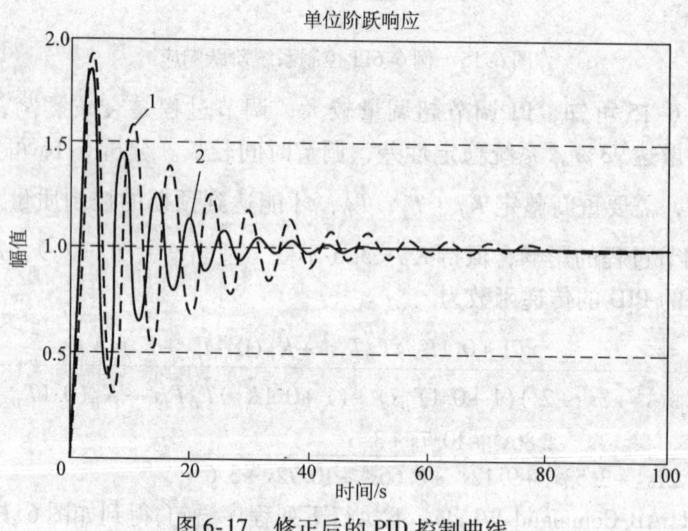

图 6-17　修正后的 PID 控制曲线

2. 基于频域法的 PID 参数的工程整定

基于频率响应法，对实际的控制系统进行频率特性实验，由实验数据绘制出其对应的博德图，从而求取系统的剪切频率 ω_C 和极限增益 K_C（增益裕量为 Gm）。由表 6-3 即可计算出 $\overset{*}{K}_P$、$\overset{*}{T}_I$和 $\overset{*}{T}_D$。

【例 6-7】 已知被控对象传递函数如下：

$$G_C(s)=\frac{10}{s(0.1s+1)(0.25s+1)}$$

表 6-3 PID 的 Ziegler-Nichols 频域响应经验整定公式

调节器类型	K_P^*	T_I^*	T_D^*
P	$0.5K_C$	∞	0
PI	$0.4K_C$	$0.8\times2\pi/\omega_C$	0
PID	$0.6K_C$	$0.5\times2\pi/\omega_C$	$0.12\times2\pi/\omega_C$

试利用 Ziegler-Nichols 频域响应经验整定公式分别设计 P、PI、PID 控制器，并求其单位阶跃响应曲线。

【解】 利用下面的 MATLAB 命令设计 P、PI、PID 控制器的命令如下：

```
%lt6_7.m
figure(1)
num=10,den=conv([1 0],conv([0.01 1],[0.025 1])),G=tf(num,den);
s=tf('s');
[Gm,Pm,Wcg,Wcp]=margin(G);          %计算频域响应参数,增益裕量 Gm
                                    %和剪切频率 Wcp
Tc=2*pi/Wcp;                        %计算剪切频率对应的时间周期
margin(G)
figure(2)
%P 控制器
Pkp=0.5*Gm;                         %频率响应整定法计算 P 控制器
sys1=feedback(Pkp*G,1,-1);
step(sys1,'k--')                    %绘制闭环阶跃响应
hold on
PIKP=0.4*Gm,PITI=0.8*Tc,PIGc=PIKP*(1+1/(PITI*s));
                                    %频率响应整定法计算 PI 控制器
sys2=feedback(PIGc*G,1,-1);
step(sys2,'g:'),hold on             %绘制闭环阶跃响应
gtext('PI'),pause(2)
%PID 控制器
PIKP=0.6*Gm,PIDTI=0.5*Tc,PIDTD=0.12*Tc
                                    %频率响应整定法计算 PID 控制器
PIDGc=PIDKP*(1+1/(PIDTI*s)+PIDTD*s);
sys2=feedback(PIDGc*G,1,-1);
step(sys2,'r'),hold on              %绘制闭环阶跃响应
gtext('PID')
```

```
gtext('PID');
title('P PI PID 的控制单位阶跃响应'),xlabel('时间'),ylabel('幅值')
```

执行上述命令后，可得到系统的博德图以及不同规律下的单位阶跃响应曲线，如图 6-18 和图 6-19 所示。

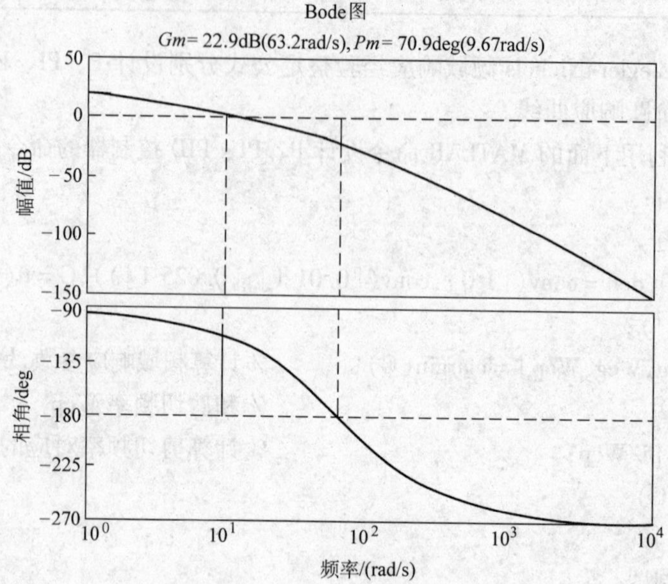

图 6-18　开环系统博德图

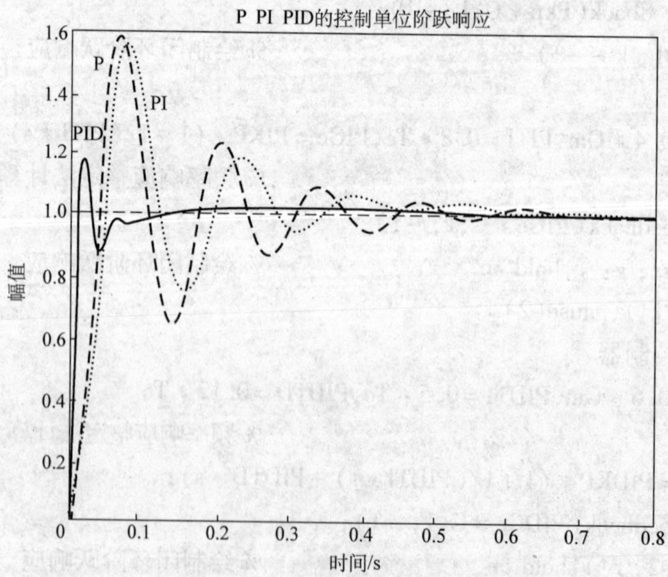

图 6-19　频率整定的 PID 作用下系统的单位阶跃响应

6.3 串联校正装置的型式与特性

6.2节分析了PID控制在校正系统中的作用以及整定方法。本节主要讨论串联校正装置的型式、用途和校正的目的。串联校正有超前校正、相位滞后校正和相位滞后-超前校正三种形式，可满足不同的控制性能需求。

6.3.1 超前校正

1. 超前补偿网络的特性

超前校正又称微分校正，其实现的方法是在系统的前向通道内添加一个超前校正环节，在不降低系统静态性能的前提下，实现改善系统动态性能的目的，其实质就是发挥微分的“超前调节”作用。通常，超前网络是具有下述传递函数的网络。

$$G_C(s)=\frac{\alpha Ts+1}{Ts+1}=\frac{\dfrac{1}{\omega_1}s+1}{\dfrac{1}{\omega_2}s+1}\quad(\alpha>1,\ \omega_1<\omega_2)\tag{6-9}$$

式中 $\omega_1=\dfrac{1}{\alpha T}$，$\omega_2=\dfrac{1}{T}=\alpha\omega_1$，$\alpha$ 称为分度系数，表示超前的深度；

T——时间常数。

补偿后的超前校正装置的频率特性表达式为

$$G_c^*(\mathrm{j}\omega)=\frac{1+\mathrm{j}\alpha\omega T}{1+\mathrm{j}\omega T}\tag{6-10}$$

由式（6-10）可得超前网络的幅值与相角分别为

$$|G_C^*(\mathrm{j}\omega)|=\sqrt{\frac{1+(\omega T)^2}{1+(\alpha\omega T)^2}}\tag{6-11}$$

$$\varphi(\omega)=\arctan(\alpha\omega T)-\arctan(\omega T)=\arctan\frac{(\alpha-1)T\omega}{1+\alpha(T\omega)^2}\tag{6-12}$$

从式（6-12）可以看出 $\phi_m>0$，令 $\mathrm{d}\phi_m/\mathrm{d}\omega=0$，可求得 $\phi(\omega)$ 的最大值 ϕ_m（最大超前角）以及对应的角频率 ω_m 分别为

$$\phi_m=\arctan\frac{\alpha-1}{2\sqrt{\alpha}}=\arcsin\frac{\alpha-1}{\alpha+1}\tag{6-13}$$

$$\omega_m=\frac{1}{T\sqrt{\alpha}}=\sqrt{\omega_1\omega_2}\tag{6-14}$$

$$\lg\omega_m=\frac{1}{2}(\lg\omega_1+\lg\omega_2)\tag{6-15}$$

从式（6-15）可知，ω_m是 ω_1、ω_2的算术平均值，如图 6-20 所示。在发生最大超前角时（图 6-21），对应的对数幅频特性为

$$L(\omega)=20\left(\lg\sqrt{1+(\omega T)^2}-\lg\sqrt{1+(\alpha\omega T)^2}\right)=20\lg\sqrt{\alpha}=10\lg\alpha \quad (6\text{-}16)$$

根据上面的讨论，可得出以下几点：

1）由于 $\alpha>1$，当 $\omega\in(0,\infty)$ 变化时，$\phi(\omega)>0$，说明在相位上输出信号总是超前于输入信号，因此称为超前校正。同时，由于 $\omega\to 0$，$L(\omega)=0$；$\omega\to\infty$，$L(\omega)\to 20\lg\dfrac{1}{\alpha}$，所以它又是一个高频滤波器。

2）由式（6-13）可知，最大超前角 ϕ_m仅取决于参数 α，它们的关系曲线如图 6-19 所示。从图 6-19 中可知，ϕ_m随 α 增大而增大。

3）由于超前网络是一个高频滤波器，而噪声的一个重要特点是其频率要高于控制信号的频率。因此，α 要高于控制信号的频率，α 过小对抑制系统噪声不利。一般希望 ϕ_m大，但当 $\alpha>20$ 时，ϕ_m增加不多，故一般取 $\alpha>20$，此时 $\phi_m<65°$。在实际过程中，如果要获取大于 65°的相位超前角，可以将两个超前校正环节进行串联，并设置一个隔离放大器于两者中间，以达到消除负载效应的目的。

4）由式（6-9）可知，超前补偿网络可被看成是一个惯性环节与 PD 控制器相串联，称为带惯性的 PD 控制器。

5）为了充分发挥超前网络相角补偿的作用，应调节参数 α 和 T，将串联超前校正器的最大超前角频率设置在校正后系统的期望剪切频率附近。

2. 串联超前校正器的 Bode 图设计

根据前面对超前校正网络的基本描述，在给出被控对象的传递函数和性能指标（稳态误差、相位裕量或剪切频率）后，即可设计超前校正网络。结合 MATLAB 语言，超前校正网络的基本设计方法如下。

1）根据系统稳态误差要求，求出系统开环增益。

2）根据求得的开环增益，借助 margin 命令绘制校正前的 Bode 图，并计算校正前系统的相位裕量 P_m、增益裕量 G_m和剪切频率 ω_{c1}。检验这些性能指标是否符合要求，如果不符合，则进行下一步；如果 $P_m>65°$，则应采用两级网络或者其他方法。

3）计算要增加的最大相位角 ϕ_m，即

$$\phi_m=P_0-P_m+(5°\sim10°) \quad (6\text{-}17)$$

式中 P_0——校正后期望的相位裕量；

P_m——校正前的相位裕量；

15°～20°——补偿校正后剪切频率的移动带来的原系统相位滞后而留出的裕量。

4）根据式（6-13）可计算出超前校正网络的 α，即

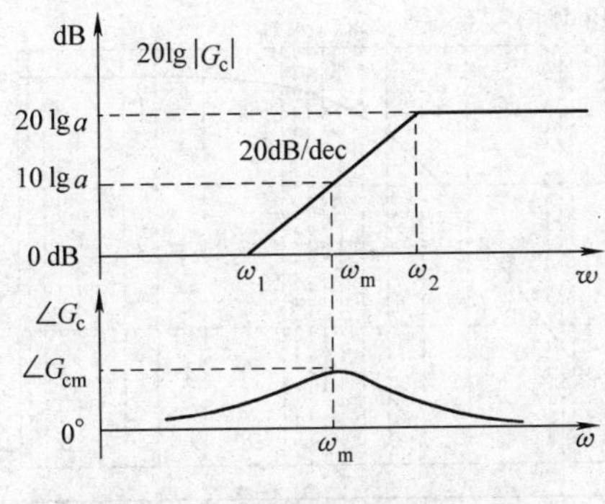

图6-20 超前补偿网络 Bode 图

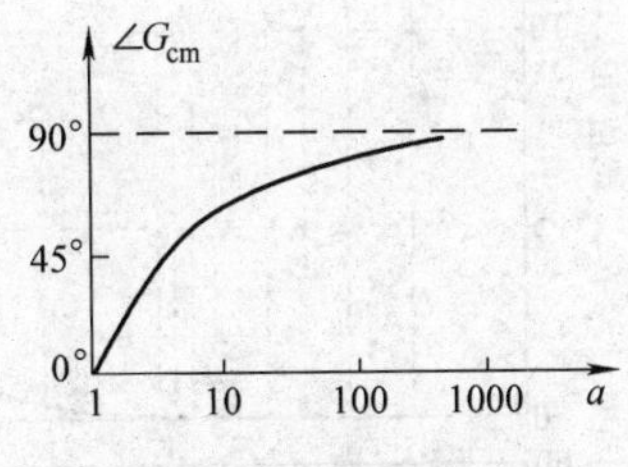

图6-21 最大超前角

$$\alpha = \frac{1+\sin(\phi_m)}{1-\sin(\phi_m)} \tag{6-18}$$

5）确定系统校正后的剪切频率。将校正网络在 ϕ_m 处的增益定为 10lg（$1/\alpha$），同时确定未校正系统博德图曲线上增益为 $-10\lg$（$1/\alpha$）处的频率，即校正后系统的剪切频率 $\omega_c=\omega_m$。

求校正后的剪切频率，可采用 MATLAB 中的插值函数 $y_i=\text{spline}(x, y, x_i)$ 计算。spline 函数的基本用法是：在 $y_i=\text{spline}(x, y, x_i)$ 中，y 与 x 满足函数关系 $y=f(x)$ 的对应向量，即 $x=[x_1, x_2, \cdots, x_n]$，$y=[y_1, y_2, \cdots, y_n]$。现已知 x_i 为区间 $[x_1, x_n]$ 中的某个数值，利用函数 $y_i=\text{spline}(x, y, x_i)$ 即可求得 x_i 对应的 y_i。

6）确定超前校正器传递函数中的 T。根据式（6-14）可得

$$T=\frac{1}{\omega_m\sqrt{\alpha}}=\frac{1}{\omega_{c2}\sqrt{\alpha}} \tag{6-19}$$

7）确定超前校正器传递函数。

$$G_c=\frac{Ts+1}{\alpha Ts+1} \tag{6-20}$$

在 MATLAB Command Window 下执行下列程序语句，超前校正器问 Bode 图，如图 6-22 所示。

```
w = logspace( -2,2);
alpha -0.2;
T = 1.5;
Gc = tf([T,1],[alpha * T,1]);
bode(Gc,w);
```

8）确定校正后的开环系统的传递函数，即

$$G_K(s)=G_c(s)G(s) \tag{6-21}$$

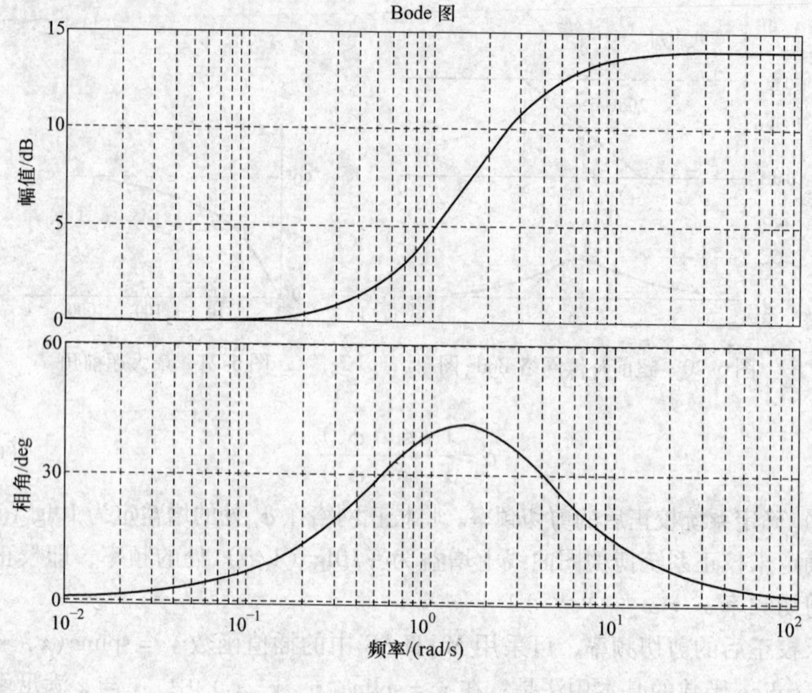

图 6-22

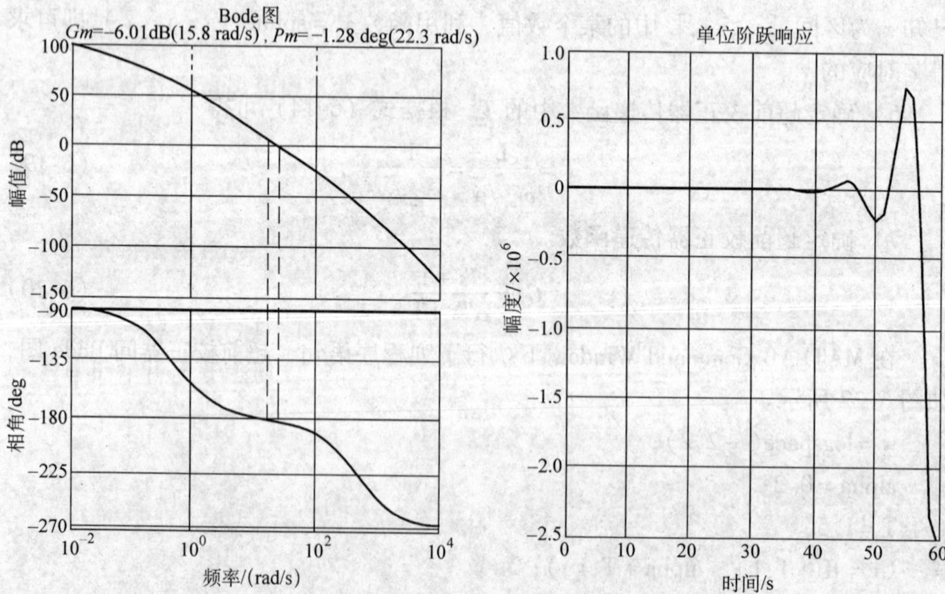

图 6-23　校正前系统的 Bode 图与单位阶跃响应图

9）绘制校正后的开环系统的 Bode 图，验证系统的性能指标。

10）绘制闭环系统的单位阶跃响应曲线，观察系统性能。

【例 6-8】 已知某单位负反馈系统被控对象的传递函数为

$$G(s) = \frac{K}{s(2s+1)(0.002s+1)}$$

设计一个超前校正网络 $G_C(s)$，使系统满足如下要求：

1）在单位斜坡输入作用下，系统稳态误差小于 0.001。

2）校正后系统的相位裕量范围是 40°～50°。

【解】 1）首先求取满足稳态误差要求的开环增益。根据式（3-61），Ⅰ型系统在单位斜坡信号作用下系统的稳态误差为

$$e_{ss} = \frac{1}{K_v} = \frac{1}{K} \leqslant 0.001$$

所以可得到系统开环增益 $K \leqslant 1000$，取 $K = 1000$，此时可得被控对象开环传递函数为

$$G(s) = \frac{1000}{s(2s+1)(0.002s+1)}$$

2）在 MATLAB Command Window 下执行下列程序语句，绘制系统 Bode 图（见图 6-23），并求取其频域指标。

```
%lt6_8a
s = tf('s');                                  %生成拉普拉斯变量 s
num = 1000;
den = conv([1 0],conv([2 1],[0.002 1]))
G = tf(num,den)                               %生成开环传递函数
figure(1)
subplot(121)
margin(G)                                     %绘制 Bode 图,计算并显示增益裕量 Gm
                                              %及其穿越频率,相位裕量及其剪切频率
grid
sys = feedback(G,1)
subplot(122)
step(sys)                                     %校正前闭环系统单位阶跃响应
grid
```

由图 6-23 可以看出，系统幅值裕量 $G_m = -6.01\text{dB}$，相角裕量 $P_m = -1.28°$，闭环系统的单位阶跃响应为发散系统，不满足系统性能要求。

3）求超前校正器的传递函数。

```
%lt6_8bm
clear all
s = tf('s');                                 %生成拉普拉斯变量 s
num = 1000;
den = conv([1 0],conv([2 1],[0.002 1]))
G = tf(num,den);                             %生成开环传递函数
figure(1)
subplot(121)
margin(G);                                   %绘制 Bode 图,计算并显示增益裕
                                             %量 Gm 及其穿越频率 Wg,相位裕
                                             %量 Pm 及其剪切频率 Wc
sysb = feedback(G,1,-1)                      %校正前的单位反馈系统
subplot(122)
step(sysb)                                   %校正前的单位反馈系统单位阶跃
                                             %响应
[mag,phase,w] = bode(G)
[Gm,Pm] = margin(G);                         %计算开环传递函数的幅值裕量和
                                             %相角裕量
QWPm = 50;                                   %校正后系统的相角裕量
FIm = QWPm - Pm + 15;                        %计算最大相位超前
FIm = FIm * pi/180;                          %把以角度表示的最大相位超前量
                                             %转换为弧度
alfa = (1 + sin(FIm))/(1 - sin(FIm));        %计算校正器的 α
adb = 20 * log10(mag);                       %计算开环传递函数不同频率下的
                                             %对数幅值
am = 10 * log10(alfa);                       %计算校正后所期望的剪切频率处
                                             %的开环传递函数的对数幅值
wc2 = spline(adb,w,-am);                     %利用线性插值函数求取对应 am
                                             %幅值处的频率(剪切频率 Wc2)
T = 1/(wc2 * sqrt(alfa));                    %求超前校正的时间常数
alfa = alfa * T;
Gc = tf([T 1],[alfa * T 1]);                 %求校正器传递函数
Gh = Gc * G;                                 %求校正后系统开环传递函数,并
                                             %绘制 Bode 图
figure(2)
```

```
subplot(121)
margin(Gh)                              %绘制校正后的 Bode 图
grid
sysb = feedback(Gh,1, -1)               %校正后的单位反馈系统
subplot(122)
step(sysb)                              %校正后的单位反馈系统单位阶跃
                                        %响应
grid
```

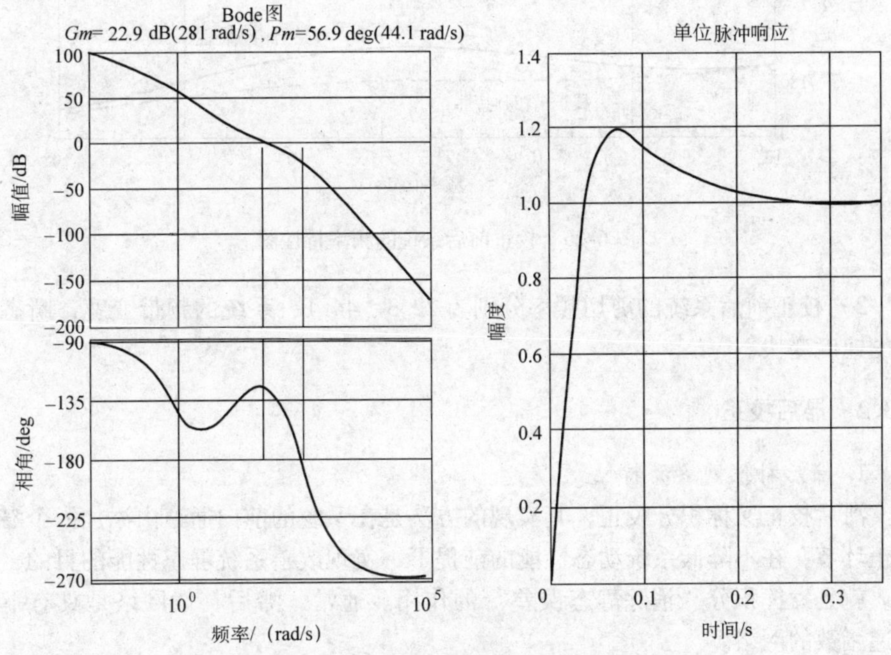

图 6-24　校正后系统的 Bode 图与单位阶跃响应图

执行上述命令后，可得到校正后系统的 Bode 图，如图 6-24 所示。从图6-24 中可知，系统幅值裕量 $G_m = 22.9\text{dB}$，相角裕量 $P_m = 42.6°$，闭环系统单位阶跃响应稳定。可见，闭环系统良好，满足设计要求。

图 6-25 所示为校正前后系统的频率特性图。从图 6 25 中可看出串联超前校正有以下特点：

1）串联超前校正主要对未校正系统的中频段的频率特性进行校正，使校正后中频段的幅值斜率为 −20dB/dec，获得足够大的相位裕量，从而改善系统动态性能。

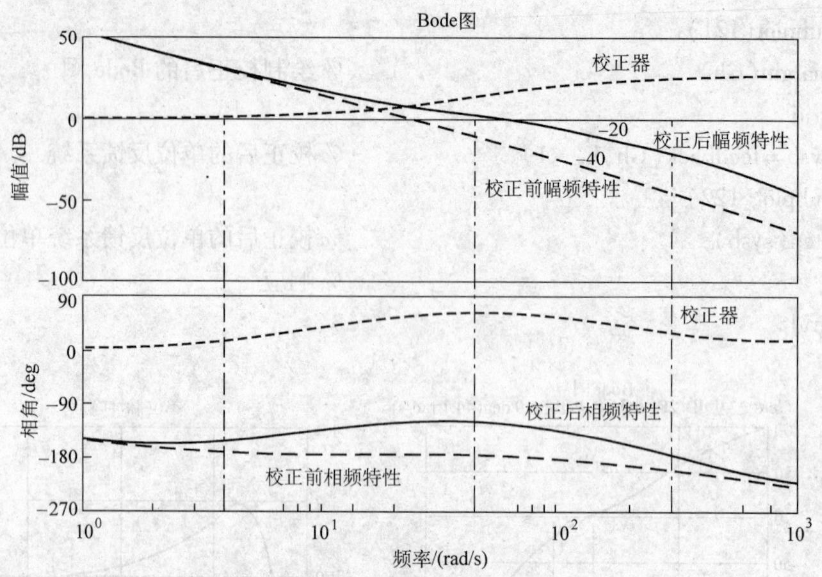

图 6-25　校正前后系统的频率特性图

2）校正前后系统的剪切频率分别为 22.3、44.1，系统的频带变宽，瞬态响应的速度变快。

6.3.2　滞后校正

1. 滞后补偿网络的特性

滞后校正又称积分校正，其实现的方法是在系统的前向通道内添加一个滞后校正环节，在不降低系统动态性能的前提下，实现改善系统静态性能的目的，其实质就是发挥积分"消除静态误差"的作用。通常，滞后补偿网络是具有下述传递函数的网络。

$$G_c(s)=\frac{\beta Ts+1}{Ts+1}=\frac{\frac{1}{\omega_1}s+1}{\frac{1}{\omega_2}s+1}(\beta<1,\omega_1>\omega_2) \tag{6-22}$$

由于 $\omega_1>\omega_2$，所以式（6-22）实际上是比例积分（PI）环节的传递函数，通常称 β 为滞后网络的分度系数，表示滞后深度。

在 MATLAB Command Window 下执行下列程序语句，可得到如图 6-26 所示的博德图。

```
w = logspace( -2,2);
beta = 1.8;
T = 1.5;
```

```
Gc = tf([beta * T,1],[T,1]);
bode(Gc,w);
```

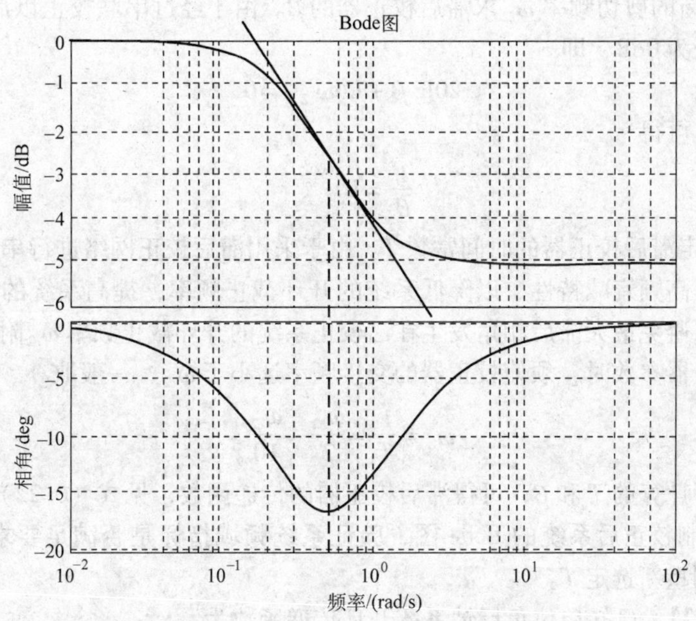

图6-26 滞后校正装置的 Bode 图

基于图6-26所示的分析，由于$\beta<1$，当$\omega\in(0,\ \infty)$变化时，$\phi(\omega)<0$，说明在相位上输出信号总是滞后于输入信号，因此称为滞后校正，它是一个低通滤波器，对高频具有衰减作用。

2. 滞后控制器的设计

结合 MATLAB 语言，用频率特性法设计串联滞后校正装置的步骤如下：

1）根据系统稳态误差要求，求出系统开环增益。

2）根据求得的开环增益，借助 margin 命令绘制校正前的 Bode 图，并计算校正前系统的相位裕量 P_m、增益裕量 G_m 和剪切频率 ω_{c1}。检验这些性能指标是否符合要求，如果不符合，则进行下一步。

3）根据系统对滞后校正的期望相位裕量，确定校正后系统的剪切频率。具体可分成两步进行。

① 由期望相位裕量 P_0 计算校正前系统在 ω_{c2} 处的相位角。

$$\phi_m = -180° + P_0 + (10° \sim 15°) \tag{6-23}$$

式中 P_0——校正后期望的相位裕量；

（10°～15°）——补偿校正后剪切频率的移动带来的原系统相位滞后而留出的裕量。

② 根据校正前系统的相位角 ϕ_m 计算对应的角频率，即要求的期望剪切频率 ω_{c2} 的值。

4）由新的剪切频率 ω_{c2} 求滞后校正器的 β。由于经过串联校正以后，系统在剪切频率处为 0dB，即

$$20\lg\beta + L(\omega_{c2}) = 0 \tag{6-24}$$

因此，可得

$$\frac{1}{\beta} = 10^{\frac{L(\omega_{c2})}{20}} \tag{6-25}$$

5）确定滞后校正器的时间常数 T。由于采用滞后校正网络进行串联校正时，主要利用其高频衰减特性，以降低系统的开环截止频率，提高系统的相角裕量。因此，力求避免最大滞后相角发生在已校正系统的开环截止频率 ω_{c2} 附近。所以，在选择校正器参数时，须使校正器的交接频率远小于 ω_{c2}，一般取

$$\omega_2 = \frac{1}{T} = \frac{\omega_{c2}}{2} \sim \frac{\omega_{c2}}{10}$$

根据所计算的 T 和 β，可得滞后校正器的传递函数，见式（6-22）。

6）绘制校正后系统的 Bode 图，验证系统频域指标是否满足要求，若不满足要求，则重新选定 T。

【例 6-9】 已知单位负反馈系统开环传递函数为

$$G(s) = \frac{K}{s(0.2s+1)(0.001s+1)}$$

试设计一个滞后校正网络，满足下列性能指标：

1）在单位斜坡输入作用下，系统稳态误差 $e_{ss} \leqslant 0.02$。

2）校正后系统相位裕量满足 $43° < P_m < 50°$。

3）校正后系统的剪切频率 $\omega_{c2} \geqslant 3.6\text{rad/s}$。

【解】 1）根据稳态要求，确定开环增益：

因为

$$e_{ss} = \frac{1}{K_v} = \frac{1}{K} \leqslant 0.02$$

所以

$$K \geqslant 50$$

2）绘制校正前系统的 Bode 图，计算频域指标。在 MATLAB Command Window 下执行下列程序语句，可得到如图 6-27 的博德图。

```
%lt6_9a
s = tf('s');                          %生成拉普拉斯变量 s
num = 50;
den = conv([1 0],conv([0.2 1],[0.01 1]))
```

```
G = tf(num,den)                    %生成开环传递函数
figure(1)
subplot(121)
margin(G)                          %绘制 Bode 图,计算并显示增益裕量 Gm
                                   %及其穿越频率,相位裕量及其剪切频率
grid
sys = feedback(G,1)
subplot(122)
step(sys)                          %校正前闭环系统单位阶跃响应
grid
```

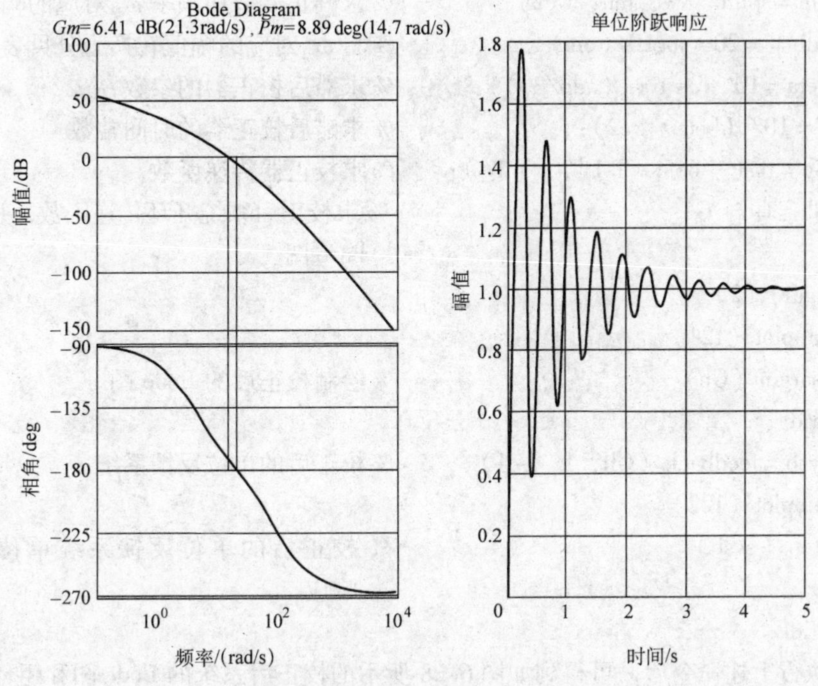

图 6-27 滞后校正装置前的 Bode 图

从图 6-27 所示中可看出，系统幅值裕量 G_m = 6.41dB，相角裕量 P_m = 8.89°，不满足性能指标要求。同时，从闭环系统的单位阶跃响应振荡剧烈，系统稳定性差。

3）系统校正后相角裕量要求 $43° < P_m < 50°$，这里取 $P_m = 46°$，计算对应的校正后系统剪切频率 ω_{c2}，并验证是否满足 $\omega_{c2} \geqslant 3.6$rad/s。程序如下：

```
%lt6_9b
clear all
```

```
s = tf ('s');
num = 50;
den = conv ( [1 0], conv ( [0.2 1], [0.01 1]));
G = tf (num, den);                         % 生成开环传递函数
P0 = 46;                                   % 校正后系统期望的相位裕量
fic = -180 + p0 + 5                        % 由相位裕量计算校正前的系统相位
[mu, pu, w] = bode (G)
wc2 = spline (pu, w, fic);                 % 利用线性插值函数求取对应 Pm 幅值
                                             处的
                                           % 频率 (剪切频率 ωc2)
pm = spline (w, mu, wc2);                  % 求校正后剪切频率 ωc2 对应的幅值
adb = =20 * log10 (pm)                     % 将 ωc2 对应的幅值转换为分贝表示
beta = 10^ ( -1 * (adb/20));               % 求滞后校正器的参数 β
T = 10/ (beta * wc2);                      % 求滞后校正器的时间常数
Gc = tf ( [beta * T 1], [T 1]);            % 求校正器传递函数
Gh = Gc * G;                               % 求校正后系统开环传递函数，并绘制
                                             Bode 图
figure (2)
subplot (121)
margin (Gh)                                % 绘制校正后的 Bode 图
grid
sysb = feedback (Gh, 1, -1)                % 校正后的单位反馈系统
subplot (122)
step (sysb)                                % 校正后的单位反馈系统单位阶跃
                                             响应
grid
```

执行上述命令后，可得到如图 6-28 所示的校正后系统的 Bode 图和闭环系统单位阶跃响应。由图 6-28 可知，校正后的系统相角裕量 $P_m = 45.7°$，满足要求；校正后系统的剪切频率 $\omega_{c2} = 3.76 \geqslant 3.6\text{rad/s}$，也满足要求。

图 6-29 所示为校正前后系统的 Bode 图。从图 6-29 中可看出，滞后校正有如下特点：

1）由于滞后校正装置的低通特性，校正后系统的剪切频率 ω_c 减小，频带变窄。

2）由于滞后校正装置在滤波性质上与积分环节具有相似性，因此，它的引入会导致系统阻尼比增加，超前量减少，瞬态响应速度变慢。

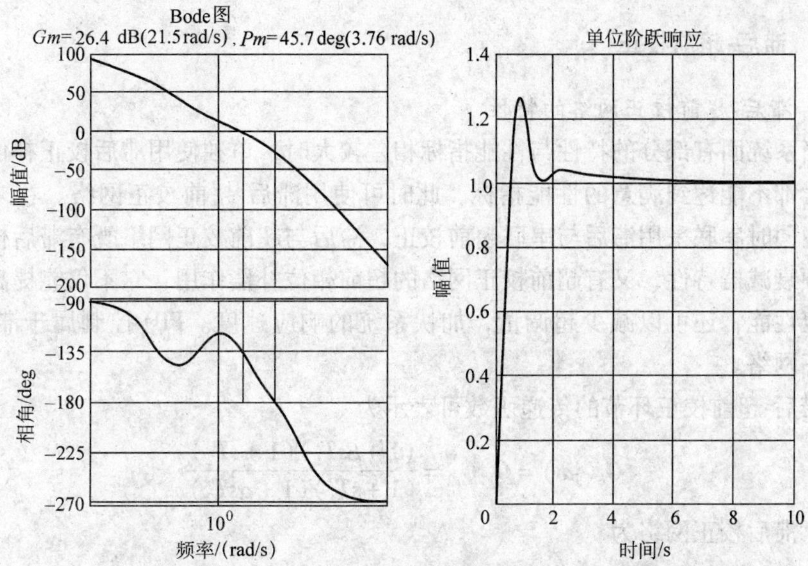

图 6-28　校正后系统的 Bode 图和闭环系统单位阶跃响应

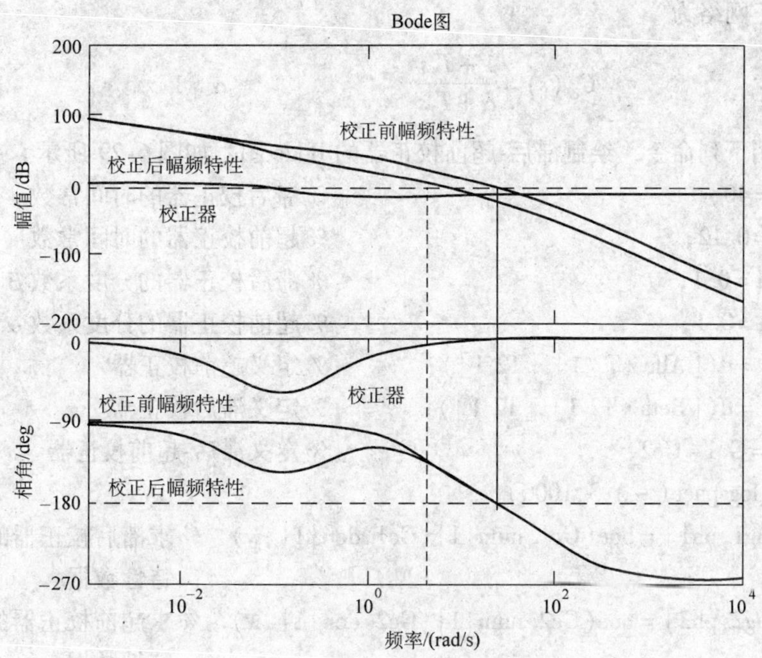

图 6-29　校正前后系统的 Bode 图

6.3.3 滞后-超前校正

1. 滞后-超前校正网络的特性

当系统固有部分的特性与性能指标相差较大时，单独使用滞后校正补偿或超前补偿都不能达到满意的性能指标，此时可使用滞后-超前校正网络。在未校正系统中同时串联采用滞后与串联超前校正，滞后与超前校正网络既有滞后校正器的高频衰减器特性，又有超前校正网络的超前相位补偿作用，它不仅能提高系统的稳定性能，还可以减少超调量，加快系统的响应速度。PID 控制属于滞后-超前校正网络。

滞后-超前校正环节的传递函数可表示为

$$G_c(j\omega)=G_{c1}G_{c2}=\frac{(1+\beta sT_1)(1+sT_2)}{(1+sT_1)(1+\alpha sT_2)} \tag{6-26}$$

其中，滞后校正网络为

$$G_{c1}(s)=\frac{1+\beta T_1 s}{1+T_1 s} \qquad \beta<1 \tag{6-27}$$

超前校正网络为

$$G_{c2}(s)=\frac{1+T_2 s}{\alpha+T_2 s} \qquad \alpha>1 \tag{6-28}$$

利用下列命令，绘制滞后-超前校正器的 Bode 图，如图 6-29 所示。

```
T1 =40;                                        %滞后校正器的时间常数
T2 =0.12;                                      %超前校正器的时间常数
Beta =0.1;                                     %滞后校正器的分度系数β
Alfa =0.1;                                     %超前校正器的分度系数α
Gc2 = tf([Alfa *T2 1],[T2 1]);                 %定义超前校正器
Gc1 = tf([Beta *T2 1],[T2 1]);                 %定义滞后校正器
Gc = Gc1 *Gc2;                                 %定义滞后-超前校正器
w = logspace( -3,3,1000)
[mag1,ph1] = boe(Gc1.num{1},Gc1.den{1},w)      %求滞后校正器的频率
                                                特性数据
[mag2,ph2] = boe(Gc2.num{1},Gc2.den{1},w)      %求超前校正器的频率
                                                特性数据
[mag,ph] = boe(Gc.num{1},Gc.den{1},w)          %求滞后-超前校正器的
                                                频率特性数据
subplot(211)
```

```
semilogx(w,20*log10(mag1),'k--')      %绘制滞后校正器的幅频特性
hold on
semilogx(w,20*log10(mag1),'r:')       %绘制超前校正器的幅频特性
hold on
semilogx(w,20*log10(mag1),'b')        %绘制滞后-超前校正器的幅频特性
title('对数幅频特性')
xlabel('频率/(rad/s)')
ylabel('幅值/dB')
subplot(212)
semilogx(w,ph1,'k--')                 %绘制滞后校正器的相频特性
hold on
semilogx(w,ph2,'r:')                  %绘制超前校正器的相频特性
hold on
semilogx(w,ph,'b')                    %绘制滞后-超前校正器的相频特性
title('对数相频特性')
xlabel('频率/(rad/s)')
ylabel('相角/°')
```

从图6-30所示中可看出，当$\omega \in (0,\infty)$变化时，先表现出积分（滞后）作用，后出现微分（超前）作用。

2. 滞后-超前校正器的Bode图设计

借助MATLAB语言，在给定被控对象性能指标——稳态误差e_{ss}、相位裕量P_m或剪切频率ω_m的条件下，滞后校正器的Bode图设计步骤如下：

1）根据稳态性能要求确定开环增益K。

2）根据求得的开环增益K，绘制系统校正前的Bode图，求出校正前系统性能指标——相位裕量或剪切频率ω_{c1}，并判断是否满足要求，如果不符合，则进行第3步。

3）确定滞后校正器的参数。滞后校正器传递函数见式（6-27），工程上一般选择

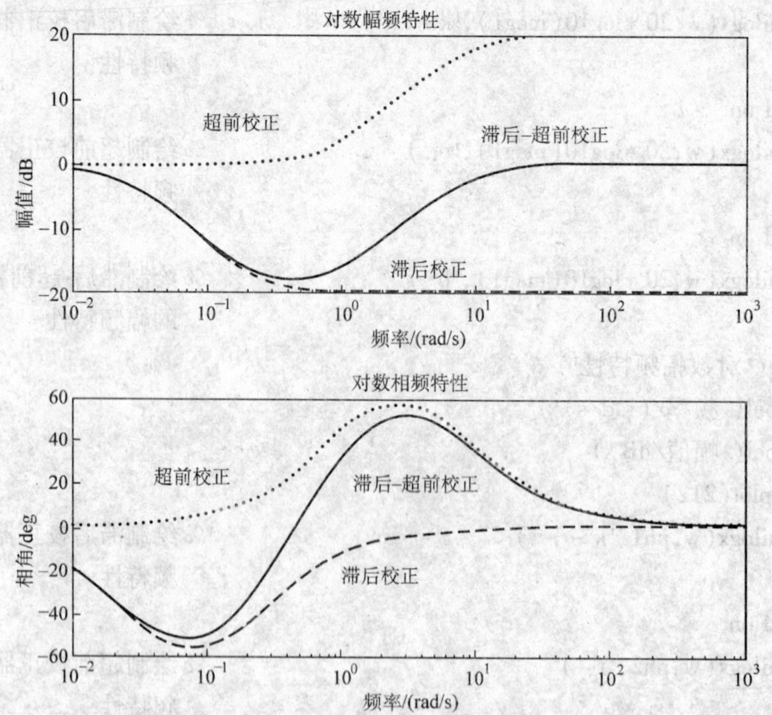

图 6-30 滞后—超前校正器的 Bode 图

$$\frac{1}{T_1}=\frac{\beta\omega_{c1}}{10} \qquad 且 \quad \beta=\frac{1}{8}\sim\frac{1}{10}$$

以保证 $1/T_1$ 远小于校正前系统的剪切频率。

4）选择校正后系统的期望剪切频率 ω_{c2}。剪切频率 ω_{c2} 的选择要考虑以下两点：

① 在期望的剪切频率处，使得原系统串联滞后校正器后的综合幅值衰减到 0dB。

② 在期望的剪切频率处，超前校正器提供的相位超前量须达到系统期望的相位裕量。

5）超前校正器的设计。在原系统串联滞后校正器后再串联超前校正器，经过滞后-超前校正后的系统的期望剪切频率 ω_{c2} 处时，应该满足

$$20\lg(\alpha)+L(\omega_{c2})=0$$

即

$$\alpha=10^{-\frac{L(\omega_{c2})}{20}}$$

则可得到超前校正网络时间常数

$$T_2 = \frac{1}{\omega_{c2}\sqrt{\alpha}}$$

6）绘制系统经过滞后-超前校正后的 Bode 图，并验证频域指标是否符合要求。

7）绘制系统闭环阶跃响应曲线。

【例 6-10】 已知单位负反馈系统开环传递函数为

$$G(s) = \frac{K}{s(0.6s+1)(0.8s+1)}$$

试设计滞后-超前校正后的 Bode 图，使之满足：

1）在单位斜坡信号作用下，系统的速度误差系数 $K_v = 10/\mathrm{s}$。

2）校正后系统的相位裕量 P_m 的范围为 50°~60°。

3）校正后系统的剪切频率 $\omega_{c2} \geqslant 1\mathrm{rad/s}$。

【解】 1）求取校正前的 Bode 图、性能指标与阶跃响应曲线，命令如下：

```
% lt6_10. m
clear all
s = tf('s');
num = 10;
den = conv([1 0],conv([0.6 1],[0.8 1]));
G = tf(num,den);                        % 生成开环传递函数
figure(1)
subplot(121)
margin                                  % 绘制校正前系统的 Bode 图,并
                                          计算频域指标
subplot(122)
step(feedback(G,1,-1))                  % 求取校正前闭环系统阶跃响应
                                          曲线
title('校正前闭环系统阶跃响应曲线')
xlabel('时间/s')
ylabel('幅值'),grid
```

从图 6-31 所示中可看出，系统幅值裕量为 -10.7dB，相位裕量为 -29.6°，系统频域指标不满足要求，系统阶跃响应不稳定。

2）超前-滞后校正器的设计

```
wc2 = 2.5;
[Gm,Pm. wg1. wc1] = margin(G);          % 求取校正前系统的频域指标
```

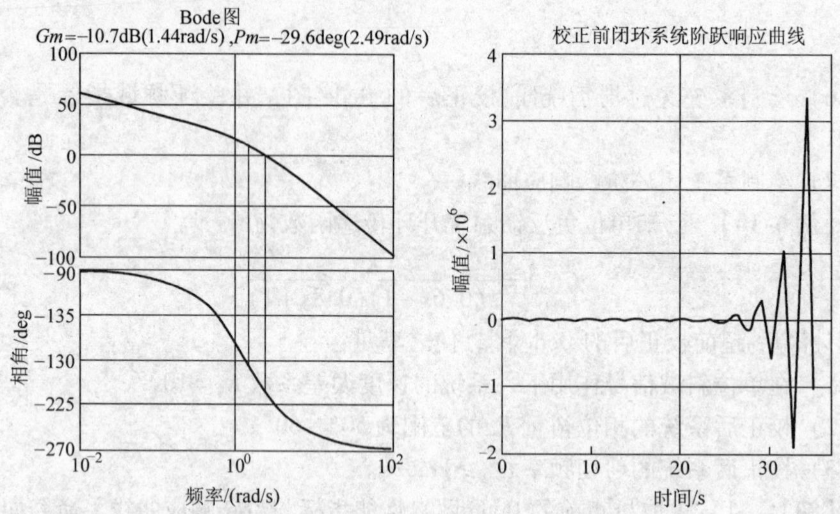

图 6-31 校正前系统的 Bode 图与闭环系统阶跃响应曲线

```
beta = 0. 1;
T1 = 100/( beta * wc1);
Gc1 = tf( [ beta * T1 1], [T1 1]);          % 求取滞后校正器传递函数
G1 = Gc1 * G                                % 求取原系统于滞后校正器串联后的传递函数模型
[ mag, pha, w] = bode( G1. num{1}, G1. den{1});
mag1 = spline( w, mag, wc2);                % 求取原系统与滞后校正器串联后系统在 wc2 处的幅值
L = 20 * log10( mag1);                      % 求取 mag1 的分贝值
alfa = 10^( - L/20);                        % 求超前校正器参数 α
T2 = 1/( wc2 * sqrt( alfa))                 % 求超前校正器参数 T2
Gc2 = tf( [ alfa * T2 1], [ T2 1]);         % 求取超前校正器传递函数
Gk = Gc2 * G1;                              % 求取系统滞后-超前校正之后的系统开环传递函数
figure(2)
subplot(121)
margin( Gk)                                 % 系统滞后-超前校正之后的开环系统频域指标
subplot(122)
step( feedback( Gk, 1, - 1))                % 求取系统校正后的闭环传递
```

函数

```
grid
title('校正后闭环系统阶跃响应')
xlabel('时间/s')
ylabel('幅值'),grid
```

执行上述命令后，可得到如图6-32所示的校正后系统的Bode图与闭环系统阶跃响应。从图6-32中可知，校正后系统的相位裕量 $P_m = 61.5°$，系统剪切频率 $\omega_{c2} = 1.07\text{rad/s}$，系统频域指标满足要求，系统阶跃响应稳定。

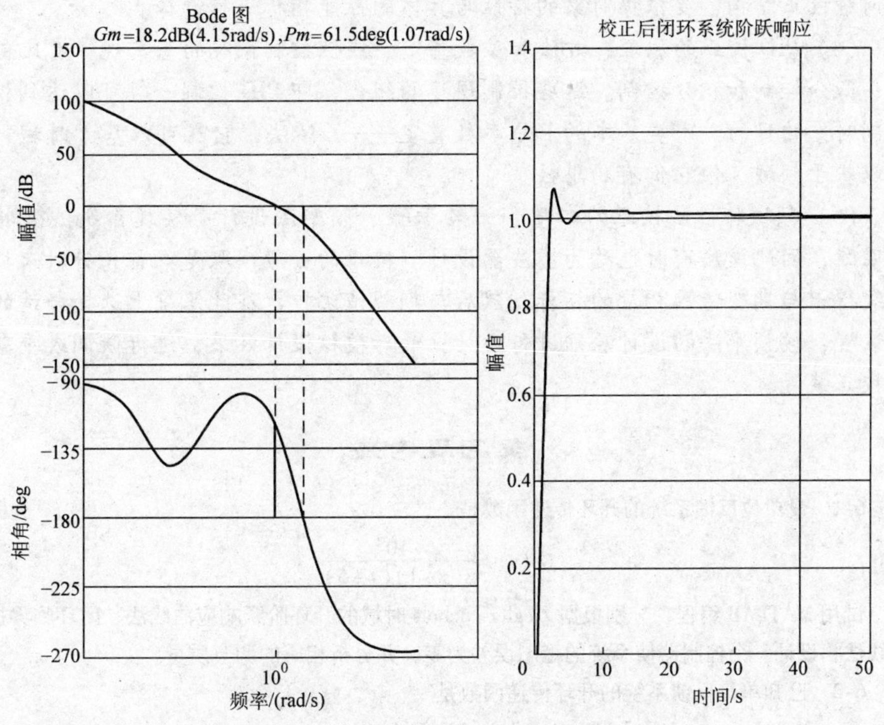

图6-32　校正后系统的Bode图与闭环系统阶跃响应

小　结

本章主要介绍了控制系统的常用校正方法，PID控制器的参数整定、串联校正的基本方法，并结合MATLAB这个有效的控制系统分析和设计工具，重点介绍了以下几个问题。

(1) 校正的目的　控制系统的校正目的有两个：一是使不稳定的系统经过

校正后变为稳定；二是改善系统的动态性能和静态性能。

(2) 校正方法的选择　校正方法有PID校正、频域校正与根轨迹校正（本书未介绍，有兴趣的读者可参考相关书籍）3种。但在具体采用何种校正方法时，宜考虑控制对象的特点和控制的目标。例如，若系统的期望指标是频域指标，则采用频域校正法。

(3) 校正装置的结构选择　本章主要介绍了PID校正和串联校正。串联校正包括超前校正、滞后校正和滞后-超前校正。滞后校正实质上是积分校正，超前校正实质上是微分校正，滞后-超前校正实质上是比例积分微分校正。至于采用何种校正结构，要根据对象的特性与具体的性能指标进行选择。

(4) PID校正的原理、方法和参数整定　线性控制系统的基本规律有比例控制、微分控制和积分控制。这些控制规律的组合，即PID控制一般可以达到校正控制对象的目的。一类基本的PID参数整定——Z-N法，它既可以基于时域，也可以基于频域，但它们有局限性。

(5) 频域特性法校正的本质和一般步骤　频率法设计是实现系统滤波特性的匹配，因此该法有时也称为滤波器设计。校正的一般步骤是：首先针对未校正系统得出与期望特性相应的指标；然后与期望值比较，在此基础上选择合适的校正装置，按频率法的设计原则进行设计；最后校核设计效果，进行微调或重新选择校正装置。

复习思考题

6-1　设单位反馈系统的开环传递函数是

$$G_o(s)=\frac{10}{s(s+1)(s+5)}$$

试用MATLAB编程，分别根据Ziegler-Nichols时域的开环阶跃响应曲线法、闭环临界振荡曲线法，设计一个控制器使系统的稳态误差为零，并分析相应的调节质量。

6-2　已知单位反馈系统的开环传递函数是

$$G_o(s)=\frac{4}{s(2s+1)}$$

试用MATLAB编程，根据Ziegler-Nichols频域PID参数整定方法，设计一个控制器使系统的稳态误差为零，并分析相应的调节质量。

6-3　已知单位反馈系统的开环传递函数是

$$G_o(s)=\frac{6}{s(s^2+4s+6)}$$

当串联校正环节的传递函数 $G_o(s)$ 为如下形式时，试用MATLAB求解系统的相位裕量 γ，幅值裕量 L_g；并简要分析两个环节的作用。

$$G_o(s)=2 \qquad\qquad G_o(s)=1/s(s+1)$$

a)　　　　　　　　b)

6-4　已知单位反馈系统的开环传递函数是

$$G_o(s)=\frac{4}{s(2s+1)}$$

试用 MATLAB 编程，分别设计基于根轨迹法、频率法的串联滞后校正环节，使得系统的相位裕量 $\gamma \geqslant 40°$，传递系数不变。

6-5　已知单位反馈系统的开环传递函数是

$$G_o(s)=\frac{K_g}{s(s+1)(s+5)}$$

试用 MATLAB 编程，设计基于根轨迹法串联超前校正环节，使得系统的相位裕量 $\sigma\% \leqslant 5\%$、$t_s \leqslant 5s$。

6-6　已知单位反馈系统的开环传递函数、滞后-超前环节的传递函数分别是

$$G_o(s)=\frac{20}{s(s+2)(s+3)}\quad G_c(s)=\frac{(s+0.15)(s+0.7)}{(s+0.015)(s+7)}$$

试用 MATLAB 求解出校正后系统的相位裕量 $\gamma=75°$，幅值裕量 $L_g=24\text{dB}$。

6-7　已知单位反馈系统的开环传递函数为

$$G_o(s)=\frac{K}{s(s+1)(s+2)}$$

试用 MATLAB 编程，设计基于频域法的滞后-超前校正环节，校正后系统的性能指标 $\xi=0.5$；系统期望剪切频率 $\omega_{c2}=2\text{rad/s}$；在单位斜坡信号作用下，系统静态误差 $K_v \geqslant 5\text{s}^{-1}$。

6-8　已知某单位负反馈系统开环传递函数为

$$G_o(s)=\frac{6}{s(s+1)(s+2)(s+4)}$$

分别设计一个滞后校正器和一个超前校正器，对比二者的控制效果，再利用 Ziegler-Nichols 经验整定公式设计 PID 控制器，并对比分析各种方法作用下的阶跃响应。

第7章 离散系统的分析

7

反映控制系统信息的实际物理量（如 $c(t)$、$u(t)$、$r(t)$ 等）都是以信号的形式来描述的。一般情况下，大多数物理量均以模拟信号出现，即在时间域和幅值上都是连续的变量信号，相应的系统是连续时间的动态系统。在其他情况下，尤其是在计算机控制系统中，其信息是以数字信号——离散信号的特殊形式（如二进制码）完成传送、处理、存储等功能的。离散信号是指在时间域内离散，即仅在离散时刻 $kT_s(k=0,1,\cdots,n)$ 变化，T_s 是采样周期，幅值上是连续的变量信号，如图 7-1 所示。

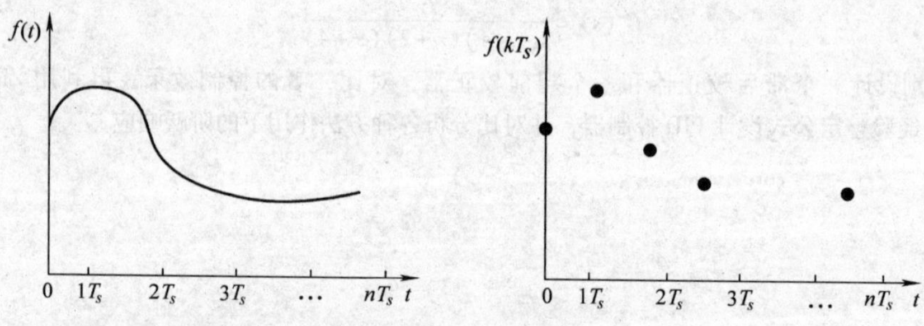

图 7-1 连续信号与离散信号

本章将简述离散系统的基本概念；z 变化法、离散系统 z 传递函数的求取的基本知识；最后，基于 MATLAB 分析离散控制系统的实例。

7.1 采样过程和采样周期

模拟信号和数字信号是可以相互转换的。通过采样，可以将模拟信号转化成离散信号；但是，其仅在时间上是离散的，幅值上还是连续的，进而通过整量化，将离散信号变换成时间上离散，幅值上整量化的信号（如二进制码，其取值为0、1)，即数字信号。同样，借助D/A转换器、保持器，就能够把数字信号转换为模拟信号。

7.1.1 采样过程

由前述知，通过采样，可以将模拟信号转化成离散信号，完成该功能的元件称为采样器。所谓采样器，是指以一定的周期重复“on”、“off”动作的开关，其输出称为采样信号，其工作原理示意如图7-2a所示。

采样开关的周期性“on”、“off”动作相当于发出一系列强度相同的单位脉冲信号序列 $\delta_T(t)$，对输入模拟信号 $f(t)$ 进行调制，从而输出对应的离散信号 $f^*(t)$，如图7-2b所示。

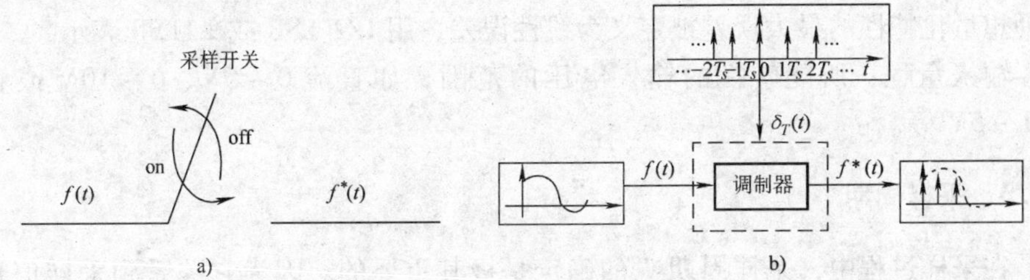

图7-2 采样器与采样过程

采样过程的数学描述如下

$$\delta_T(t)=\sum_{k=-\infty}^{\infty}\delta(t-kT_s) \tag{7-1}$$

$$f^*(t)=f(t)\delta_T(t)=\sum_{k=-\infty}^{\infty}f(t)\delta(t-kT_s) \tag{7-2}$$

其实质是输入模拟信号 $f(t)$ 对脉冲信号序列 $\delta_T(t)$ 的幅值进行了调制，调制过程的数学描述相当于二者相乘。考虑到实际应用，在 $t<0$ 时，时间函数应等于零，所以，式(7-2)能改写为

$$f^*(t)=\sum_{k=0}^{\infty}f(t)\delta(t-kT_s)=\sum_{k=0}^{\infty}f(kT_s)\delta(t-kT_s) \tag{7-3}$$

7.1.2 保持器、A/D转换器

保持器的作用就是把采样信号 $f^*(t)$ 在每个采样时刻的采样值一直保持到下一个采样时刻，从而将采样信号 $f^*(t)$ 转变成在两个连续采样时刻之间——采样区间保持常量的连续信号。由于其导数是零，所以称为零阶保持器，其传递函数是

$$G_h(s)=\frac{1-\mathrm{e}^{-T_s S}}{s} \tag{7-4}$$

A/D 转换器的作用是对模拟信号 $f(t)$ 实时采样，基于双斜积分式或逐次比较式的转换方式将采样信号 $f^*(t)$ 量化成二进制数字信号。作用在计算机控制系统的模拟量输入通道（AI），包括采样开关、保持器和 A/D 转换单元等。其主要技术指标有：

转换时间：完成一次模拟量到数字量转换所需要的时间，单位为 ms 或 μs。

分辨率：A/D 转换器对输入量微小变化的敏感程度，通常用数字量的位数 n（字长）来表示，即用满量程输入值的 $1/2^n$（LSB，数字量的最低有效位）来描述。

线性误差：理想的量化特性应是线性的，但实际的量化特性是非线性的。偏离理想量化特性的最大误差被定义为线性误差，用 $1/2^n$LSB 或 ±1LSB 表示。

输入量程：所能转换的输入电压的范围，如直流 0 ~ 5V、0 ~ 10V 或直流 1 ~ 5V 等。

7.1.3 采样周期

在采样过程中，采样周期 T_s 的确定是极其重要的。因为它关系到采样信号能否准确地复现原信号。若选取不当，则会导致采样信号复现的失真。

香农（Shannon）采样定理给出了不失真地由采样信号复现原信号的最低采样频率 ω_s'。如果实际的采样频率 $\omega_s<\omega_s'$，则采样信号复现的原信号是失真的。所以，为了准确复现原信号，实际的采样频率必须不低于采样的原信号频谱的上限频率的两倍，即 $\omega_s \geqslant 2\omega_{\max}$，$T_s \leqslant \pi/\omega_{\max}$。其示意图如图 7-3 所示。

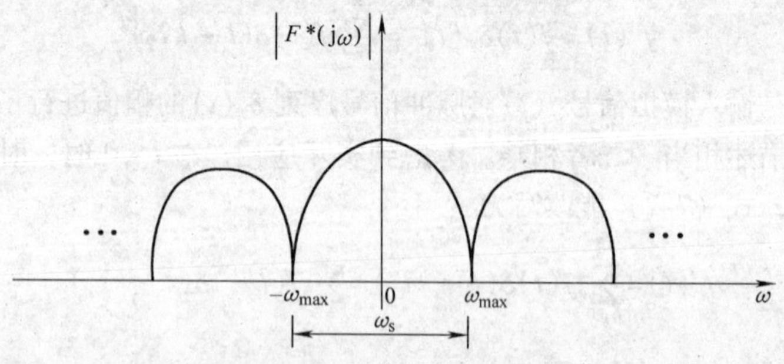

图 7-3　采样信号的频谱

Shannon 采样定理的详细证明，请参考相关书籍，在此从略。本书仅介绍采样周期的工程确定。采样周期 T_s 是离散控制系统设计的一个关键问题。Shannon 采样定理给出了选取采样周期 T_s 的指导原则。显然，采样周期 T_s 过大，对系统控制工程信息的了解失真，控制效果差；采样周期 T_s 过小，对系统控制工程信息的了解较全面、准确，控制效果好；但会导致计算负荷增加，增大实现复杂控制规律的难度。所以，从工程实际出发，须综合考虑，合理选择、确定。

从频域性能指标而言，采样频率 ω_s 或周期 T_s 可选为

$$\omega_s \approx 10\omega_c, \quad T_s = \frac{\pi}{5\omega_c} \tag{7-5}$$

式中，ω_c 是开环系统的剪切频率。

从时域性能指标而言，采样周期 T_s 可选为

$$T_s = \frac{t_r}{10} \tag{7-6}$$

$$T_s = \frac{t_s}{40} \tag{7-7}$$

式中，t_r 是阶跃响应的上升时间；t_s 是调节时间。

7.2　z 变换

7.2.1　z 变换的定义

对式（7-3）进行拉氏变换，得到

$$F^*(s) = L[f^*(t)] = \sum_{k=0}^{\infty} f(kT_s)\mathrm{e}^{-kT_s s} \tag{7-8}$$

引入变量 $z = \mathrm{e}^{T_s s}$ 或 $s = \frac{1}{T_s}\ln z$，可将式（7-8）变换为

$$F(z) = F^*(s) = F^*\left(\frac{1}{T_s}\ln z\right) = \sum_{k=0}^{\infty} f(kT_s)z^{-k} = f(0) + f(T_s)z^{-1} + f(2T_s)z^{-2} + \cdots + f(nT_s)z^{-n} + \cdots \tag{7-9}$$

$F(z)$ 称为 $f^*(t)$ 的 z 变换；式中，s 为拉氏变换算子；z 为一个复变量，定义在 z 平面上，称为 z 变换算子。

在 z 变换中，由于仅考虑了离散时刻 $kT_s(k=0,1,\cdots,n)$ 的信号值，所以 $f(t)$ 的 z 变换与 $f^*(t)$ 的 z 变换结果相同，即

$$Z[f(t)] = Z[f^*(t)] = F(z) = \sum_{k=0}^{\infty} f(kT_s)z^{-k} \tag{7-10}$$

因此，$F(z)$ 的 z 反变换只能给出 $f(t)$ 在采样时刻的信息。常用的时域函数的 z 变换见表 7-1。

表 7-1　常用的时域函数的 z 变换

	$X(s)$	$x(t)$ 或 $x(k)$	$X(z)$
1	1	$\delta(t)$	1
2	e^{-kT_s}	$\delta(t-kT_s)$	z^{-k}
3	$\frac{1}{s}$	$1(t)$	$\frac{z}{z-1}$
4	$\frac{1}{s^2}$	t	$\frac{T_s z}{(z-1)^2}$
5	$\frac{2}{s^3}$	t^2	$\frac{T_s^2 z(z+1)}{(z-1)^3}$
6	$\frac{1}{s+\alpha}$	$\mathrm{e}^{-\alpha t}$	$\frac{T_s z}{z-\mathrm{e}^{-\alpha T_s}}$
7	$\frac{\alpha}{s(s+\alpha)}$	$1-\mathrm{e}^{-\alpha t}$	$\frac{(1-\mathrm{e}^{-\alpha T_s})z}{(z-1)(z-\mathrm{e}^{-\alpha T_s})}$
8	$\frac{\omega}{s^2+\omega^2}$	$\sin\omega t$	$\frac{z\sin\omega T_s}{z^2-2z\cos\omega T_s+1}$
9	$\frac{s}{s^2+\omega^2}$	$\cos\omega t$	$\frac{z(z-\cos\omega T_s)}{z^2-2z\cos\omega T_s+1}$
10	$\frac{1}{(s+\alpha)^2}$	$T_s\mathrm{e}^{-\alpha t}$	$\frac{T_s z\mathrm{e}^{-\alpha T_s}}{(z-\mathrm{e}^{-\alpha T_s})^2}$
11	$\frac{\omega}{(s+\alpha)^2+\omega^2}$	$\mathrm{e}^{-\alpha t}\sin\omega t$	$\frac{z\mathrm{e}^{-\alpha T_s}\sin\omega T_s}{z^2-2z\mathrm{e}^{-\alpha T_s}\cos\omega T_s+\mathrm{e}^{-2\alpha T_s}}$
12	$\frac{s+\alpha}{(s+\alpha)^2+\omega^2}$	$\mathrm{e}^{-\alpha t}\cos\omega t$	$\frac{z^2-z\mathrm{e}^{-\alpha T_s}\cos\omega T_s}{z^2-2z\mathrm{e}^{-\alpha T_s}\cos\omega T_s+\mathrm{e}^{-2\alpha T_s}}$
13	$\frac{\alpha}{s^2-\alpha^2}$	$\mathrm{sh}\alpha t$	$\frac{z sh\alpha T_s}{z^2-2z ch\alpha T_s+1}$
14	$\frac{s}{s^2-\alpha^2}$	$\mathrm{ch}\alpha t$	$\frac{z(z-\mathrm{ch}\alpha T_s)}{z^2-2z\mathrm{ch}\alpha T_s+1}$
15		α^k	$\frac{z}{z-\alpha}$
16		$\alpha^k\cos k\pi$	$\frac{z}{z+\alpha}$

7.2.2 z 变换的基本性质

1. 线性定理

设连续时间函数 $f_1(t)$、$f_2(t)$ 对应的 z 变换是 $F_1(z)$、$F_2(z)$，且 α_1、α_2 是常数，则

$$Z[\alpha_1 x_1(t) \pm \alpha_2 x_2(t)] = \alpha_1 x_1(z) \pm \alpha_2 x_2(z) \tag{7-11}$$

2. 移位定理

(1) 右移（滞后）定理

$$Z[f^*(t-kT_s)] = z^{-k}F(z) \tag{7-12}$$

(2) 左移（超前）定理

$$Z[f^*(t+kT_s)] = z^kF(z) - \sum_{i=0}^{k-1} f(iT_s)z^{k-i} \tag{7-13}$$

3. 终值定理

若 $F(z)$ 在 $|z|>1$ 时收敛，且 $(1-z)F(z)$ 的所有极点均位于单位圆内，则

$$\lim_{k\to\infty} f(kT_s) = \lim_{z\to1}[(1-z^{-1})F(z)] \tag{7-14}$$

4. 初值定理

若 $\lim\limits_{z\to\infty}F(z)$ 存在，则

$$\lim_{k\to0} f(kT_s) = \lim_{z\to\infty}F(z) \tag{7-15}$$

7.2.3 z 变换的基本方法

1. 级数求和法

级数求和法是由 z 变换的定义出发，基于式（7-9）进行整理，写成闭式的一种直接求取对应函数 z 变换式的方法。

【例 7-1】 试求单位阶跃函数 $1(t)$ 的 z 变换。

【解】 基于式（7-9），得到

$$Z[1(t)] = 1 + z^{-1} + z^{-2} + \cdots + z^{-n} + \cdots$$

该式是个等比级数，公比为 z^{-1}，若 $|z^{-1}|<1$ 成立，则该式能写成闭式（有极限），即

$$Z[1(t)] = 1 + z^{-1} + z^{-2} + \cdots + z^{-n} + \cdots = \frac{z}{z-1}$$

【例 7-2】 试求衰减指数 $e^{-\alpha t}$（$\alpha>0$）的 z 变换。

【解】 基于式（7-9），得到

$$Z[e^{-\alpha t}] = 1 + e^{-\alpha T_s}z^{-1} + e^{-2\alpha T_s}z^{-2} + \cdots + e^{-n\alpha T_s}z^{-n} + \cdots$$

该式是个等比级数，公比为（$e^{\alpha T_s}z$）$^{-1}$，若$|(e^{\alpha T_s}z)^{-1}|<1$成立，则该式能写成闭式（有极限），即

$$Z[e^{-\alpha t}]=1+z^{-1}+z^{-2}+\cdots+z^{-n}+\cdots=\frac{z}{z-e^{-\alpha T_s}}$$

【例 7-3】 试求单位斜坡函数 $x(t)=t$ 的 z 变换。

【解】 基于式（7-9），得到

$$Z[t]=0+T_sz^{-1}+2T_sz^{-2}+\cdots+nT_sz^{-n}+\cdots$$
$$=T_sz(z^{-2}+2z^{-3}+3z^{-4}+L)=-T_sz\frac{d}{dz}(z^{-1}+z^{-2}+z^{-3}+L)$$
$$=-T_sz\frac{d}{dz}\left(\frac{1}{z-1}\right)=\frac{T_sz}{(z-1)^2}\Big|_{|z^{-1}|<1}$$

2. 部分分式法

该法是先对已知的连续函数 $f(t)$ 进行拉氏变换，将 $F(s)$ 展开成部分分式之和，使得每个部分分式对应简单的 z 变换，然后做通分化简运算，求得连续函数 $f(t)$ 的 z 变换。

【例 7-4】 试求连续函数 $x(t)=1(t)-e^{-\alpha t}(\alpha>0)$ 的 z 变换。

【解】 对连续函数 $x(t)$ 逐项做拉氏变换，得到

$$X(s)=\frac{1}{s}-\frac{1}{s+\alpha}$$

其中，$Z\left(\frac{1}{s}\right)=\frac{z}{z-1},Z\left(\frac{1}{s+\alpha}\right)=\frac{z}{z-e^{-\alpha T_s}}$；所以

$$X(z)=\frac{z}{z-1}-\frac{z}{z-e^{-\alpha T_s}}=\frac{z(1-e^{-\alpha T_s})}{z^2-(1+e^{-\alpha T_s})z+e^{-\alpha T_s}}$$

【例 7-5】 试求正弦函数 $\sin\omega t$ 的 z 变换。

【解】 对正弦函数 $\sin\omega t$ 做拉氏变换，得到

$$X(s)=\frac{\omega}{s^2+\omega^2}$$

将其展开成部分分式之和的形式，即

$$X(s)=\frac{\omega}{s^2+\omega^2}=\frac{1}{2j}\left(\frac{1}{s-j\omega}-\frac{1}{s+j\omega}\right)=\frac{1}{2j}\left(\frac{z}{z-e^{j\omega T_s}}-\frac{z}{z-e^{-j\omega T_s}}\right)$$
$$=\frac{1}{2j}\frac{z(e^{j\omega T_s}-e^{-j\omega T_s})}{z^2-z(e^{j\omega T_s}+e^{-j\omega T_s})+1}=\frac{z\sin\omega T_s}{z^2-2z\cos\omega T_s+1}$$

3. 留数计算法

当已知连续函数 $f(t)$ 的拉氏变换式 $F(s)$ 时，则 $f(t)$ 的 z 变换式能够通过下面的式（7-16），计算留数而得到，即

$$F(z)=\sum_{i=1}^{k}\operatorname{Res}\left[F(-s_i)\frac{z}{z-\mathrm{e}^{-s_iT_s}}\right] \tag{7-16}$$

式中，$-s_i$是$F(s)$的极点；k为极点的阶数；$F(s)$在极点$s=-s_i$的留数可以表述为

$$\alpha_{-1}=\lim_{s\to s_i}\frac{1}{(n-1)!}\frac{\mathrm{d}^{n-1}}{\mathrm{d}s^{n-1}}[(s+s_i)^nX(s)],n\text{ 为极点的阶数}$$

【**例 7-6**】　试求$F(s)=\dfrac{s+3}{(s+1)(s+2)}$的$z$变换。

【**解**】　基于式（7-16），得到

$$F(z)=\sum_{i=1}^{2}\operatorname{Res}\left[F(-s_i)\frac{z}{z-\mathrm{e}^{-s_iT_s}}\right]$$

$$=(s+1)\frac{s+3}{(s+1)(s+2)}\frac{z}{z-\mathrm{e}^{-s_iT_s}}\bigg|_{-s_i=-1}+(s+2)\frac{s+3}{(s+1)(s+2)}\frac{z}{z-\mathrm{e}^{-s_iT_s}}\bigg|_{-s_i=-2}$$

$$=\frac{2z}{z-\mathrm{e}^{-T_s}}-\frac{z}{z-\mathrm{e}^{-2T_s}}=\frac{z[z+(\mathrm{e}^{-T_s}-2\mathrm{e}^{-2T_s})]}{z^2-(\mathrm{e}^{-T_s}+\mathrm{e}^{-2T_s})z+\mathrm{e}^{-3T_s}}$$

7.3　z 反变换

由z变换函数求出原采样函数$f^*(t)$称为z反变换，以$Z^{-1}[F(z)]$表示。本节简述z反变换的 3 种方法。

1. 长除法

如果$F(z)$是一个有理分式，则能够直接用分子去除以分母，得到一个关于z^{-1}的升幂形式无穷项的展开式。

【**例 7-7**】　已知$F(z)$是

$$F(z)=\frac{10z}{(z-1)(z-2)}$$

基于长除法，试求$f^*(t)$。

【**解**】

$$F(z)=\frac{10z}{(z-1)(z-2)}=\frac{10z}{z^2-3z+2}$$

分析知该式是一个有理分式，所以可用分子多项式除以分母多项式

$$\begin{array}{rl}
 & 10z^{-1}+30z^{-2}+70z^{-3}+150z^{-4}+\cdots \\
z^2-3z+2\,\big) & 10z \\
 & -)\,10z^{-1}-30z^{-2}+20z^{-3} \\
\hline
 & 30z^{-2}-20z^{-3} \\
 & -)\,30z^{-2}-90z^{-3}+60z^{-4} \\
\hline
 & 70z^{-3}-60z^{-4}
\end{array}$$

$$\begin{array}{r} -)\ 70z^{-3}-210z^{-4}+140z^{-5} \\ \hline 150z^{-4}-140z^{-5} \\ \cdots\ \cdots \end{array}$$

可见，$f(0)=0$；$f(T_s)=10$；$f(2T_s)=30$；$f(3T_s)=70$；$f(4T_s)=150$；…

即 $f^*(t)=10\delta(t-T_s)+30\delta(t-2T_s)+70\delta(t-3T_s)+150\delta(t-4T_s)+\cdots$

2. 部分分式法

该法是先将 $F(z)/z$ 展开为部分分式，再将部分分式中的每一项乘以 z，比对 z 变换表（见表 7-1），$F(z)$ 的 z 反变换等于各个部分分式的 z 反变换之和，求得 $f^*(t)$。

【例 7-8】 已知 $F(z)$ 是

$$F(z)=\frac{5z}{(z-1)(z-2)}=\frac{5z}{z^2-3z+2}$$

基于部分分式法，试求 $f^*(t)$。

【解】 先将 $F(z)/z$ 展开为部分分式

$$\frac{F(z)}{z}=\frac{5}{(z-1)(z-2)}=\frac{5}{(z-2)}-\frac{5}{(z-1)}$$

再将部分分式中的每一项乘以 z

$$F(z)=\frac{5z}{(z-2)}-\frac{5z}{(z-1)}$$

比对 z 变换表，得到

$$Z^{-1}\left[\frac{5z}{(z-2)}\right]=5\times 2^k, Z^{-1}\left[\frac{5z}{(z-1)}\right]=5\times 1(t)$$

所以
$$f^*(t)=5[2^k-1(t)]$$

3. 留数法

该法是求取 z 反变换的一种便捷方法。根据复变函数的留数理论证明，能够得到式（7-17）

$$f^*(t)=f(kT_s)=\sum_{i=1}^{n}\mathrm{Res}[F(z)z^{k-1}]_{z_i} \tag{7-17}$$

式中，n 为极点的阶数。

【例 7-9】 已知 $F(z)$ 是

$$F(z)=\frac{10z}{(z-1)(z-2)}$$

基于留数法，试求 $f^*(t)$。

【解】 根据式（7-17），得到

$$f^*(t)=f(kT_s)=\sum_{i=1}^{n}\mathrm{Res}[F(z)z^{k-1}]_{z_i}$$

$$=\left(\frac{10z^k}{(z-1)(z-2)}(z-1)\right)_{z=1}+\left(\frac{10z^k}{(z-1)(z-2)}(z-2)\right)_{z=2}=10(2^k-1)$$

7.4　基于 z 变换的离散系统的分析

7.4.1　脉冲传递函数的定义

与线性连续系统一样，线性离散系统同样能够用传递函数来描述。相似地，当初始值为零时，离散系统的输出信号 z 变换与输入信号 z 变换之比，称为脉冲传递函数。如图 7-4 所示的线性离散系统，其对应的脉冲传递函数的数学描述是

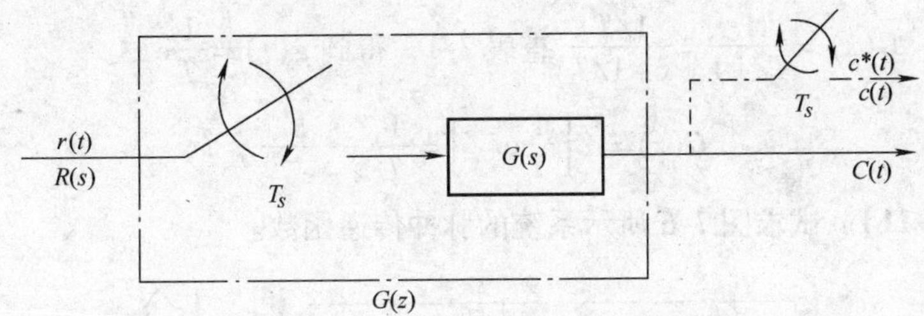

图 7-4　线性环节输入/输出信号的 z 变换

$$G(z)=\frac{C(z)}{R(z)} \tag{7-18}$$

$$c^*(t)=Z^{-1}[C(z)]=Z^{-1}[G(z)R(z)] \tag{7-19}$$

式中，$G(z)$是线性环节的脉冲传递函数；$R(z)$是理想开关输入信号的 z 变换；$C(z)$是线性环节输出信号的 z 变换。

对于线性环节的脉冲传递函数 $G(z)$，需要注意以下问题：

1）$G(s)$是线性环节的传递函数；而 $G(z)$是线性环节与理想开关组合体的传递函数——脉冲传递函数。若理想开关不存在，则式（7-18）不成立。

2）用 $G(z)$表示脉冲传递函数，用 $G(s)$表示连续传递函数；但是，不能简单地将 $G(s)$中的 s 置换为 z 而得到 $G(z)$。

3）根据线性环节的脉冲传递函数 $G(z)$，只能获取采样时刻 $kT_s(k=0,1,\cdots,n)$的信息。所以，在线性环节的输出端假设一个理想的同步开关（图 7-4 的虚线表示开关），便于理解。而实际上，线性环节的输出信号还是连续信号。

4）如果已知连续系统的传递函数 $G(s)$，求取 $G(z)$的步骤如下：

第 1 步：根据 $g(t)=L^{-1}[G(s)]$，得到 $g(t)$。

第 2 步：根据 $G(z)=Z[L^{-1}G(s)]=\sum_{k=0}^{\infty}g(kT_s)z^{-k}$或表 7-1，得到 $G(z)$。也

可以由 $G(s)$ 直接求取 $G(z)$。

【例 7-10】 试求图 7-5 所示系统的脉冲传递函数 $G(z)$。

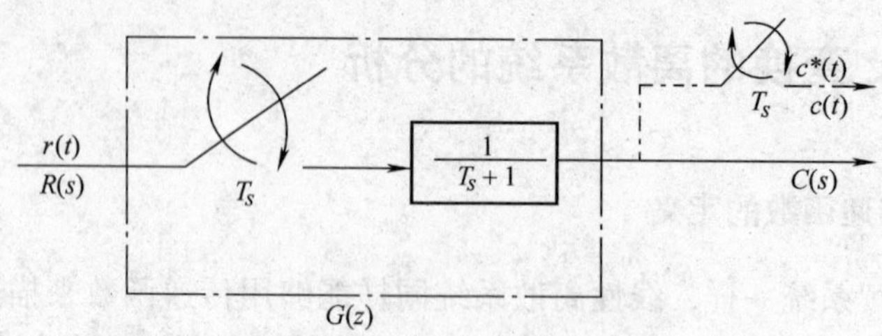

图 7-5 例 7-10 开环离散系统

【解】 $G(s)=\dfrac{1}{T_s+1}=\dfrac{1/T}{s+1/T}$,查表 7-1，得到 $g(t)=\dfrac{1}{T}\mathrm{e}^{-\frac{t}{T}}$

所以
$$G(z)=Z\left[\frac{1}{T}\mathrm{e}^{-\frac{t}{T}}\right]=\frac{1}{T}\frac{z}{z-\mathrm{e}^{-T_s/T}}$$

【例 7-11】 试求图 7-6 所示系统的脉冲传递函数。

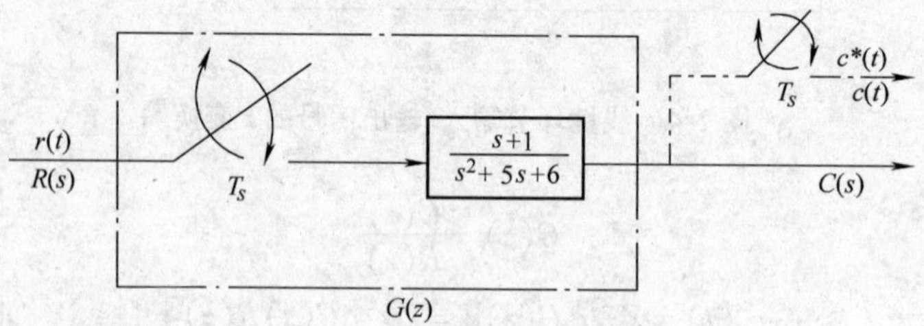

图 7-6 例 7-11 开环离散系统

【解】 $G(s)=\dfrac{s+1}{s^2+5s+6}=\dfrac{2}{s+3}-\dfrac{1}{s+2}$,查表 7-1，得到

$$G(z)=\frac{2z}{z-\mathrm{e}^{-3T_s}}-\frac{z}{z-\mathrm{e}^{-2T_s}}=\frac{z(z-2\mathrm{e}^{-2T_s}+\mathrm{e}^{-3T_s})}{(z-\mathrm{e}^{-3T_s})(z-\mathrm{e}^{-2T_s})}$$

7.4.2 环节串联时的开环脉冲传递函数

由于实际系统往往包含一个以上的环节，所以求取多环节相互作用时的脉冲传递函数，对于分析、研究离散控制系统是重要的。以求取两个环节串联后的总开环脉冲传递函数作为重点，其余可以类推。

两环节串联有两种典型情况，如图 7-7 所示，其对应的总开环脉冲传递函数是不同的。

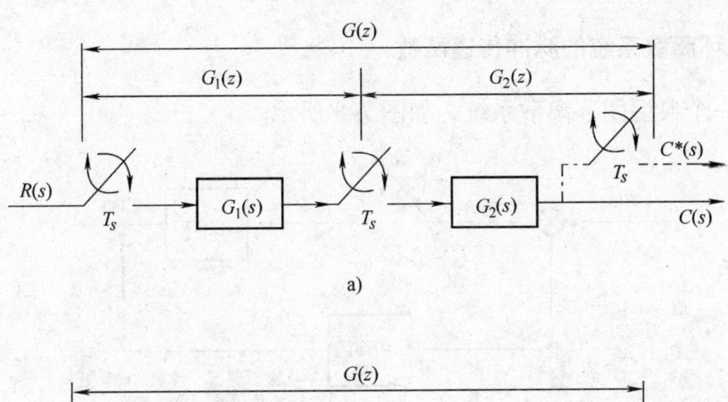

a)

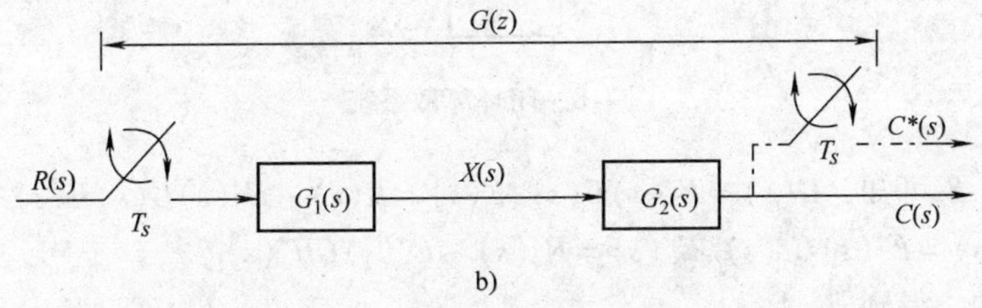

b)

图 7-7 两环节串联的典型情况

在图 7-7a 所示中的两环节之间设置采样开关，其对应的总开环脉冲传递函数是

$$G(z)=\frac{C(z)}{R(z)}=\frac{G_2(z)X(z)}{R(z)}=\frac{G_2(z)G_1(z)R(z)}{R(z)}=G_1(z)G_2(z) \qquad (7\text{-}20)$$

在图 7-7b 所示中的两环节之间无采样开关，其对应的总开环脉冲传递函数是

$$G(z)=\frac{C(z)}{R(z)}=Z[G_1(s)G_2(s)]=G_1G_2(z) \qquad (7\text{-}21)$$

比对式（7-20）和式（7-21），可知

$$G_1(z)G_2(z)\neq G_1G_2(z)$$

【例 7-12】 若 $G_1(s)=\dfrac{1}{s},G_2(s)=\dfrac{5}{s+5}$,试分别计算图 7-7a、b 所示情况的脉冲传递函数 $G(z)$。

【解】 对于图 7-7a，$G(z)=G_1(z)G_2(z)=Z\left(\dfrac{1}{s}\right)Z\left(\dfrac{5}{s+5}\right)=\dfrac{z}{z-1}\,\dfrac{5z}{z-\mathrm{e}^{-5T_s}}$

对于图 7-7b，$G(z)=G_1G_2(z)=Z\left(\dfrac{1}{s}\times\dfrac{5}{s+5}\right)=Z\left(\dfrac{1}{s}-\dfrac{1}{s+5}\right)=\dfrac{z}{z-1}-\dfrac{z}{z-\mathrm{e}^{-5T_s}}=\dfrac{z(1-\mathrm{e}^{-5T_s})}{(z-1)(z-\mathrm{e}^{-5T_s})}$

7.4.3 闭环离散系统的脉冲传递函数

已知一个典型闭环离散系统，如图 7-8 所示。

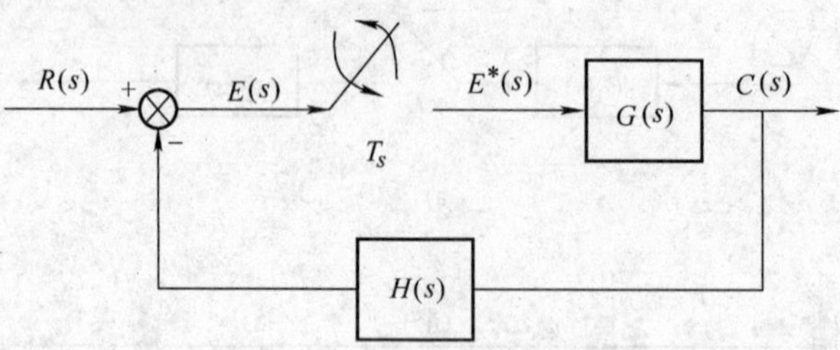

图 7-8 闭环离散系统

由图 7-8 可知，$C(s)=E^*(s)G(s)$，$E(s)=R(s)-E^*(s)G(s)H(s)$

所以，$C^*(s)=E^*(s)G^*(s)$，$E^*(s)=R^*(s)-E^*(s)GH^*(s)$

整理、归纳，得到

$$C^*(s)=\frac{G^*(s)R^*(s)}{1+GH^*(s)}$$

即

$$C(z)=\frac{G(z)R(z)}{1+GH(z)} \tag{7-22}$$

该闭环离散系统的脉冲传递函数是

$$\frac{C(z)}{R(z)}=\frac{G(z)}{1+GH(z)} \tag{7-23}$$

当采样开关配置不同时，8 种典型的闭环离散控制系统的框图、系统的对应输出量 $C(z)$ 表达式列于表 7-2。

表 7-2 典型的闭环离散控制系统的框图、系统的对应输出量 $C(z)$

序 号	方 块 图	$C(z)$
1	R(s) + – T_s G(s) C(s) H(s)	$\frac{G(z)R(z)}{1+GH(z)}$
2	R(s) + – $G_1(s)$ T_s $G_2(s)$ C(s) H(s)	$\frac{G_1(z)G_2(z)R(z)}{1+G_1(z)G_2H(z)}$

（续）

序　　号	方　块　图	$C(z)$
3	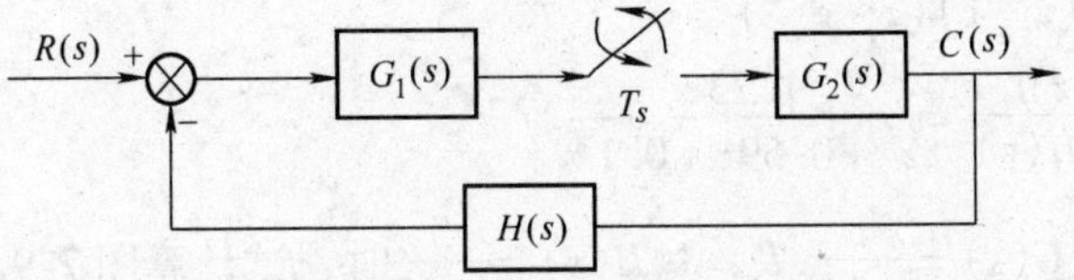 R(s) + − G₁(s) T_s G₂(s) C(s) H(s)	$\dfrac{G_2(z)RG_1(z)}{1+G_1G_2H(z)}$
4	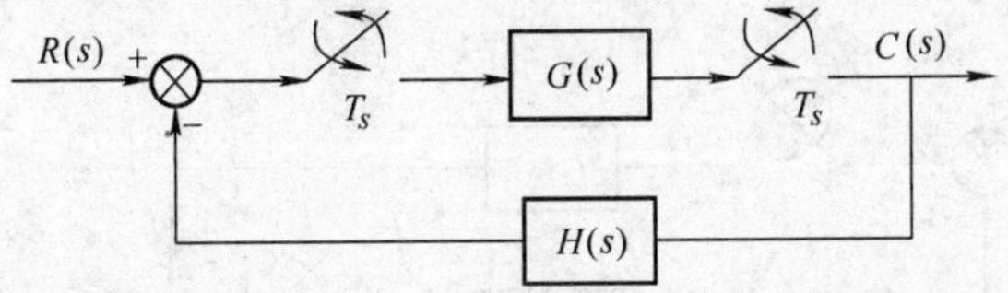 R(s) + − T_s G(s) T_s C(s) H(s)	$\dfrac{G(z)R(z)}{1+G(z)H(z)}$
5	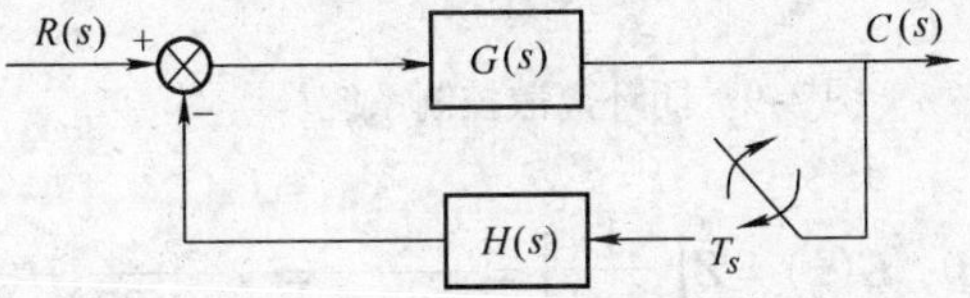 R(s) + − G(s) C(s) H(s) T_s	$\dfrac{RG(z)}{1+GH(z)}$
6	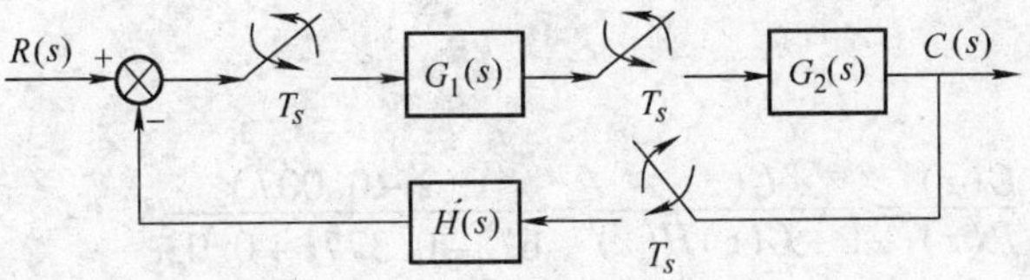 R(s) + − T_s G₁(s) T_s G₂(s) C(s) H(s) T_s	$\dfrac{G_1(z)G_2(z)R(z)}{1+G_1(z)G_2(z)H(z)}$
7	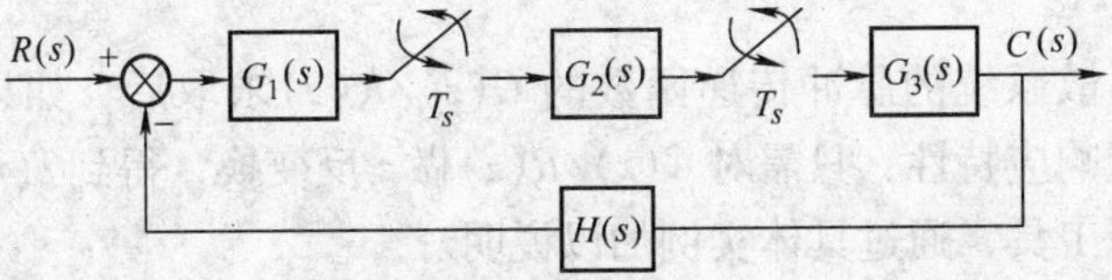 R(s) + − G₁(s) T_s G₂(s) T_s G₃(s) C(s) H(s)	$\dfrac{G_2(z)G_3(z)RG_1(z)}{1+G_2(z)G_1G_3H(z)}$
8	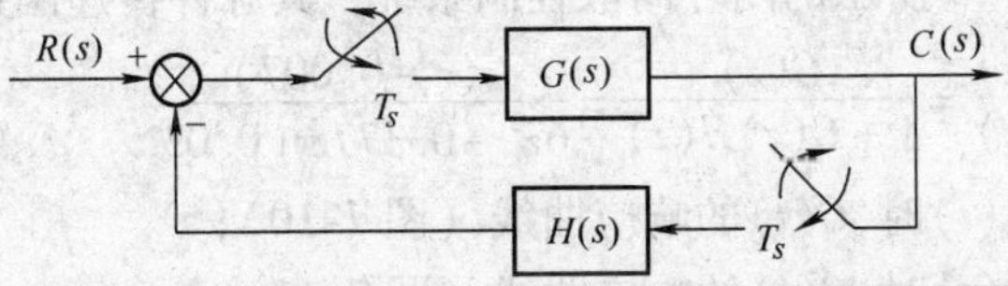 R(s) + − T_s G(s) C(s) H(s) T_s	$\dfrac{G(z)R(z)}{1+G(z)H(z)}$

【例 7-13】　当 $G(s)=\dfrac{2}{s(s+1)}, T_s=2, H(s)=1$ 时，试计算图 7-8 所示情况的脉冲传递函数 $C(z)/R(z)$。

【解】 参照表 7-2-①，$GH(z)=Z\left[\frac{2}{s(s+1)}\times 1\right]=Z\left[\frac{2}{s}-\frac{2}{s+1}\right]=2\left(\frac{z}{z-1}-\frac{z}{z-e^{-2}}\right)=\frac{2z(1-e^{-2})}{(z-1)(z-e^{-2})}$

所以，$\frac{C(z)}{R(z)}=\frac{G(z)}{1+GH(z)}=\frac{1.73z}{z^2+0.59z+0.14}$。

【例 7-14】 当 $G(s)=\frac{1}{s+1}, T_s=1, H(s)=\frac{5}{s+5}$ 时，试计算图 7-9 所示情况的脉冲传递函数 $C(z)/R(z)$。

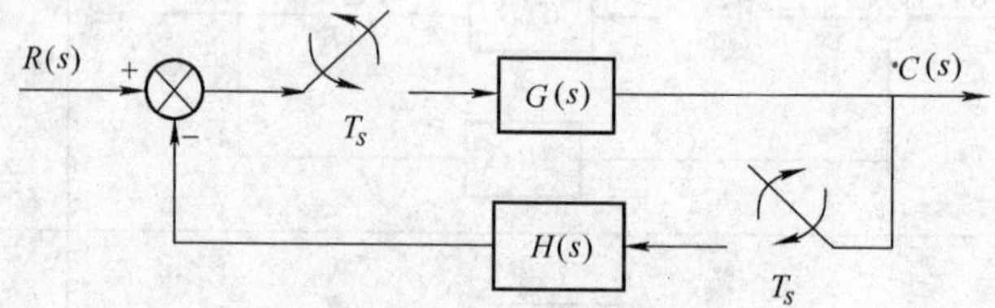

图 7-9 闭环离散控制系统

【解】 参照表 7-2-⑧，$G(z)=Z\left[\frac{1}{s+1}\right]=\frac{z}{z-e^{-1}}=\frac{z}{z-0.37}, H(z)=Z\left[\frac{5}{s+5}\right]=\frac{5z}{z-e^{-5}}=\frac{5z}{z-0.007}$

所以

$$\frac{C(z)}{R(z)}=\frac{G(z)}{1+G(z)H(z)}=\frac{z(z-0.007)}{6z^2-0.377z+0.03}$$

7.4.4 闭环离散系统的时域响应

在完成闭环离散系统的脉冲传递函数的 $C(z)/R(z)$ 求取后，如果要获取线性离散系统的时域响应特性，只需对 $C(z)/R(z)$ 做 z 反变换，得到 $c(t)$。下面以 MATLAB 作为分析工具，通过具体实例加以说明。

【例 7-15】 如图 7-9 所示的闭环离散控制系统，其脉冲传递函数是

$$\frac{C(z)}{R(z)}=\frac{G(z)}{1+G(z)H(z)}=\frac{z(z-0.007)}{6z^2-0.377z+0.03}$$

试求取(1) 当 $R(t)=1(t)$ 时, $C(t)$ 的响应曲线（图 7-10）；

(2) 当 $R(t)=\delta(t)$ 时, $C(t)$ 的响应曲线（图 7-11）。

【解】 (1) 当 $R(t)=1(t)$ 时，对应的 $C(t)$ 的响应就是单位阶跃响应。在 MATLAB Command Window 下执行下列程序语句

```
n=[1,-0.007,0];d=[6,-0.377,0.03];grid on;dstep(n,d)
```

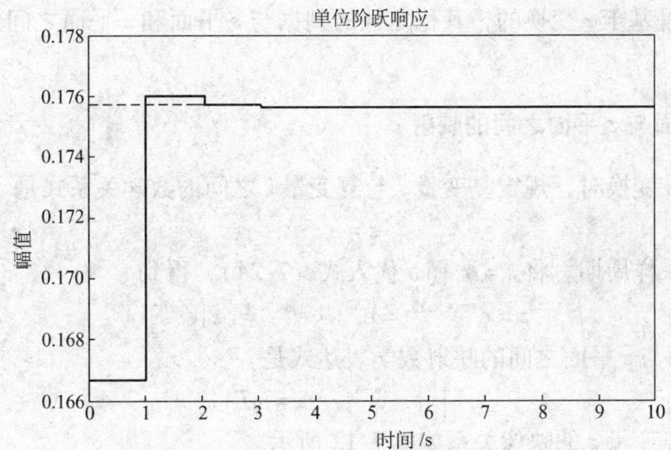

图7-10　例7-15(1) 单位阶跃响应曲线

(2) 当 $R(t)=\delta(t)$ 时，对应的 $C(t)$ 的响应就是单位脉冲响应。在 MATLAB Command Window 下执行下列程序语句

```
n=[1,-0.007,0];d=[6,-0.377,0.03];grid on;dimpulse(n,d)
```

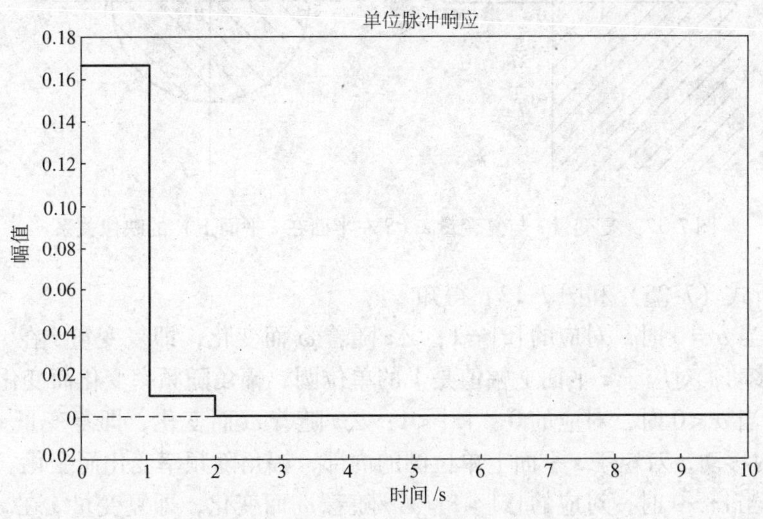

图7-11　例7-15(2)单位脉冲响应曲线

7.5　离散系统的稳定性分析

通过前面章节得知，线性连续系统稳定的充分必要条件是闭环传递函数的所有极点均位于 s 左半平面上，即所有特征方程根都具有负实部，而线性离散系统

的数学描述是基于 z 变换的，其稳定性的判据与 s 平面和 z 平面之间的映射关系密切相关。

7.5.1 s 平面与 z 平面之间的映射

在定义 z 变换时，规定复变量 s 与复变量 z 之间的数学关系式是

$$z = e^{T_s s} \tag{7-24}$$

式中，T_s是采样周期。将 $s = \sigma + j\omega$ 代入式（7-24），得到

$$z = e^{(\sigma + j\omega)T_s} = e^{\sigma T_s} \cdot e^{j\omega T_s} = |z| e^{j\omega T_s}$$

所以，s 平面与 z 平面之间的映射数学表达式是

$$|z| = e^{\sigma T_s}, \angle z = \omega T_s \tag{7-25}$$

复变量 s 与复变量 z 的映像关系如图 7-12 所示。

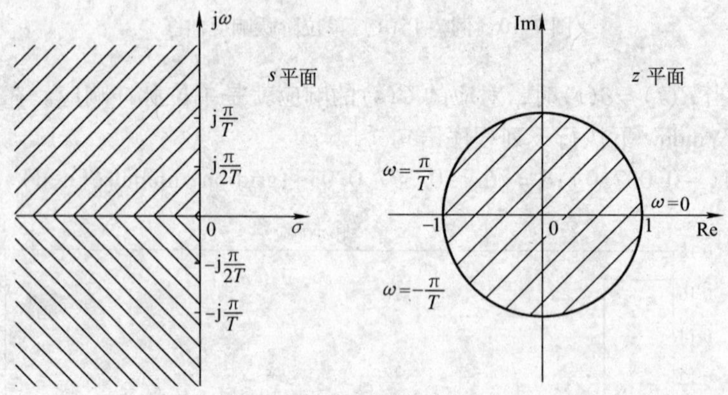

图 7-12　复变量 s 与复变量 z（S 左半面在 z 平面上）的映像关系

分析式（7-25）和图 7-12，得知

1）当 $\sigma = 0$ 时，对应的 $|z| = 1$；$\angle z$ 随着 ω 而变化，即复变量 s 在 s 平面上的虚轴移动，对应于 z 平面上幅值是 1 的单位圆，幅角随频率变化而变化。

2）当 $\sigma < 0$ 时，对应的 $0 < |z| < 1$；$\angle z$ 随着 ω 而变化，即复变量 s 在 s 左半平面内移动，对应于 z 平面上单位圆的内部，幅角随频率变化而变化。

3）当 $\sigma > 0$ 时，对应的 $|z| > 1$；$\angle z$ 随着 ω 而变化，即复变量 s 在 s 右半平面内移动，对应于 z 平面上单位圆的外部，幅角随频率变化而变化。

7.5.2 线性离散系统稳定的充分必要条件

综上所述和根据线性连续系统稳定的充分必要条件，线性离散系统稳定的充分必要条件是闭环脉冲传递函数的所有极点均位于 z 平面上单位圆的内部；或线性离散系统的所有特征方程根的模必须小于 1，即 $|z_i| < 1(i = 1, 2, \cdots, n)$。

当有些离散系统求不出闭环脉冲传递函数，而能求出 $C(z)$ 时，令 $C(z)$ 的分母为零，同样可以求解到离散系统的特征根。

【例7-16】 某线性离散系统闭环脉冲传递函数是

$$\frac{C(z)}{R(z)}=\frac{0.368z+0.264}{z^2-z+0.632}$$

试判断该离散系统的稳定性。

【解】 该离散系统的特征方程是

$$z^2-z+0.632=0$$

解得

$$z_{1,2}=\frac{1\pm\sqrt{1-4\times0.632}}{2}=0.5\pm \mathrm{j}0.62$$

$$|z_{1,2}|=\sqrt{0.5^2+0.62^2}=0.8<1$$

所以，$z_{1,2}$ 都分布在 z 平面上的单位圆内，该系统是稳定的。

在 MATLAB Command Window 下执行下列程序语句

```
den = [1, -1,0.632];roots(den)
```

得到

```
ans =
     0.5000 + 0.6181 i
     0.5000 - 0.6181 i
```

7.5.3 线性离散系统的劳斯稳定判据

线性连续系统的劳斯稳定判据通过构建劳斯表，不必求解特征方程的根，用代数方法判定特征方程的根是否全部位于 s 左半平面上，实现判定系统是否稳定的目的。

而在线性离散系统中需要判别的是特征方程根是否在 z 平面的单位圆之内，所以不能直接将劳斯判据应用于以复变量 z 表示的特征方程。为了能够在线性离散系统中使用劳斯判据，需要引进新的坐标变换：将 z 平面上的稳定区域——单位圆内映射到新坐标系 ϖ 的左半面。这样，就可以应用劳斯判据了。令

$$z=\frac{\varpi+1}{\varpi-1},\varpi=\frac{z+1}{z-1} \tag{7-26}$$

式(7-25)中的 ϖ、z 均为复变量，ϖ 变换是可逆的双向变换。设复变量 z、ϖ 分别是

$$z=x+\mathrm{j}y,\varpi=u+\mathrm{j}v \tag{7-27}$$

将式(7-27)代入式(7-26)，得到

$$\varpi=u+\mathrm{j}v=\frac{(x^2+y^2)-1}{(x-1)^2+y^2}-\mathrm{j}\frac{2y}{(x-1)^2+y^2} \tag{7-28}$$

基于ϖ 变换所确定的z平面与ϖ 平面之间的映射关系如图 7-13 所示。

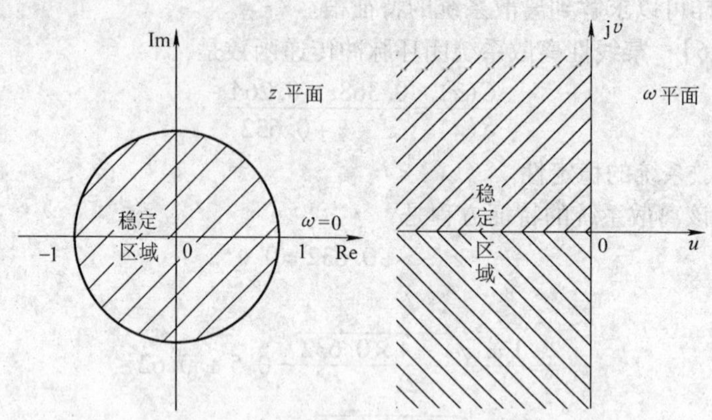

图 7-13 z平面与ϖ 平面之间的映射关系

根据$|z|^2=x^2+y^2$,分析式(7-28)和图 7-13 可知

1)当$|z|=\sqrt{x^2+y^2}=1$时,$u=0$, $\varpi=\mathrm{j}v$,z平面上的单位圆对应映射为ϖ 平面上的虚轴。

2)当$|z|=\sqrt{x^2+y^2}>1$时,$u>0$, $\varpi=\mathrm{j}v$,z平面上的单位圆外部区域对应映射为ϖ 平面上的右半部分。

3)当$|z|=\sqrt{x^2+y^2}<1$时,$u<0$, $\varpi=\mathrm{j}v$,z平面上的单位圆内部区域对应映射为ϖ 平面上的左半部分。

由于ϖ 变换是线性变换,以复变量z表示的特征方程经过ϖ 变换,成为以复变量ϖ 表示的特征方程或代数方程,就可以使用劳斯稳定判据来判定线性离散系统的稳定性了。

【例 7-17】 某线性离散系统闭环脉冲传递函数是

$$\frac{C(z)}{R(z)}=\frac{0.368z+0.264}{z^2-z+0.632}$$

试用劳斯稳定判据判断该离散系统的稳定性。

【解】 该系统的特征方程是

$$z^2-z+0.632=0$$

将$z=\dfrac{\varpi+1}{\varpi-1}$代入上式,化简、整理,得到以复变量$\varpi$ 表示的特征方程

$$0.632\varpi^2+0.736\varpi+2.632=0$$

据此构建劳斯表

$$
\begin{array}{lll}
\varpi^2 & 0.632 & 2.632 \\
\varpi^1 & 0.736 & 0 \\
\varpi^0 & 2.632 &
\end{array}
$$

分析劳斯表及其计算结果能够判定该系统是稳定的,与例 7-16 的结论是相同的。

【例 7-18】 一线性离散系统闭环脉冲传递函数是

$$\frac{C(z)}{R(z)}=\frac{6.32z}{z^2+4.952z+0.368}$$

试用劳斯稳定判据判断该离散系统的稳定性。

【解】 该系统的特征方程是

$$z^2+4.952z+0.368=0$$

将 $z=\frac{\varpi+1}{\varpi-1}$代入上式,化简、整理,得到以复变量$\varpi$ 表示的特征方程

$$6.32\varpi^2+1.264\varpi-3.584=0$$

据此构建劳斯表

$$
\begin{array}{lll}
\varpi^2 & 6.32 & -3.584 \\
\varpi^1 & 1.264 & 0 \\
\varpi^0 & -3.584 &
\end{array}
$$

分析劳斯表及其计算结果,能够判定该系统是不稳定的。

7.6 离散系统的频率特性

由第 5 章的内容可知,将 $s=\mathrm{j}\omega$ 代入线性连续系统的传递函数 $G(s)$,经整理后能够得到其频率特性。相似地,将 $s=\mathrm{j}\omega$ 代入离散系统的脉冲传递函数 $G^*(s)$,经整理后也能够得到其对应的频率特性。由于 $G^*(s)$包含超越函数 $e^{T_s s}$,使得不易分析离散系统的频率特性和绘制其频率特性图。

因此,基于双线性变换,即首先将 $z=\frac{\varpi+1}{\varpi-1}$ 代入到离散系统的开环脉冲传递函数 $G_0(z)$,得到以复变量ϖ 表示的数学关系式;然后再将$\varpi=\mathrm{j}\upsilon$ 代入上述的以复变量ϖ 表示的数学关系式,就能够得到离散系统的开环频率特性式,称为开环虚拟频率特性式,υ 是虚拟频率。

根据离散系统的虚拟频率特性方程式,可以方便地绘制出相应的 Nyquist 图、Bode 图,也能够运用 Nyquist 判据、相位裕量、增益裕量等来判断离散系统的稳定性。当然,基于 MATLAB 编程,可以简便地绘制出离散系统的 Nyquist 图、Bode 图,求解对应的相位裕量、增益裕量,判定系统的稳定性。

下面使用 MATLAB 方法绘制例 7-17 离散系统的 Nyquist 图(7-14)和 Bode 图(图 7-15)。

在 MATLAB Command Window 下执行下列程序语句

```
Ts = 1.5; num = [0.368, 0.264]; den = [1, -1, 0.632]; grid on;
dnyquist(num, den, Ts); dbode(num, den, Ts);
[mag, phase, w] = dbode(num, den, Ts); [gm, pm, wg, wp] = margin(mag, phase, w);
```

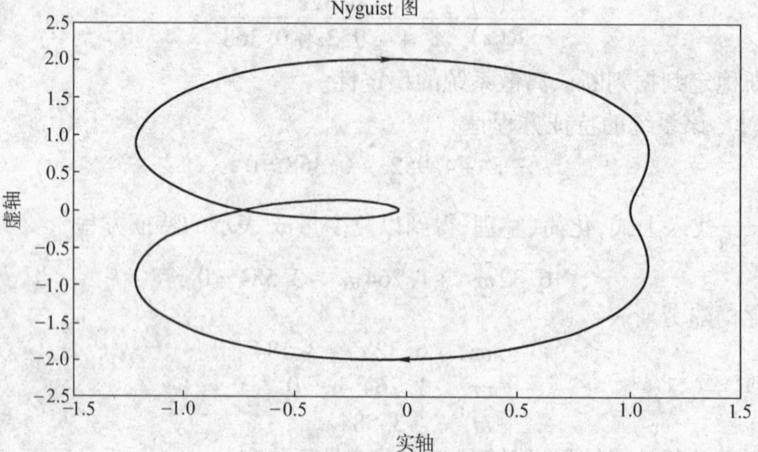

图 7-14　例 7-17 离散系统的 Nyquist 图

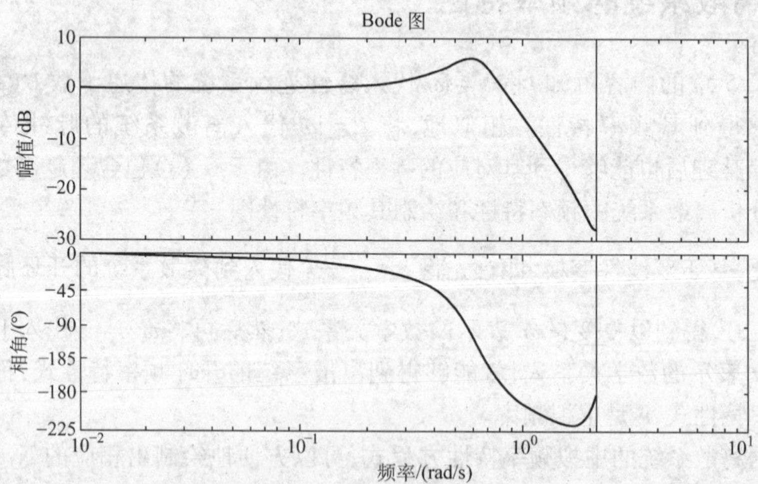

图 7-15　例 7-17 离散系统的 Bode 图

7.7　离散控制系统的稳态误差

设所分析的离散控制系统的结构均能表述为如图 7-16 所示的形式。

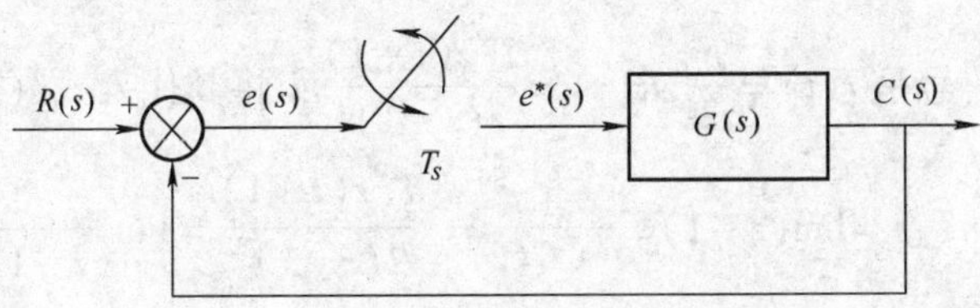

图 7-16　闭环单位反馈离散控制系统

因为

$$E(z)=R(z)-C(Z),C(z)=E(z)G(z)$$

所以,离散控制系统的闭环误差脉冲传递函数是

$$\Phi_e(z)=\frac{E(z)}{R(z)}=\frac{1}{1+G(z)} \tag{7-29}$$

根据 z 变换的终值定理,系统的稳态误差是

$$e(\infty)=\lim_{n\to\infty}e(nT_s)=\lim_{z\to1}(z-1)\frac{R(z)}{1+G(z)} \tag{7-30}$$

式(7-29)和式(7-30)表明采样时刻 $kT_s(k=0,1,\cdots,n)$ 的稳态误差和系统的稳态误差都与 $R(z)$、$G(z)$ 有关。

下面以输入信号为单位阶跃、单位斜波和单位抛物线时，分别计算离散控制系统在采样时刻 $kT_s(k=0,1,\cdots,n)$ 时的稳态误差。

(1) 输入信号是 $r(t)=1(t)$，$R(z)=\frac{z}{z-1}$；将其代入式（7-30），得到

$$e(\infty)=\lim_{n\to\infty}e(nT_s)=\lim_{z\to1}(z-1)\frac{1}{1+G(z)}\frac{z}{z-1}=\lim_{z\to1}\frac{1}{1+G(z)}$$

令 $k_p=1+\lim\limits_{z\to1}G(z)$,称为系统的位置误差系数。所以

$$e(\infty)=\frac{1}{k_p}$$

即 $G(z)$ 具备一个 $z=1$ 的极点时，则 $k_p\to\infty$,$e(\infty)=0$。

(2) 输入信号是 $r(t)=t$，$R(z)=\frac{T_sz}{(z-1)^2}$;将其代入式（7-30），得到

$$e(\infty)=\lim_{n\to\infty}e(nT_s)=\lim_{z\to1}(z-1)\frac{1}{[1+G(z)]}\frac{T_sz}{(z-1)^2}=\lim_{z\to1}\frac{T_s}{(z-1)[1+G(z)]}$$

令 $k_V=\lim\limits_{z\to1}\dfrac{1}{T_s}(z-1)[1+G(z)]$，称为系统的速度误差系数。所以

$$e(\infty)=\frac{1}{k_V}$$

即 $G(z)$具备两个 $z=1$ 的极点时，则 $k_V\to\infty$,$e(\infty)=0$。

（3）输入信号是 $r(t)=\dfrac{t^2}{2}, R(z)=\dfrac{T_s^2z(z+1)}{2(z-1)^3}$；将其代入式（7-30），得到

$$e(\infty)=\lim_{n\to\infty}e(nT_s)=\lim_{z\to1}(z-1)\frac{1}{[1+G(z)]}\frac{T_s^2z(z+1)}{2(z-1)^3}=\lim_{z\to1}\frac{T_s^2}{(z-1)^2[1+G(z)]}$$

令 $k_a=\lim\limits_{z\to1}\dfrac{1}{T_s^2}(z-1)^2[1+G(z)]$，称为系统的速度误差系数。所以

$$e(\infty)=\frac{1}{k_a}$$

即 $G(z)$具备 3 个 $z=1$ 的极点时，则 $k_a\to\infty$,$e(\infty)=0$。

结论：系统的稳态误差与 $R(z)$的输入形式、$G(z)$中 $z=1$ 的极点个数有关。同时，适当地减小采样周期 T_s，将有助于降低系统的稳态误差 $e(\infty)$。

【例 7-19】 如图 7-17 所示的某离散控制系统，当输入信号分别是单位阶跃、单位斜波信号时，试计算系统的稳态误差 $e(\infty)$。

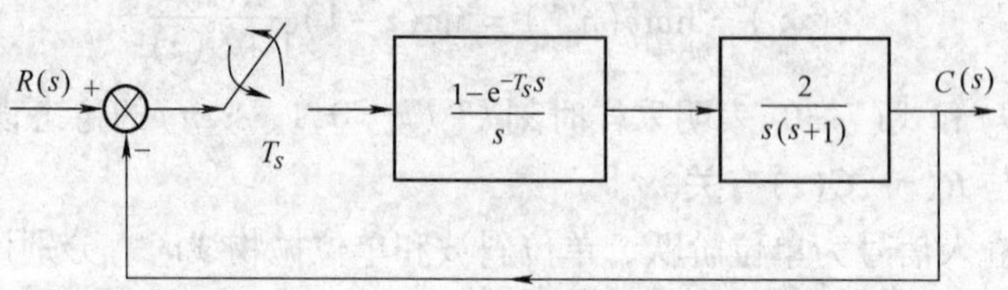

图 7-17 某闭环单位反馈离散控制系统

【解】 由该离散控制系统的结构图，得知

$$G(s)=\frac{1-e^{-T_ss}}{s}\frac{2}{s(s+1)}=2(1-\mathrm{e}^{-T_ss})\left[\frac{1}{s^2}-\frac{1}{s}+\frac{1}{s+1}\right]$$

$$G(z)=2\frac{z-1}{z}\left[\frac{T_sz}{(z-1)^2}-\frac{z}{z-1}+\frac{z}{z-\mathrm{e}^{-T_s}}\right]=\frac{2[z(T_s-1+\mathrm{e}^{-T_s})+(1-\mathrm{e}^{-T_s}-T_s\mathrm{e}^{-T_s})]}{(z-1)(z-\mathrm{e}^{-T_s})}$$

所以，输入信号分别是单位阶跃信号时，$G(z)$具备一个 $z=1$ 的极点时，则 $k_p\to\infty$，$e(\infty)=0$；输入信号是单位斜波信号时，$e(\infty)=2$；输入信号是单位抛物线信号时，$e(\infty)\to\infty$。

小 结

本章主要介绍了实际应用中离散控制系统的分析方法，主要包括采样、z变换、基于z变换的离散控制系统的频率特性和稳定性分析的基本内容，并结合MATLAB这个有效的控制系统分析和设计工具，重点介绍了以下几个问题。

(1) 采样的概念和作用　采样可以将模拟信号转化成离散信号，进而通过整量化得到数字信号。采样周期的选择需满足香农采样定理。

(2) z变换　z变换是对环节的传递函数进行离散化处理的数学描述方法，阐述了其定义、性质和基本方法。

(3) 离散系统的分析　基于z变换的方法，了解闭环离散控制系统的特性。基于表7-2，通过常规z变换方法和MATLAB编程法，对实例应用进行解读，理解闭环离散系统的时域响应。

(4) 离散系统的稳定性分析　理解线性离散系统稳定的充分必要条件：闭环脉冲传递函数的所有极点均位于z平面上单位圆的内部；或线性离散系统的所有特征方程根的模必须小于1。比对线性连续系统稳定的充分必要条件：闭环传递函数的所有特征方程根都具有负实部。理解并正确运用线性离散系统的劳斯稳定判据。

(5) 离散系统的频率特性　根据离散系统的虚拟频率特性方程式，基于MATLAB编程能便捷地绘制出相应的Nyquist图和Bode图；也能够运用Nyquist判据、相位裕量、增益裕量等来判断离散系统的稳定性。

复习思考题

7-1　试求下列函数的z变换。

(1) $f(t)=\begin{cases}0 & (t<0)\\ \sin\omega t & (t\geqslant 0)\end{cases}$　　(2) $F(s)=\dfrac{b-a}{(s+a)(s+b)}$

7-2　已知

$$F(z)=\frac{0.792z^2}{(z-1)(z^2-0.416z+0.208)}$$

试求$f(nT_s)$的值$n=0$，1，2，3，…；并且计算$\lim\limits_{n\to\infty}f(nT_s)$的值。

7-3　试求下列函数的z反变换。

(1) $F(z)=\dfrac{z}{(z-1)^2(z-2)}$　(2) $F(z)=\dfrac{0.5z}{z^2-1.5z+0.5}$　(3) $F(z)=\dfrac{z(1-\mathrm{e}^{-\alpha T_s})}{(z-1)(z-\mathrm{e}^{-\alpha T_s})}$

7-4　如果$G_1(s)=\dfrac{K}{s}, G_2(s)=\dfrac{1}{s+\alpha}$，试分别求取图7-7所示的两环节串联的典型情况的脉冲传递函数。

7-5　如图7-18所示的某离散控制系统，试完成下列内容。

(1) 分别求取开环、闭环脉冲传递函数。

(2) 基于MATLAB编程，分别绘制单位阶跃响应曲线和单位脉冲响应曲线。

（3）基于 MATLAB 编程，分别绘制 Nyquist 图和 Bode 图。

（4）试用劳斯稳定判据判定系统的稳定情况。

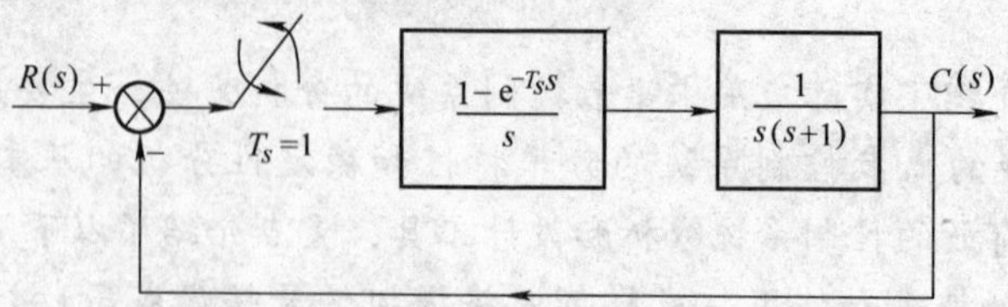

图 7-18　题 7-5 图

7-6　如图 7-19 所示的某离散控制系统，其中 $T>0$，$K>0$，试讨论采样周期 T_s对该系统稳定性的影响。

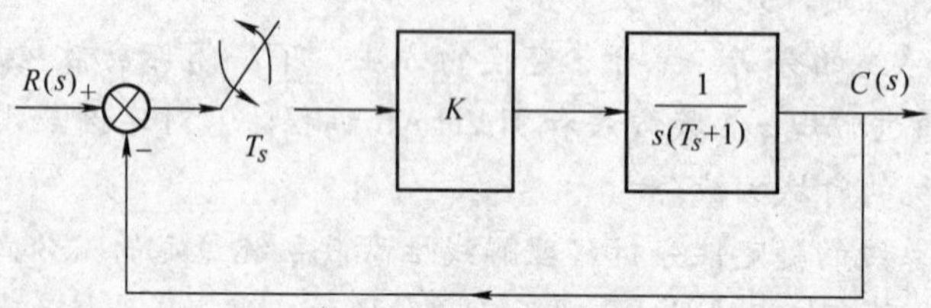

图 7-19　题 7-6 图

7-7　已知下列离散系统的特征方程分别是

（1）$D(z)=z^2+1.5z+1=0$

（2）$D(z)=z^4-1.7z^3+1.04z^2+0.268z+0.024=0$

（3）$D(z)=z^3+3.5z^2+3.5z+1=0$

试判断系统的稳定性。

7-8　基于 MATLAB 编程，求取下列离散系统的阶跃响应。

（1）$\dfrac{C(z)}{R(z)}=\dfrac{z(z-0.82)(z-0.95)}{z(z-1)(z-0.36)(z-0.995)}$

（2）$\dfrac{C(z)}{R(z)}=\dfrac{2z^2-3.4z+1.5}{z^2-1.6z+0.8}$

7-9　如图 7-20 所示的离散控制系统，当系统在 $r(t)=2(t)$ 和 $r'(t)=1(t)$ 作用下时，试求系统的稳态误差 $e(\infty)$。

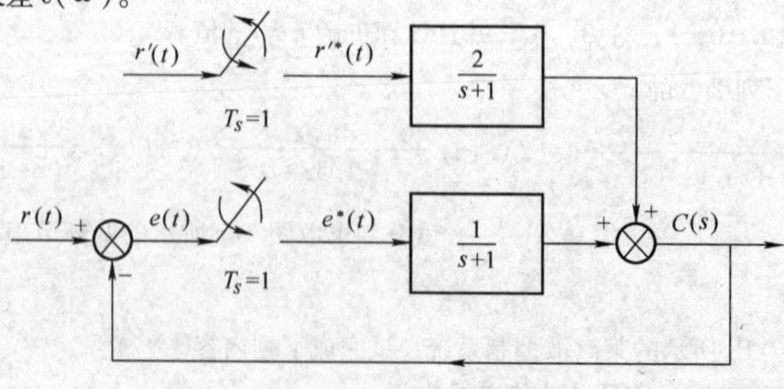

图 7-20　题 7-9 图

第 8 章

8

MATLAB语言及其在HVAC控制系统仿真中的应用

MATLAB 是美国 MathWorks 公司的产品，MATLAB 的名字由 Matrix（矩阵）和 Laboratory（实验室）两个单词的前 3 个字母组成，这也反映了 MATLAB 的基本功能。MATLAB 诞生在 20 世纪 70 年代，经过 30 多年的补充与完善以及多个版本的升级换代，MATLAB 已经发展至 7. x 版本。MATLAB 是一个包含众多工程计算和仿真功能的庞大系统，是目前世界上最流行的仿真计算软件。MATLAB 软件及其工具箱（Toolbox）与 Simulink 仿真工具，为自动控制系统计算与仿真提供了强有力的支持。

本章主要介绍 MATLAB 的特点，简单介绍 MATLAB 集成环境和控制系统工具箱。然后对以 MATLAB 为平台的 HVAC 应用进行讨论。通过对本章的学习，读者对 MATLAB 能有一个基本的了解，并能基本掌握 MATLAB 控制系统工具箱的使用。

8.1 MATLAB 的基本知识

8.1.1 MATLAB 的主要特点

1. MATLAB 产品族的功能

MATLAB 将高性能的数值计算和可视化集成在一起，并提供了大量的内置函数，无需开发者重复编程，只要开发者简单地调用和使用即可，从而被广泛地应用于科学计算、控制系统、信息处理等领域的分析、仿真和设计工作，而且利用 MATLAB 产品的开放式结构，可以非常容易地对 MATLAB 的功能进行扩充，从而不断完善 MATLAB产品，以提高产品自身的竞争能力。目前产品族可用来完成以下几项工作：

- 数据分析；
- 数值和符号计算；
- 工程与科学绘图；
- 控制系统的设计与仿真；

- 数字图像信号处理；
- 财务工程；
- 建模、仿真、原型开发；
- 通信系统设计与仿真；
- 图形用户界面设计。

MATLAB 产品族有众多的面向具体应用的工具箱和仿真块，包含了完整的函数集，用来对信号图像处理、控制系统设计、神经网络等特殊应用进行分析和设计。其他的产品延伸了 MATLAB 的能力，包括数据采集、报告生成和依靠 MATLAB 语言编程产生独立的 C/C + + 代码等。

2. MATLAB 产品的主要特点

MATLAB 语言的主要特点可概括如下：

（1）编程效率高　MATLAB 是一种面向科学与工程计算的高级语言，允许数字形式的语言编写程序，且与 BASIC/FORTRAN 和 C 等语言更加接近书写计算公式的思维方式，用 MATLAB 编写程序犹如在演算纸上排列公式与求解问题，因此，也通俗地称 MATLAB 语言为演算纸式科学计算法语言。由于它编写简单，所以程序设计效率高、易学易懂。

（2）使用方便　MATLAB 语言能把编辑、编译、链接和执行融为一体，它能在同一画面中灵活地操作，快速排除输入程序的书写错误、语法错误甚至语义错误，因此，它灵活、方便，调试程序手段丰富，调试速度快。

（3）扩充能力强，交互性好　高版本的 MATLAB 语言有丰富的库函数，在进行复杂数学运算的时候可以直接调用。因此，用户可以根据自己的需要方便地建立和扩充新的库函数，提高 MATLAB 的使用效率和扩充它的功能。另外，为了充分利用 FORTRAN、C 语言的资源，包括用户自己已经编写好的 FORTRAN、C 语言程序，可以通过建立 M 文件的形式，混合编程，方便地调用有关 FORTRAN、C 语言的子程序，还可以在 FORTRAN 和 C 语言中方便地使用 MATLAB 的数值计算能力。良好的交互式使程序员可以使用以前编写过的程序，减少重复性的工作。

（4）语句简单，内涵丰富　MATLAB 语言中最基本、最重要的成分是函数，其一般形式为[a,b,c,…] = fun[d,e,f,…]，即一个函数由函数名、输入变量和输出变量组成。同一函数名 fun，不同数目的输入变量（包括无输入变量）及不同数目的输出变量，代表着不同的含义。这不仅使 MATLAB 的库函数功能更加丰富，而且大大减少了需要的磁盘空间，使得 MATLAB 编写的 M 文件简单、短小而高效。

（5）高效方便的矩阵和数组运算　MATLAB 语言与 FORTRAN、C 语言一样，规定了矩阵的算术运算符、关系运算符、逻辑运算符、条件运算符及赋值运算符。而且，它不需要定义数组的维数，并给出矩阵函数、特殊矩阵专门的库函数，使之在求解诸如信号处理、建模、系统识别、控制、优化等领域的问题时，显得简单、高效、方便。

（6）便捷强大的绘图功能　MATLAB将2D和3D图形、MATLAB语言集成到一个单一的、易学易用的环境之中。而且，MATLAB的绘图功能十分方便，它有一系列绘图函数（命令），如线性坐标、对数坐标、半对数坐标及极坐标等。只需调用不同的绘图函数（命令），即可在图上标出图题、XY轴标注，格（栅）绘制也需要调用相应的命令。MATLAB还可以绘制出不同颜色的点、线、复线或多重线，甚至可以在不输入M代码的情况下，交互式地创建和编辑图形以及自动生成图形的M代码等。

（7）功能强大，设计简捷的工具箱　MATLAB提供了许多面向应用问题求解的工具箱函数，从而大大方便了各个领域专家学者的使用。目前，MATLAB提供了30多个工具箱函数，如信号处理、图像处理、控制系统、非线性控制系统设计、鲁棒控制、系统识别、最优化、神经网络、模糊系统和小波等。它们提供了各个领域应用问题求解的便利函数，使系统分析和设计变得简捷。

（8）移植性好与开放性好　MATLAB是用C语言编写的，而C语言的可移植性很好。因此，MATLAB语言可以方便地移植到C语言的操作平台上，而MATLAB适合的工作平台有Windows、UNIX、Linux、VMS6.1和PowerMac。除了内部函数外，MATLAB的所有核心文件和工具箱都是开放的，都是可读可写的源文件，用户可以通过对源文件的修改自己编程构成新的工具箱。

8.1.2　MATLAB的集成环境

MATLAB既是一种语言，又是一种编程环境。在这种环境中，系统提供了许多调试和执行MATLAB程序的便利工具。启动MATLAB后会显示如图8-1所示的MATLAB集成环境，其中窗口可分成3部分，即命令窗口、工作空间和命令历史窗口。

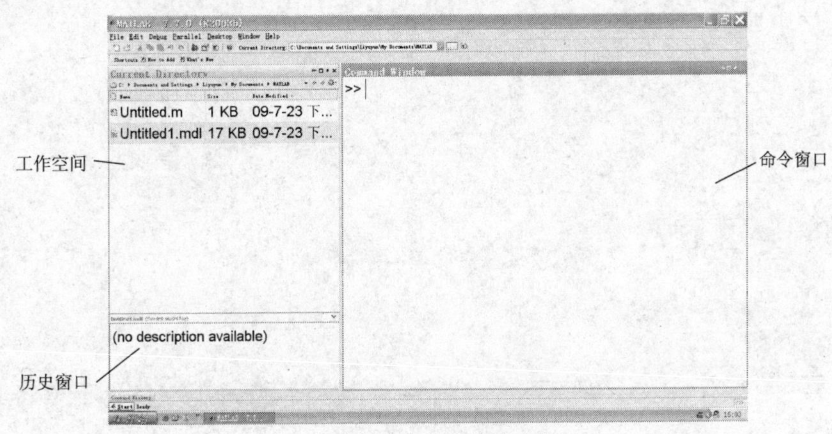

图8-1　MATLAB集成环境

1. MATLAB 命令窗口

MATLAB 命令窗口用于输入命令和输出结果，在这里输入的命令会立即得到执行并显示出执行结果，这非常适用于编写短小的程序，对便携大型、复杂程序应采用 M 稳健编程方法。

在 MATLAB 命令窗口的菜单栏中提供了 File（文件）、Edit（编辑）、Debug（调试）、Desktop（桌面）、Window（窗口）和 Help（帮助）等菜单命令。利用 File 菜单可以对文件进行操作，包括新建、打开和输入数据等；利用 Edit 菜单可以完成编辑操作，包括剪切、复制、粘贴和特殊粘贴等；利用 Desktop 可以控制当前窗口的视图；利用 Window 菜单可以在各个窗口之间进行切换；利用 Help 菜单可以获得使用 MATLAB 的帮助信息。采用 File 菜单中的 Preferences 命令，可以设置各个窗口的显示特性。另外，在 MATLAB 集成环境中，还提供了快捷操作按钮。

2. M 文件编辑窗口

M 文件编辑窗口如图 8-2 所示。将 MATLAB 语句按特定的顺序组合在一起就得到了 MATLAB 程序，其文件名的后缀为 M，故也称为 M 文件。MATLAB 7. x 提供了 M 文件的专用编辑器/调试器。在编辑器中，以不同的颜色表示不同的内容：命令、关键字、不完整字符串及其他文件，这样可以发现输入错误，缩短调试时间。

启动编辑器的方法有两种：

- 在命令窗口中输入 edit，可启动编辑器，并打开空白的 M 文件；
- 在命令窗口的 File 菜单或工具栏上选择 New 命令或 NewFile 图标。

图 8-2　M 文件编辑窗口

8.2 Simulink 仿真

Simulink 是 MATLAB 最重要的组件之一，它是 Simulation（仿真）与 Link（链接）的简写形式。Simulink 提供了一个动态系统建模、仿真和综合分析的集成环境，在该环境中不用大量书写程序，只需通过简单直观的鼠标操作，就可以构造出复杂的系统模型。

8.2.1 Simulink 简介

1. Simulink 的启动

启动 MATLAB 软件之后，可以通过 3 种方式打开 Simulink 工具箱（也称为 Simulink 模块库浏览器）。

1）在 Command Window 中输入“Simulink”命令。

2）单击 MATLAB 主窗口左下角的“Start”按钮，在弹出的快捷菜单中选择“Simulink”→“Library Browser”命令。

3）选择 MATLAB 主窗口工具栏中的 （Simulink）工具。Simulink 模块库浏览器如图 8-3 所示。

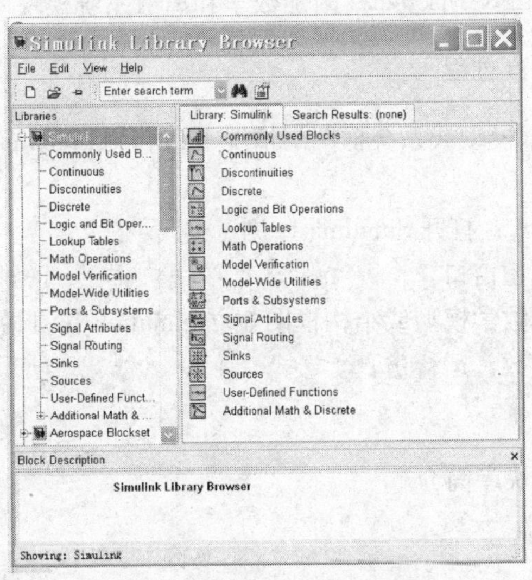

图 8-3 Simulink 模块库浏览器

启动 Simulink 工具箱，也同时打开了其他基于 Simulink 平台的工具箱，如 Control System Toolbox、Fuzzy Logic Toolbox、Neural Network Toolbox 和 SimPowrSystem等。

2. Simulink 的组成

Simulink 7. x 模块库共包含 16 个子模块库，它们分别是：

- Commonly Used Blocks（常用模块）；
- Continuous（连续系统模块库）；
- Discontinuities（非连续系统模块库）；
- Discrete（离散系统模块库）；
- Logic and Bit Operations（逻辑与位操作模块库）；
- Lookup Tables（查询表模块库）；
- Math Operation（数学操作模块库）；
- Model Verification（模型模块库）；
- Model-Wide Utilities（模型扩充模块）；
- Ports & Subsystems（接口与子系统模块库）；
- Signal Attributes（信号属性模块库）；
- Signal Routing（信号路由模块库）；
- Sinks（输出模块库）；
- Sources（信号源模块库）；
- User-Defined Functions（用户自定义模块库）；
- Addtional Math & Discrete（附加数学和离散系统模块库）。

8.2.2 Simulink 仿真过程

在已知系统数学模型或系统框图的情况下，利用 Simulink 进行仿真的基本步骤如下：

1）启动 Simulink，打开 Simulink 库浏览器。

2）建立空白模型窗口。

3）由控制系统数学模型或结构框图建立 Simulink 仿真模型。

4）设置仿真参数，运行仿真。

5）输出仿真结果。

8.2.3 Simulink 模块库简介

1. 常用模块库

常用模块库（Commonly Used Blocks）包括 Bus Creator（总线信号生成器）、Bus Selector（总线信号选择器）、Constant（常数模块）、Data Type Conversion（数据类型转换模块）、Demux（信号分离器模块）、Discrete-Time Integrator（离散时间积分模块）、Gain（增益模块）、Ground（信号地模块）、In1（输入接口模块）、Integrator（积分模块）、Logic Operator（逻辑操作模块）、Mux（信号合

成器模块)、Out1（输出接口模块)、Product（乘法模块)、Relation Operator（关系操作模块)、Saturation（饱和模块)、Scope（示波器模块)、Subsystem（子系统模块)、Sum（求和模块)、Switch（开关转换模块)、Terminator（信号终端模块）和Unit Delay（单位延迟模块)。

2. 连续系统模块库

Continuous（连续系统模块库）提供了连续系统Simulink建模与仿真的基本模块，包括Derivative（微分环节模块)、Integrator（积分环节模块)、State-space（状态空间模块)、Transport Delay（传输延迟模块)、Veriable Transport Delay（可变传输延迟）和Zero-Pole（零极点增益模块)。

【例8-1】 建立如图8-4所示的Simulink模型。

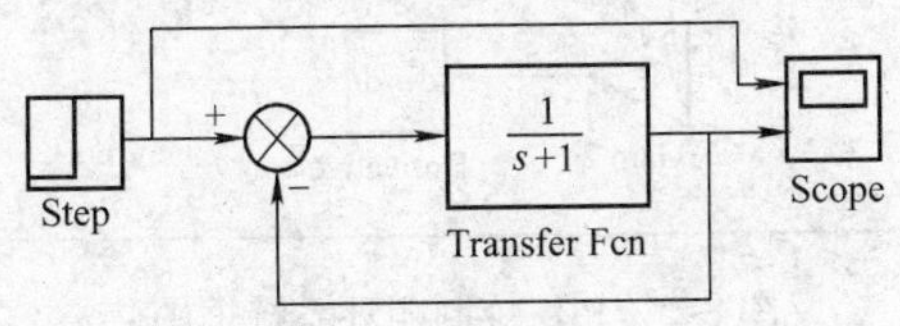

图8-4 Simulink模型

【解】 1）启动MATLAB/Simulink工具箱。

2）建立Simulink空白模型。

- 在MATLAB主窗口中选择“File”→“New”→“Mole”命令。
- 在Simulink模块库浏览器窗口中选择“File”→“New”→“Mole”命令。
- 单击Simulink模块库浏览器工具栏中的□（New Model）工具。

3）根据系统框图选择模块。

4）模块的复制操作。在找到阶跃信号模块、符号比较器、传递函数模型、信号输出模块后，将模块复制到Example_ Model窗口。

5）模块的链接。

6）模块的参数设置。在完成模块的信号线连接，并建立起系统的Simulink仿真模型后需要设置模块的参数。在Simulink模型里，双击需要修改参数的模块即可弹出参数设置对话框。

7）仿真参数设置。在模型窗口选择“Simulink”→“Configuration Parameter”命令，打开“Configuration Parameter”对话框，在此可以设置Simulink的仿真求解器参数。

8）运行仿真与仿真输出。

【例8-2】 建立如图8-5所示的PID控制闭环系统框图。

【解】 采用Simulink建立如图8-5所示的PID控制闭环系统的步骤同例

8-1。考虑到微分环节的非线性特性，在 Simulink 建模与仿真中提供了微分环节线性化功能。双击微分环节线性化设置对话框，系统默认的微分环节线性化时间常数为 inf（无穷大）。如果微分单元的数学模型为 $T_d s$，则当 $N \geqslant 10$ 时，$\dfrac{T_d s}{\dfrac{T_d s}{N}+1}$ 可近似代替 $T_d s$。所以在图 8-5 中，用户可以自行设定 N 的数值。

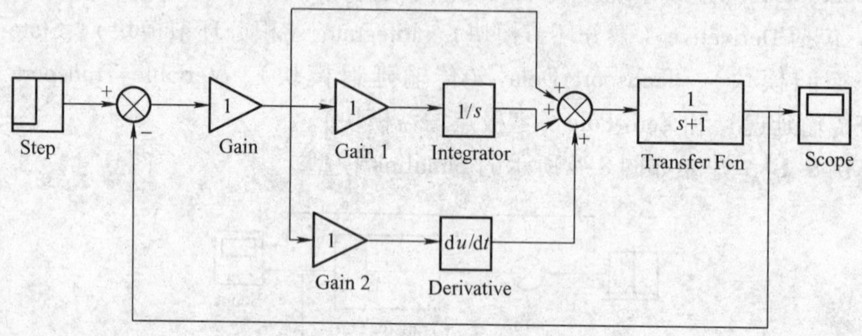

图 8-5　PID 控制闭环系统框图

【例 8-3】 建立一个连续系统仿真模型，包含延迟及可变延迟单元，如图 8-6 所示。输入为正弦波信号，固定延迟时间设为 2s，可变延迟时间最大值为 10s，延迟时间由阶跃信号确定，初始值为 3，终值为 5，阶跃时间为 10s。可变传输延迟模块的延迟时间最大值为 4s。

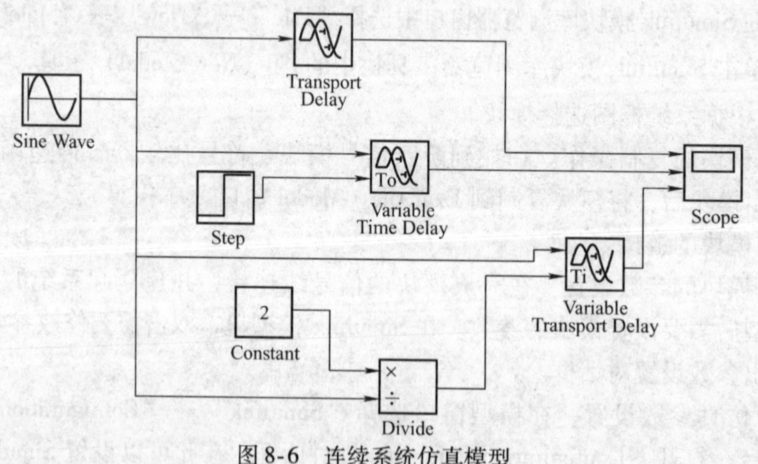

图 8-6　连续系统仿真模型

8.3　HVAC 控制系统

从系统的组成环节而言，HVAC（Heating Ventilating and Air Conditioning）控

制系统与基本的控制系统一样，可以划分为被控对象、传感器/变送器和执行器等部分。随着空调参数控制精度、节能以及系统稳定性等要求的不断提高，计算机系统在 HVAC 控制领域的应用日益普及，如图 8-7 所示。

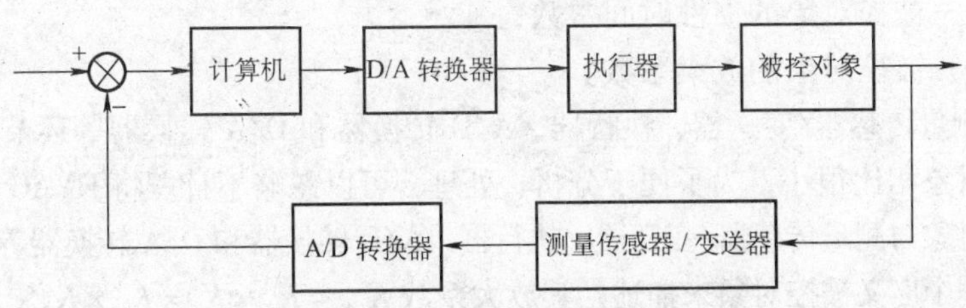

图 8-7　计算机控制系统框图

对于 HVAC 计算机控制系统，被控对象主要是空调风系统、水系统和冷/热源等。执行器主要是空调用风量调节阀、水/蒸汽流量调节阀、水/蒸汽加湿流量调节阀和压力/压差调节阀等。测量传感器/变送器部分是指空调用温度、湿度、压力/压差等参数测量传感器/变送器。A/D 转换器将温度、湿度、压力/压差等测量传感器/变送器的输出信号（直流 0～10mA 或直流 4～20mA）转换为二进制数字信号。而 D/A 转换器则是将计算机输出的二进制控制指令转换为直流 0～10mA 或直流 4～20mA。计算机是整个控制系统的核心，按照空调工艺要求的参数精度、系统稳定性和节能要求等，基于控制算法（如 PID 等），对 A/D 转换器的输出信号进行运算、处理，通过 D/A 转换器输出控制指令，从而改变空调用各类调节阀的开度，产生调节作用，完成闭环的负反馈调节。

8.3.1　HVAC 控制系统的建模

如前面章节所述，自动控制理论中所采用描述问题的数学模型有许多形式，如时域中的微分方程、差分方程和状态空间模型；复域中的传递函数；频域中的频率特性等。HVAC 控制系统大多可以用近似的线性定常系统来描述，本节建模所采用的是传递函数形式。

1. 被控对象数学模型的 MATLAB 描述

HVAC 控制系统中的被控对象是具有时滞、较大惯性等特性的热工过程对象，可以用一个时滞环节和一个惯性环节（如风、水系统等）串联，或用一个时滞环节和两个惯性环节（如冷/热源等）串联来表征。被控对象传递函数可以表述为以下形式：

$$G_p(s) = \frac{K_p}{T_p s + 1}e^{-\tau s} \tag{8-1}$$

$$G_p(s)=\frac{K_p}{T_{p_1}T_{p_2}s^2+(T_{p_1}+T_{p_2})s+1}\mathrm{e}^{-\tau s} \tag{8-2}$$

式中　τ——被控对象的时滞时间；

T_{p_1}、T_{p_2}——被控对象的惯性时间常数；

K_p——被控对象的放大系数。

由于测量传感器/变送器、执行器、A/D 转换器和 D/A 转换器等环节的时间常数与被控对象相比很小，为了便于分析、处理，可以忽略不计。将 HVAC 控制系统中的被控对象与测量传感器/变送器、执行器、A/D 转换器和 D/A 转换器等环节综合起来，用一个广义被控对象来描述，其放大系数 $K_{GP}=K_p\times K_s\times K_a\times K_{A/D}\times K_{D/A}$，其中 K_s、K_a、$K_{A/D}$、$K_{D/A}$ 分别是测量传感器/变送器、执行器、A/D 转换器和 D/A 转换器的放大系数。时间常数 $T_{GP}\approx T_p$ 或 $T_{GP}\approx T_{p_1}\times T_{p_2}$ 和 $T_{GP}{}'\approx T_{p_1}+T_{p_2}$。此外，D/A 转换器还包括零阶保持器 $(1-\mathrm{e}^{-T_s s})/s$。

2. 控制器设计的 MATLAB 描述

由于数字控制器能满足各种控制算法的实施，这里采用前面阐述过的，结构简单、易于操作、抗干扰特性较好和工程上广泛应用的 PID 控制算法。算法公式见式（6-2）。

对控制器的各个参数赋值后，在 MATLAB Command Window 下执行下列程序语句：

$$G_C=tf(K_P\times[(1+N)\times T_D\times T_I,(NT_D+T_I),N],[T_D\times T_I,NT_I,0])$$
$$G_C=tf(K_P\times[(1+N)\times T_D\times T_I,(NT_D+T_I),N],[T_D\times T_I,NT_I,0])$$
$$G_Cd=c2d(G_C,T_s,'zoh')$$

就可以完成 PID 控制算法的离散化。

一般地，HVAC 数字 PID 控制系统框图如图 8-8 所示。

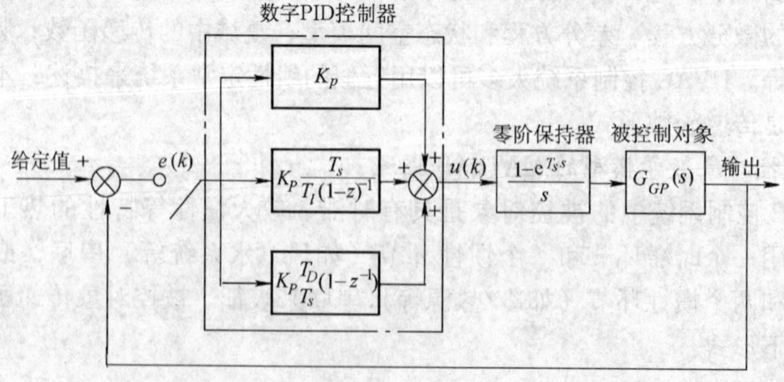

图 8-8　HVAC 数字 PID 控制系统框图

8.3.2 HVAC控制系统的MATLAB仿真

1. 蒸汽/热水型换热器控制仿真实例

下面列举一个HVAC系统的热源控制仿真实例，阐述基于MATLAB的HVAC数字控制系统的仿真步骤和结果处理。如图8-9所示是一个蒸汽/热水型换热器控制系统。工艺要求通过控制调节参数（蒸汽流量），实现被控参数（供热用供水温度）等于95℃，稳态误差为±2℃。

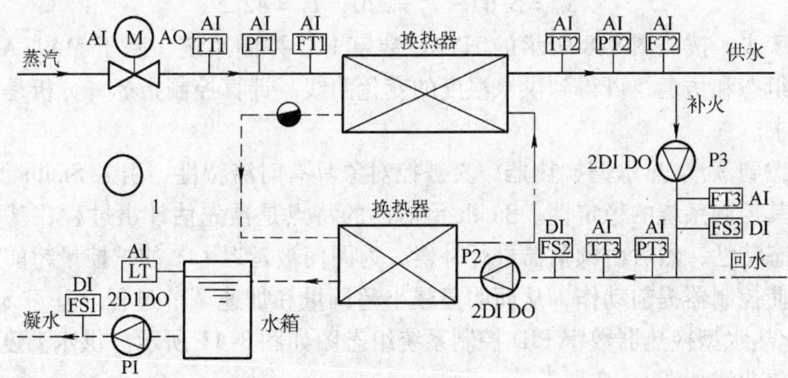

图8-9 蒸汽/热水型换热器工艺控制流程图

AI—模拟量信号 DI—数字量信号 TT—温度控制 FT—流量控制 PT—压力控制 FS—压力开关

第1步：蒸汽/热水型换热器广义被控对象的传递函数的求取。

基于开环阶跃响应曲线法，在调节参数（加热蒸汽流量）$q_{m,g}$的阶跃输入作用下，被控参数（供水温度）$T_{w,out}$的变化规律如图8-10所示，从而获取广义被控对象的特性参数K、T和τ。

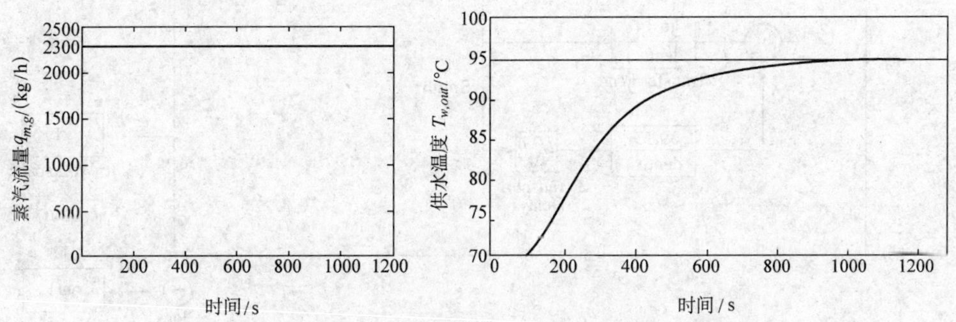

图8-10 供水温度在加热蒸汽流量作用下的阶跃响应曲线

由阶跃响应曲线可以得到 $\tau=85\text{s}$，$T_1=185\text{s}$，$K=\Delta T/\Delta q_{m,g}=39.13^\circ\text{C s/kg}$。因为蒸汽/热水型换热器广义被控对象具有时滞、二阶惯性的特性，$T_1:T_2\approx4$，所以

$$G_{GP}(s)=\frac{q_{m,g}(s)}{T_{w,out}(s)}=K\frac{e^{-\tau s}}{(T_1s+1)(T_2s+1)}=\frac{39.13e^{-85s}}{(185s+1)(46.25s+1)}$$

第 2 步：基于时域响应法的 PID 参数的工程整定，由表 6-1 可计算出初步的 $\overset{*}{K}_P$、$\overset{*}{T}_I$和$\overset{*}{T}_D$。

$$\overset{*}{K}_P=5.67,\ \overset{*}{T}_I=170,\ \overset{*}{T}_D=42.5$$

第 3 步：按照图 8-8 所示的 HVAC 数字 PID 控制系统，基于 MATLAB 进行系统的组态和仿真，可得到供水温度的变化曲线。计算控制指标，分析是否满足工艺需求。

考虑到蒸汽/热水型换热器广义被控对象具有时滞特性，引入 Smith 预估器，可改善其控制系统的稳定性。Smith 预估器的特点是预先估计出过程在基本扰动下的动态特性，然后由预估器进行补偿，力图使被延迟了 τ 的被控量超前反映控制器，使控制器提前动作，从而明显减小超调量和加速调节过程。基于 Simulink 的蒸汽/热水型换热器数字 PID 控制系统组态图如图 8-11 所示。供水温度的 PID 控制变化曲线如图 8-12 所示。

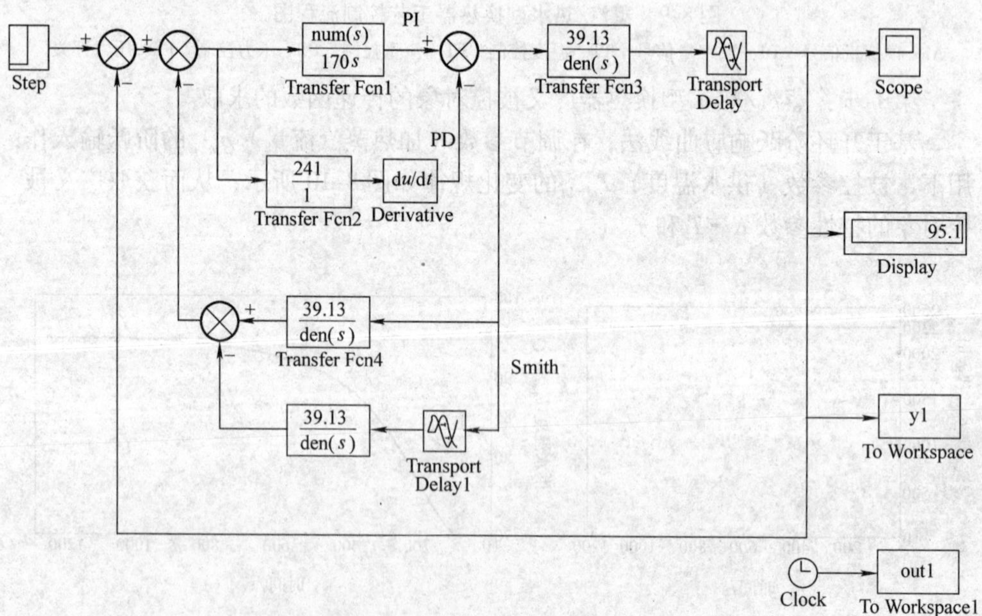

图 8-11　蒸汽/热水型换热器数字 PID 控制系统组态图

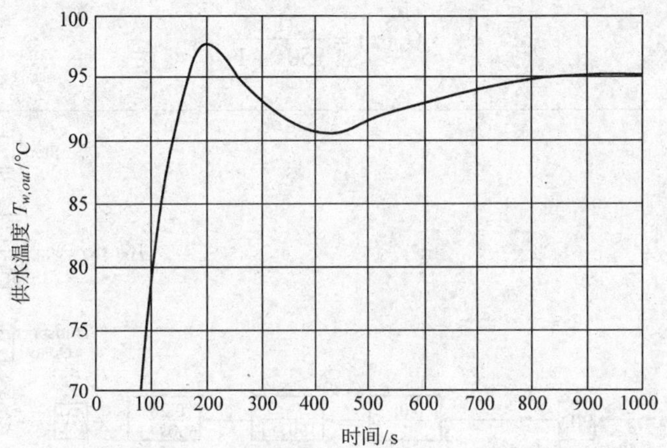

图8-12 供水温度的PID控制变化曲线

蒸汽/热水型换热器的供水温度数字PID控制性能指标计算如下：

供水温度最大偏差 $A \approx -4.8$℃；超调量 $B \approx -5.1\%$；稳态误差 $A \approx -1.1$℃，满足工艺要求（95±2）℃；调节时间 $t_s \approx 800$s。

第4步：根据$\overset{*}{K}_P$、$\overset{*}{T}_I$、$\overset{*}{T}_D$对供水温度调节过程的影响不断调整$\overset{*}{K}_P$、$\overset{*}{T}_I$、$\overset{*}{T}_D$的大小，同步观察供水温度的变化曲线和计算对应的控制指标，保证超调量适中，调节过程是衰减震荡，衰减比（n:1∈[4:1～10:1]）理想，调节时间较短，无稳态误差，综合控制质量佳。

2. 空气处理机组控制仿真实例

图8-13所示为一空调控制系统。要求室内温度维持在（26±0.5）℃，所对应的控制系统仿真如图8-14所示。

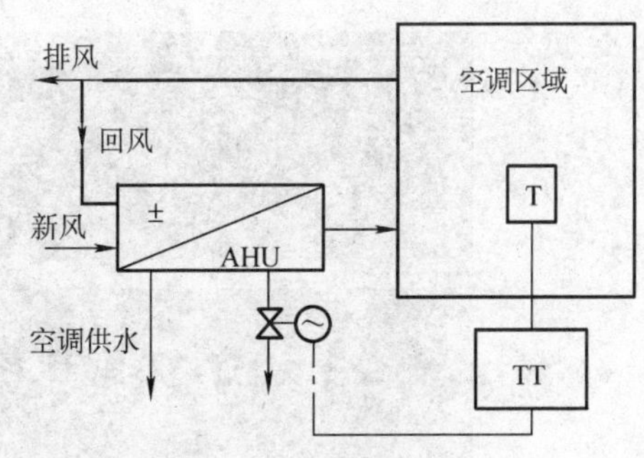

图8-13 空调控制系统

空调温度干扰通道的传递函数为

$$G_o(s) = \frac{0.253e^{-60s}}{600s+1}$$

空调温度调节通道的传递函数为

$$G_f(s) = \frac{0.28e^{-60s}}{600s+1}$$

空气处理机组AHU的传递函数为

$$G_2(s) = \frac{20.25e^{-60s}}{150s+1}$$

线性控制阀的传递函数为

$$G_3(s) = 0.08$$

传感器的传递函数为

$$G_4(s)=\frac{1}{150s+1}$$

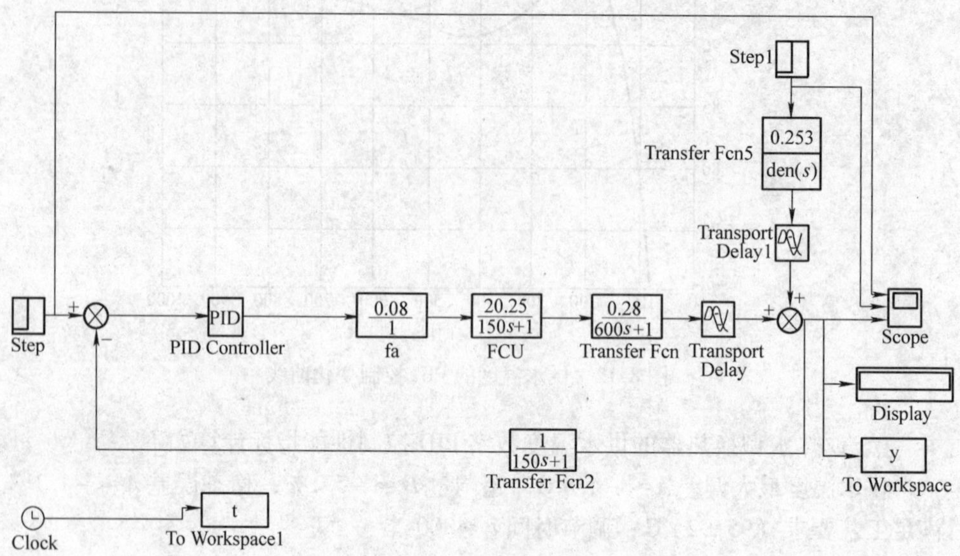

图 8-14　空调控制系统仿真框图

当设定值为 26℃、干扰温度为 36℃时，比例系数为 5，积分系数为 0.008（积分时间为 125s），微分系数（微分时间）为 1000s。所对应的空调控制系统仿真曲线如图 8-15 所示。控制结果为（26 ±0.01)℃，满足设计要求。

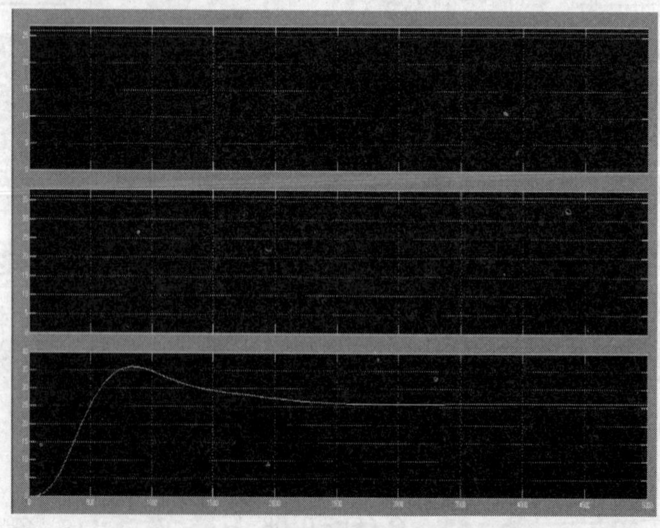

图 8-15　空调控制系统仿真曲线

3. 换热器的反馈系统

某一换热器，要求出口液体温度 $C(s)$ 保持不变，例如95℃，被加热液体的流量变化比较剧烈，系统采用前馈-反馈控制系统，如图8-16所示。其控制通道的传递函数为

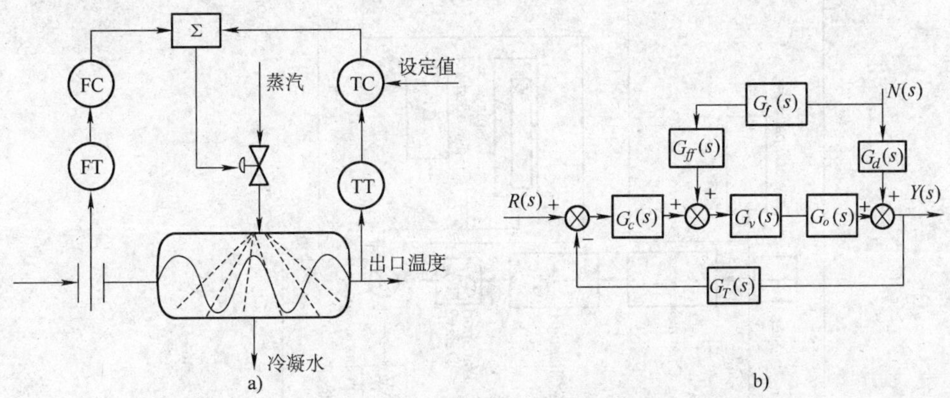

图8-16　换热器的前馈-反馈控制系统

a）换热器的前馈-反馈控制原理图　b）换热器的前馈-反馈控制结构图

$$G_o(s)=\frac{3e^{-8s}}{(10s+1)(25s+1)}$$

扰动通道的传递函数为

$$G_f(s)=\frac{5e^{-8s}}{(6s+1)(4s+1)}$$

控制阀的传递函数为

$$G_2(s)=\frac{1}{s+1}$$

流量变送器的传递函数为

$$G_3(s)=2$$

温度变送器的传递函数为

$$G_4(s)=1$$

前馈-反馈控制系统仿真框图如图8-17所示。设给水温度为（95±1）℃，干扰量折算为温度为10℃。对于反馈系统的整定，为了保证系统稳态无误差，反馈控制器采用PID控制规律将前馈控制器断开，按单回路系统整定参数，选定增益 $K_P=0.4$，积分时间 $T_I=100$s（积分系数 $1/T_I=0.01$）和时间 $T_D=2$s。换热器反馈控制系统仿真曲线如图8-18所示。控制结果为（95±0.04）℃，满足要求。

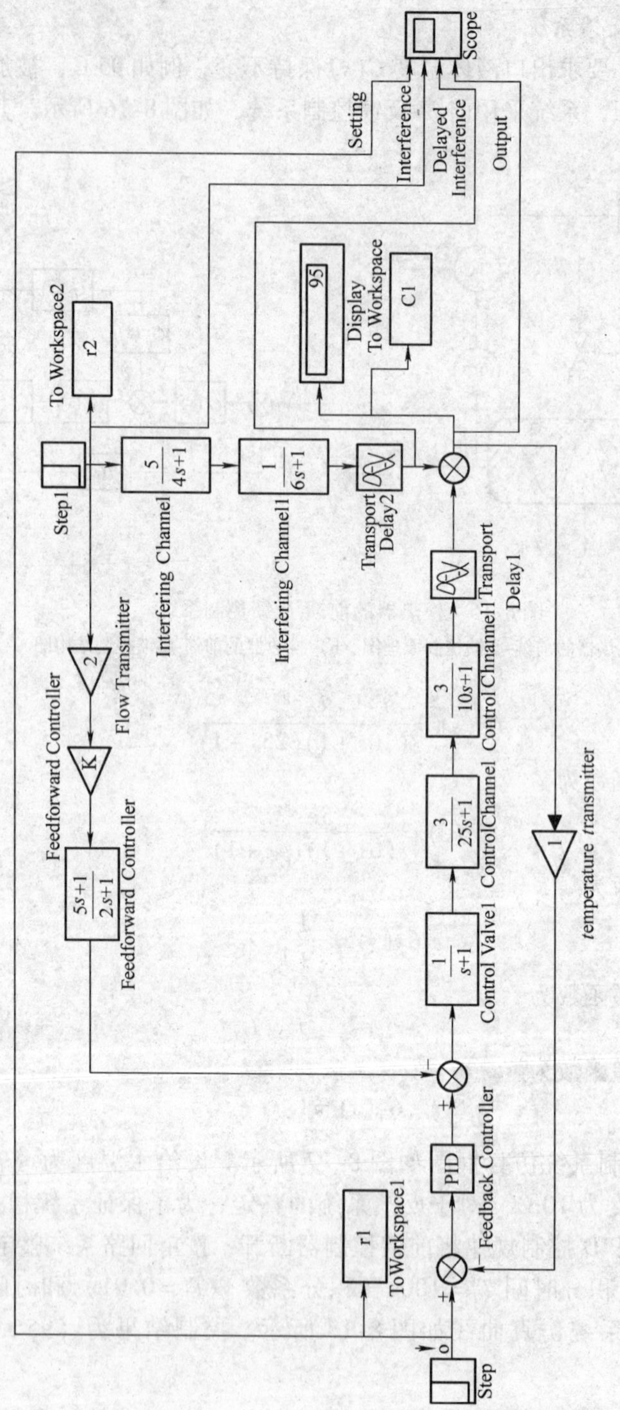

图8-17 前馈-反馈控制系统仿真框图

图 8-18 换热器反馈控制系统仿真曲线

投入动态前馈控制器，取选定增益 PID 参数不变，前馈控制器的传递函数为

$$G_4(s)=\frac{0.68(5s+1)}{2s+1}$$

仿真曲线如图 8-19 所示中的 $C1$。C 为反馈控制仿真曲线。从图 8-19 中可知，采用前馈-反馈控制除具有反馈控制的优点外，还可以对干扰信号进行超前补偿，提高了系统的快速性与稳定性，从而使控制系统获得较好的控制品质。

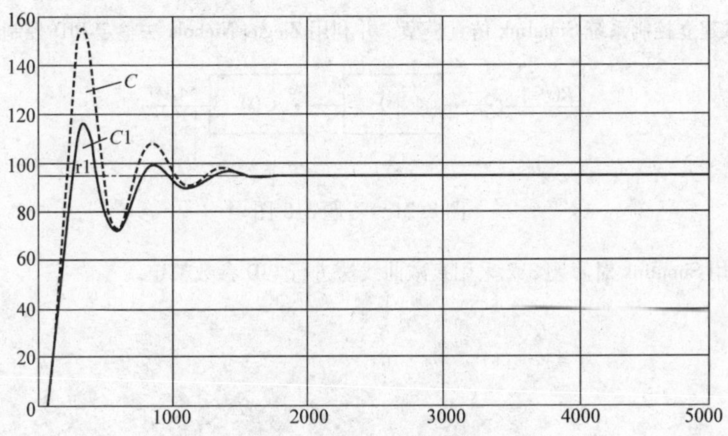

图 8-19 换热器前馈-反馈控制系统仿真曲线

小　结

本章主要介绍了 MATLAB 软件的特点，简单介绍了 MATLAB 集成环境和 Simulink，并以 Simulink 为平台对 HVAC 应用进行了讨论。

复习思考题

8-1　试建立如图 8-20 所示的 Simulink 模型，并运行仿真。

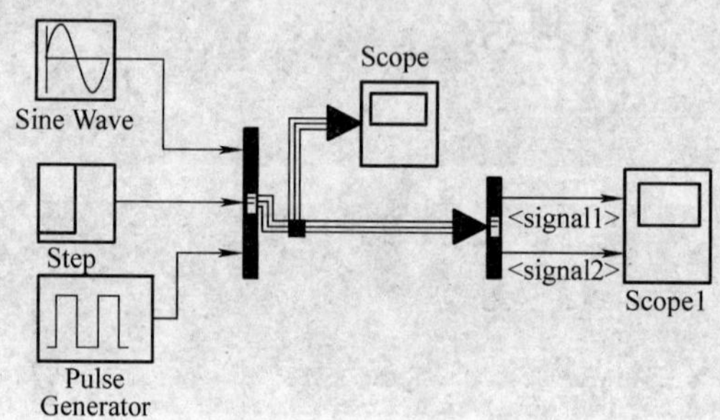

图 8-20　习题 8-1 图

8-2　已知单位反馈控制系统的开环传递函数为

$$G(s)=\frac{1}{s(s+1)(s+4)}$$

控制器为 PID 控制器，试用 Simulink 采用临界比例带法整定 PID 控制器，并求系统单位阶跃响应。

8-3　已知控制系统的框图如图 8-21 所示。图中，被控对象 $G(s)=\frac{10}{300s+1}e^{-150s}$，$G_C(s)$为控制器，试建立控制系统 Simulink 仿真模型，并利用 Ziegler Nichols 法整定 PID 控制器参数。

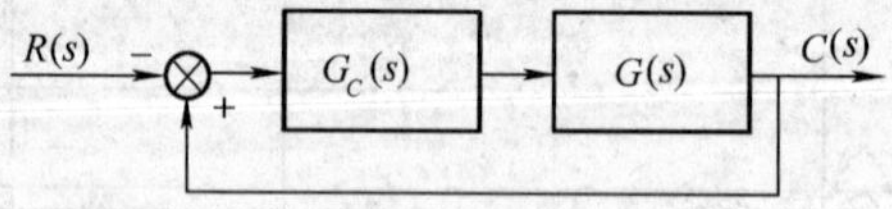

图 8-21　习题 8-3 图

8-4　用 Simulink 对习题 8-2 采用衰减曲线法进行 PID 参数整定。

附　录

由于 MATLAB 内容广泛，功能函数较多，所以附录里只就本书所涉及内容的功能函数进行了列写，以便查询。对没有涉及内容的功能函数，读者可查询其他专业书籍。

附录 A　常 用 命 令

附录 A.1　运算符号与特殊字符

函数名称	功能描述	函数名称	功能描述
+	加	.	结构字段获取符
-	减	..	父目录
*	矩阵相乘	..	继续标志
*	数组相乘	,	矩阵元素分隔
\	矩阵左除	;	矩阵分行，命令分行
/	矩阵右除	%	注释标注
.\	数组左除	==	关系运算符：相等
./	数组右除	~=	关系运算符：不等
^	矩阵幂运算	<	关系运算符：小于
.^	数组的幂运算	<=	关系运算符：小于等于
:	向量生成或子矩阵提取	>	关系运算符：大于
( )	下标或参数定义	>=	关系运算符：大于等于
[ ]	矩阵生成	&	逻辑运算符：与
'	矩阵转置	|	逻辑运算符：或
'	数组转置	~	逻辑运算符：非
=	赋值运算	xor	逻辑运算符：异或
>>	命令提示符	空格	矩阵元素分隔

附录 A. 2　管理命令

函数名称	功能描述	函数名称	功能描述
disp	显示矩阵或文本	save	保存工作空间变量
clear	清除内存空间变量	size	求矩阵的维数
path	设置 MATLAB 搜索路径	type	列出. m 文件
addpath	增加一条搜索路径	version	查看 MATLAB 版本信息
rmpath	删除一条搜索路径	what	列出当前目录下的. m、. mat、. mex 文件
demo	运行 MALTAB 显示程序	whatsnew	显示新特性
doc	装入超文本说明	which	定位函数或文件的目录
help	启动联机帮助	who，whos	列出 MATLAB 工作空间变量
lasterr	显示最后一条错误信息	lookfor	关键词搜索帮助
length	求向量的维数	pack	整理工作空间
load	向文件中装入数据	getenv	获取环境变量值
cd	改变当前工作目录	MATLABroot	获取 MATLAB 安装根目录
delete	删除文件	tempdir	获取系统缓存目录
diary	保存 MATLAB 运行命令	unix	执行操作系统目录并返回结果
edit	编辑. m 文件		
!	执行操作系统命令		

附录 A. 3　文件和操作系统命令

函数名称	功能描述	函数名称	功能描述
cedit	命令行编辑	MATLABbrc	启动主. m 文件
clc	清除命令窗口	more	控制命令窗口分页输出
echo	显示文件中使用的 MATLAB 命令	quit	退出 MATLAB
format	设置输出格式	startup	MATLAB 自启动文件
home	设置光标位于左上角	subscribe	定购 MATLAB
hosted	MATLAB 主服务程序的代号		

附录B 图形函数

附录B.1 通用图形控制函数

函数名称	功能描述	函数名称	功能描述
axes	建立坐标系	getframe	获得动画帧
axis	设置坐标系标度	ginput	用鼠标输入图形
box	设置坐标系为盒装	graymon	设置图形为灰色显示器默认值
capture	抓取屏幕当前图形	hold	保持当前图形
caxis	设置彩色坐标轴标度	ishold	返回 hold 的状态
cla	清除当前坐标系	light	生成光源
clf	清除当前图形	line	生成直线
close	关闭图形窗口	movie	播放记录的动画帧
copyobj	复制图形对象	moviein	初始化动画帧内存
cylinder	生成圆柱体	orient	设置页面方向
delete	删除图形对象	patch	建立图形填充块
drawnow	清除未完成的绘图事件	rbbox	建立涂抹块
figure	建立图形窗口	refresh	刷新图形窗口
findobj	查找指定对象	reset	重新设置对象属性
gca	获得当前坐标轴句柄	rotate	沿指定方向旋转对象
gcf	获得当前图形窗口句柄	set	设置对象属性
gco	获得当前对象句柄	shg	显示图形窗口
aphere	生成球	subplot	将图形窗口分区
surface	建立曲面	terminal	设置图形终端类型
text	生成文本串	unicontrol	生成一个用户接口控制
uimenu	生成菜单	waitforbuttonpress	在图形窗口等待按
whitebg	设置图形窗口为白色背景默认值	zoom	图形缩放
get	获得对象属性		

附录 B.2　二维图形控制函数

函数名称	功能描述	函数名称	功能描述
area	区域填充	pareto	绘制 pareto 图
bar	绘制条形图	pie	绘制饼状图
barh	绘制水平条形图	plot	绘制线性坐标图
comet	绘制彗星状轨迹	polar	绘制极坐标图
compass	绘制区域图	rose	绘制角度直方图
errbar	绘制误差条形图	semilogx	绘制以 x 轴半对数坐标图形
feather	绘制羽状图形	stairs	绘制阶梯图
fill	绘制二维多边形填充图	stem	绘制离散序列图形
fplot	绘制给定函数	title	添加图形标题
grid	生成网格线	xlabel	设置 x 轴标签
hist	生成直方图	ylabel	设置 y 轴标签
loglog	绘制对数坐标图形	zlabel	设置 z 轴标签

附录 B.3　三维图形控制函数

函数名称	功能描述	函数名称	功能描述
bar3	绘制三维条形图形	plot3	绘制三维图形
bar3h	绘制三维水平条形图形	quiver	绘制有向图
brighten	加亮图形色调	quiver3	绘制三维有向图
caxis	设置坐标轴伪彩色	rotate3d	设置三维旋转开关
colormap	设置调色板	shading	设置彩色阴影
comet3	绘制三维彗星状轨迹	slice	绘制切片图
contour	绘制等高线	stem3	绘制三维杆图
contourf	绘制填充的等高线	surf	绘制三维表面图形
contour3	绘制三维等高线	surc	绘制三维网格和等高线混合表面图形
clabel	等高线高程标志	surfl	绘制带亮度的三维曲面图
fill3	绘制并填充三维多边形	surfnorm	绘制曲面法线
hidden	设置网格图的网格线开关	trisurf	表面图形的三角绘制
mesh	绘制三维网格图形	trimesh	网格曲面的三角绘制
meshc	绘制网格和等高线的混合图	view	设置视点
meshz	绘制带零平面的三维网格图	voronoi	绘制 noronoi
pcolor	绘制伪色	waterfall	绘制瀑布形图形

附录 C　控制系统的工具箱函数

类　别	函数名称	功能描述
模型建立函数	append	增加系统动态特性
	augstate	以状态变量作为状态空间的输出
	blkbuild	以传递函数框图构造状态空间结构
	cloop	生成闭环系统（现以废除）
	connect	由框图构造状态空间模型
	conv	求两多项式相乘（或卷积）
	destim	由增益矩阵构造离散状态估计器
	dreg	由增益矩阵构造离散控制器和状态估计器
	drmodel	生成离散随机模型
	estim	由增益矩阵构造连续状态估计器
	feedback	构造反馈系统
	ord2	生成二阶系统的 A、B、C、D
	pade	pade 时延近似
	parallel	构造并联系统模型
	reg	由增益矩阵构造连续状态估计器
	rmodel	生成连续随机模型
	series	构造串联系统模型
	ssdelete	删除模型中的输入、输出状态
	ssselect	选择大系统中的子系统
	tf	由系数向量生成传递函数模型
	ss	由系数矩阵生成状态空间模型
	zpk	由零极点增益生成零极点增益模型
模型转换	c2d	连续系统转变为离散系统
	c2dm	按指定方向变连续系统为离散系统
	c2dt	将连续系统转换为带延迟的离散系统
	d2c	将离散系统转换为连续系统
	d2cm	按指定方法将离散系统转换为连续系统
	poly	由根构造多项式
	residue	部分分式展开
	ss2tf	将状态空间模型转换为传递函数模型
	ss2zp	将状态空间模型转换为零极点增益模型
	tf2ss	将传递函数模型转换为状态空间模型
	tf2zp	将传递函数模型转换为零极点增益模型
	zp2tf	将零极点增益模型转换为传递函数模型

参考文献

[1] 颜文俊，等. 控制理论 CAI 教程［M］. 北京：科学出版社，2002.
[2] 胡寿松. 自动控制原理简明教程［M］. 北京：科学出版社，2003.
[3] 李玉云. 建筑设备自动化［M］. 北京：机械工业出版社，2005.
[4] 杨叔子，杨克冲，等. 机械工程控制基础［M］. 武汉：华中理工大学出版社，1993.
[5] 吴怀宇，廖家平. 自动控制原理［M］. 武汉：华中科技大学出版社，2007.
[6] 梅晓蓉. 自动控制原理［M］. 北京：科学出版社，2002.
[7] 邹伯敏. 自动控制理论［M］. 北京：机械工业出版社.
[8] 吴麟. 自动控制原理［M］. 北京：清华大学出版社，1990.
[9] 刘金琨. 智能控制［M］. 北京：电子工业出版社，2007.
[10] 谢仕宏. 控制系统动态仿真实例教程［M］. 北京：化学工业出版社，2008.
[11] 王诗宓，杜继宏，窦日轩. 自动控制例题习题集［M］. 北京：清华大学出版社，2002.
[12] 李炎锋. 暖通自动化控制［M］. 北京：北京工业大学出版社，2006.
[13] 李绍勇，等. 换热机组供水温度的广义预测控制［J］. 甘肃科学学报，2004，16（3）：95-98.
[14] 董亚君. D400 反应器温度串级控制系统的 PID 参数工程整定［J］. 化工自动化及仪表，2005，32（6）：84-86.
[15] 李玉云，王永骥，等. 用于非线性加热炉的神经网络预测控制器［J］. 中国机械工程，2001，12（2）：216-220.

信息反馈表

尊敬的老师：

您好！感谢您多年来对机械工业出版社的支持和厚爱！为了进一步提高我社教材的出版质量，更好地为我国高等教育发展服务，欢迎您对我社的教材多提宝贵意见和建议。另外，如果您在教学中选用了《自动控制原理与 CAI 教程》（李玉云、李绍勇、王秋庭主编），欢迎您提出修改建议和意见。索取课件的授课教师，请填写下面的信息，发送邮件即可。

一、基本信息

姓名：______ 性别：______ 职称：__________ 职务：________________

邮编：________ 地址：____

学校：____________________

任教课程：________________ 电话：______—______（H）________（O）

电子邮件：__________________________________手机：________________

二、您对本书的意见和建议

（欢迎您指出本书的疏误之处）

三、您对我们的其他意见和建议

请与我们联系：

100037　机械工业出版社·高等教育分社　刘涛　收

Tel：010-88379542（O），68994030（Fax）

E-mail：ltao929@163.com

http：//www.cmpedu.com（机械工业出版社·教材服务网）

http：//www.cmpbook.com（机械工业出版社·门户网）

http：//www.golden-book.com（中国科技金书网·机械工业出版社旗下网上书店）